現代紅外線系統工程實務

作者　苗沛元

東華書局

國家圖書館出版品預行編目資料

現代紅外線系統工程實務／苗沛元作. -- 初版.
-- 臺北市：臺灣東華, 民 98.09
　　面；公分
參考書目：面
含索引
ISBN 978-957-483-570-6（平裝）

1. 紅外線 2. 光電工程 3. 軍事設備

448.68　　　　　　　　　　　98015948

版權所有・翻印必究

中華民國九十八年九月初版

現代紅外線系統工程實務

定價　新臺幣參佰伍拾元整
（外埠酌加運費匯費）

著　者　苗　　沛　　元
發 行 人　卓　劉　慶　弟
出 版 者　臺灣東華書局股份有限公司
　　　　　臺北市重慶南路一段一四七號三樓
　　　　　電話：（02）2311-4027
　　　　　傳眞：（02）2311-6615
　　　　　郵撥：0 0 0 6 4 8 1 3
　　　　　網址：http://www.tunghua.com.tw
印 刷 者　全 凱 數 位 資 訊 有 限 公 司

行政院新聞局登記證　局版臺業字第零柒貳伍號

自　序

　　現代人的生活與光電成像產品有著密不可分之關係，從日常生活幾乎不可或缺的電視機（顯示器）、攝影機（照相機）、光碟機，到實驗室裡的顯微鏡、辦公室用的雷射印表機，戶外活動的望遠鏡，乃至道路燈號或照明用的 LED 燈均是。但除了民生用途以外，其實在科學研究、醫學、工業及軍事等各領域更有重要之應用。光電成像技術係指利用光電轉換元件，以獲得信號增強的光學影像或視頻信號之技術，其中應用了光學成像、光電（電光）轉換、電子放大與信號處理等技術，故光電成像為光學與電子學之整合學術。電波具有全天候使用、遠距傳輸與信號處理之優點，但因其波長較長，故無法達成精確的影像分辨效果；光學波長相對較短，具有光學成像效果，最適合作為直接目標觀測與辨識，惟因其直線傳輸與大氣吸收的緣故，以致訊號傳輸、轉移與處理效果較差；擷取兩種技術之特點可創造出光電成像產品，提供更有效的觀測品質。

　　光電技術所運用的電磁頻譜極為寬廣，而大部分的光電成像產品在可見光與紅外線波段工作，可見光為人眼可以感知的光，但僅佔光譜極小部分，而自然界卻充滿著不可見的紅外線，這個波段為紅外線技術的主要運用領域，但須使用特殊的光感測元件。利用紅外光電成像技術，使人眼得以在低光度（夜間）、低能見度，或完全無可見光時（因此時仍有大量紅外線）仍能明視物體，這些產品泛稱為紅外線系統，可知紅外光電成像技術的應用十分廣泛，其中用於夜視領域的主要為採微光放大技術的星光夜視鏡與熱輻射偵測技術的紅外線熱像儀兩種，本書討論的主軸即為紅外線技術應用於夜視器材之基本原理及其實務，包含這些產品在軍事裝備上的應用。

　　事實上，夜視技術在科學研究與軍事作戰用途上極具價值，尤其在後者扮演不可取代的角色，現今在國防科技逐漸釋出應用於民間用途後，更成為現代全天候監控與工業檢測領域上一個發揮效能的新選擇。由於紅外線產品之發展幾乎因軍品市場之應用而帶動其發展，進而受到重視，並逐漸擴大應用領域，故可以說軍用夜視產品的發展歷程與未來趨勢，即是現代紅外線夜視技術與應用的發展方向。但也因與軍事用途有關，故而其資訊傳播或多或少受到限制。紅外線技術在歐美先進國家發展已逾半世紀，為一門重要之科技，部分技術逐漸解密，較易獲得相關資訊，惟在國內幾無相關著作，在應用日漸受到重視的紅外線工程上，尤其對於國內從事夜視產品研發或生產之人士實為一大缺憾。

本書為作者從事紅外線夜視產品生產與研發多年工作之心得，內容結合工作經驗與一些工廠教育訓練教材，及整理自國內外相關期刊論文，重點置於紅外線夜視產品元件端之現場實務，僅有極少數數學公式或理論，可提供讀者一個深入淺出且正確之概念，文中所有專有名詞均附原文對照，有助於讀者參考更深入之國外著作或論文之閱讀。惟全書仍屬紅外線系統入門理論與工程實務性質，故希做為拋磚引玉之目的，期望此項學術領域之專家能持續為文，提供需要的人於理論與實務上之參考，以提升國內相關人員之水準。

由於紅外線為光學領域之一部份，本書由必要的基礎光學理論開始，導入光電成像與光電感測元件工作原理，並介紹紅外線夜視產品之發展歷程，重點置於星光夜視鏡與紅外線熱像儀之工作原理、結構與應用，再針對紅外線產品與其關鍵元件詳細說明，及系統性能評量，可做為光電相關科系授課或專業訓練材料，對於從事紅外線夜視系統工作人員更有相當的助益。全書共分十章，第一章為基本光學理論，包括光的定義與度量，主要光學理論的介紹；第二章為光學工程，介紹光電成像產品之組成與各個元件之特性；第三章專門討論光檢知器，其為紅外光電成像產品最重的組件；第四章進入紅外線系統主題，概述夜視產品之發展；第五章與第六章介紹星光夜視鏡，及其關鍵組件光放管；第七章介紹熱像系統與大氣環境間之關係與作用；第八章與第九章介紹紅外線熱像儀及其關鍵組件紅外線檢知器；第十章為紅外線夜視系統之性能評價之理論。內容設定為接受過基本（大學）物理學，尤其對其中之光學與電學有興趣（基礎）之學生；而對於參與光學儀器或夜視器材之製作者而言，則可做為實用的參考資料。

撰寫一本有關紅外線夜視技術的中文書籍為作者之企圖與理想，但學者與專家之建議與協助則為本書能夠完成最重要的基礎，包括東南科技大學黃浩民博士、明道大學黃光榮博士及許多學長、同事與友人，協助本書資料確認與校對，方得以成就本書，在此特別表示誠摯謝忱，書中所使用之圖片主要為法國 Photonis、Sofradir 及以色列 SCD 等公司所提供，或取自一些相關公司(機構)網頁或產品型錄等已公開之資料，部分圖片為李心儀同學協助繪製，一並申謝。本書雖為作者數十年之心得與經驗累積，但囿於本身學術理論基礎與專業領域，難免有疏漏或錯誤之處，深盼諸方學者專家對本書不吝指教，更期望出版更多更深入、更實用之著作，以饗讀者與作者，使我國紅外線夜視技術層次能早日與先進國家並駕齊驅，並使我國軍光電夜視裝備能早日自給自足。

目錄

自　序

第1章　認識光－基礎光學理論介紹··1
    1.1　光的本質···1
    1.2　光的定義···3
    1.3　光（輻射）的度量··8
    1.4　光線與像差理論（幾何光學）···12
    1.5　光波與成像理論（物理光學）···18
    1.6　現代光學－光的量子理論···23

第2章　光電成像系統與元件···25
    2.1　人眼的光學特性···25
    2.2　光學儀器··30
    2.3　光學元件··33
    2.4　發光元件··39
    2.5　光感測元件··43
    2.6　顯示元件··45

第3章　光檢知器原理介紹··53
    3.1　光檢知器的發展···53
    3.2　光檢知器的工作原理··55
    3.3　光檢知器的分類···60
    3.4　陣列型檢知器··63
    3.5　光檢知器特性參數··67

第4章　紅外線夜視技術之發展歷程··69
    4.1　現代紅外線夜視產品分類··69
    4.2　微光放大（影像增強）技術－光放管與夜視鏡之發展················71
    4.3　熱輻射偵測（熱成像）技術－檢知器與熱像儀之發展················74
    4.4　未來發展趨勢··77

第5章 微光放大夜視器材－星光夜視鏡 81
5.1 夜視鏡之工作原理與特性 81
5.2 直接觀視式夜視鏡系統 83
5.3 間接觀視式星光夜視鏡系統 88
5.4 主動式夜視鏡系統 91
5.5 夜視鏡之檢測標準與方法 92
5.6 夜視鏡之其他應用與未來發展 93

第6章 光放管 97
6.1 光放管發展之特性與發展 97
6.2 光放管之結構與工作原理 100
6.3 光放管之等級演進 107
6.4 光放管之種類與型式 115
6.5 光放管主要性能參數 116

第7章 黑體輻射理論與大氣穿透 123
7.1 紅外線之發現與偵測 123
7.2 黑體輻射 125
7.3 大氣穿透效應 131

第8章 熱輻射偵測夜視器材－紅外線熱像儀 137
8.1 紅外線熱像儀之工作原理與分類 137
8.2 現代紅外線熱像儀之系統架構 138
8.3 熱像儀之演進 147
8.4 紅外線熱像儀主要性能要求與測試 155

第9章 紅外線檢知器 161
9.1 紅外線檢知器分類 161
9.2 光子型檢知器 168
9.3 常用光子型紅外線檢知器材料 173
9.4 光電感測模組性能參數 178
9.5 現代紅外線檢知器比較與討論 181

第10章　紅外線夜視器材性能評量 ·· 185
    10.1　目標觀測與獲得 ·· 185
    10.2　目標獲得能力評量模型 ·· 186
    10.3　目獲作業性能評表 ·· 190
    10.4　現代夜視器材主要性能評量要求 ·································· 192

參考文獻 ··· 201
附錄一　詞彙索引與縮簡寫 ·· 203
附錄二　單位一覽表，基本量與導出量 ···································· 215
附錄三　公制單位十進位縮寫與符號 ······································ 217
附錄四　角度轉換表 ··· 219

第 1 章　認識光－基礎光學理論介紹

　　光（Light）是指人眼可感知的電磁輻射，人眼能看見物體及分辨顏色，是因為太陽光照射到物體表面後，反射入人眼，經視神經感知後而得，此已為今日眾所皆知的常識。但為了探討光到底為何，卻讓科學家長時間爭執不已，經過數個世紀以來，不同理論紛紛被提出，但有些卻互相矛盾，直到具包容性的光（量）子理論出現，才大一統各種學說。基於此種理論，以光速結合電子、機械、材料等科技，目前已開發出許多現代光學應用，如光感應、光通訊、光電腦…等，儼然進入光世紀，將提供人們一個更舒適、更美好的生活環境。

1.1　光的本質

　　雖然望遠鏡為最通俗的光學儀器，然而到底何時、何人發明並不確定，但 17 世紀可說是光學理論探討的萌發期。探索光的本質中，最著名者為英國科學家牛頓（Sir Isaac Newton, 1642-1727）將其解釋為一群直線前進的微小粒子（Corpuscle/Particle），並再證明了光具有直線前進、反射與折射的特性；約莫同時間的荷蘭科學家惠更斯（Christian Huygens, 1629-1695）等人則認為光為一種波（Wave），光的前進一如水波般前進。光為粒子或波動二種說法爭執不停，達數個世紀。

1.1.1　光的粒子理論

　　西元前 300 餘年，希臘哲學家亞里斯多德（Aristotle）認為光是由眼睛發出的微粒子，而形成視線，這可說是歷史上對光最古老的說法，認為光是以粒子以直線前進，此可視為最早的光的模型（或學說），也是一種近似粒子學說。但是最早以科學理論說明光的特性的科學家，則為 17 世紀英國科學家，包括斯涅爾（W. Snell, 1591-1626）、費馬（P. Fermat, 1608-1665）與牛頓等人。西元 1621 年斯涅爾提出著名的折射定律，1650 年費馬提出光的傳播路徑最小時間理論，1677 年時任劍橋大學國王學院講師的牛頓完成稜鏡分光實驗，並歸納相關理論提出了粒子理論（Particle theory），認為光是在乙太（aether）空間中擾動的微粒流，將光的粒子學說發揚光大。這種理論說明滿足直線傳播、反射與折射的特性，包括法國科學家括笛卡兒（Rene Descartes）等均認同此種假設。

1.1.2 光的波動理論

與牛頓約相同年代的惠更斯等人則認為光是以波的方式前進，這種光的波動理論（Wave theory）除滿足直線傳播等特性外，亦滿足後來干涉的理論，即光具有疊加與抵銷的現象，且不會因交會而發生方向改變，惠氏等人認為光如果是粒子的話，兩束光產生干涉時應該發生撞擊，而改變行進方向，不該再以原方向前進。西元 1801 年楊氏（Thomas Young, 1773-1829）發現光的波前重疊時發生干涉現象更證明光的波動性，這個理論在十九世紀廣被科學界接受。馬克思威爾（James Clerk Maxwell, 1831-1955）的理論更認為光，如同無線電一樣，是電磁波的一種，以每秒 30 萬公里的速度前進。麥氏並認為光傳播需要一種介質，這種介質就叫做乙太（Luminiferous ether）。1887 年麥克森-墨雷（Michelson-Morley）實驗後，認為乙太是一種無法被偵知的物質，目前科學界則普遍認為乙太的假設並非必要的，因為光可以藉由介質傳播，亦可在真空中自行前進。

1.1.3 光的量子理論

楊氏的狹縫干涉實驗後，光的波動性受到較多科學家認可，但由於牛頓在物理學上的成就及其在當時科學界的地位，追隨者眾，故微粒理論一直被其支持者採用。光的微粒或波的特性歷經二個世紀爭執不斷，1887 年德國科學家赫芝（Henry Hertz, 1857-1894）發現，以紫外光照射在電極上時，電極上會產生帶電粒子，亦即電子，此即最早的光電效應的發現，又再度證明光的微粒特性，後來於 1905 年愛因斯坦（Elbert Einstein, 1879-1955）更以實驗證實以光打擊到金屬材料表時，會產生電子，被打擊產生出來的電子叫做光電子，且光電效應只有在以一種具有電磁能量的不連續粒子流，稱為光子（Photon）才會發生。 至此，光被認為是一種電磁波型式的粒子，即為光子的量子理論（Quantum theory），並可以波動力學的理論涵蓋光的特性，但似乎仍未建立一個明顯易懂的粒子與波動二重性模型。

現代普遍接受的理論為丹麥科學家波耳（Neils Bohr, 1885-1962）的互補論述，即在某些情況下光呈現粒子性，而在另外情況下光則呈現波動性，光具有波動與粒子（光子或量子）的雙重物理特性，即所謂波粒二重性（Particle-Wave Duailty），更具體的說，在波長小於紫外線，如 X 射線（X rays），如加碼射線（γ rays），的電磁輻射傾向粒子性，而波長長於無線電波的電磁輻射則傾向波動特性，在其間則同時具有波與粒子特性。今日吾人研究光學時，即同時採用粒子與波動理論，如光學設計採用光線理論，

亦同時考慮波長。

1.2 光的定義

幾個世紀以前光學僅只可見光成像及其像值評估,今日由於日常生活中越來越多光電產品,使光已不再是單純的光,而是超越可見光進入光電與工程領域,科學家目前研究的重點則涵蓋了更廣的電磁輻射範圍,其中紅外線波段的開發與應用特別受到重視。

1.2.1 電磁輻射

今日吾人定義光為電磁輻射(Electromagnetic radiation)的一部分,稱為光輻射,電磁輻射係指帶電粒子(電子)加速前進時所產生之能量,該能量可視為波在真空中前進,其前進方向為電場與磁場震盪方向(互相垂直)之向量和,前進速度為光速(2.998×10^8m),在其他物質中前進時之速度較慢,真空中光速與物質中光速的比值稱為該物質之折射率。這種能量又可視為光子流以光速前進,每個光子的能量可以下面公式表示之

$$E = mc^2 = h(c/\lambda) = h\nu$$

其中 m 為光子的質量,h 為普朗克常數,c 為光速,λ 為波長,ν 為頻率。現代物理學以量子力學或波動力學來解釋這個理論融合(具有質量的波),並認為波長為影響該能量的主要變數。

電磁輻射所涵蓋之波域,包括無線電波(Radiowave)、微波(Microwave)、紅外線(Infrared)、可見光(Visible)、紫外線(Ultraviolet)、X射線(X-ray)及迦碼射線(γ-ray)等,如圖 1.1 所示為 Hudson 對電磁波頻譜的定義,其中遠紅外線(波長 1mm)至 X 射線(波長約 10^{-8} m)間之電磁輻射也稱為光學輻射。電磁輻射涵蓋甚為廣,各種電磁波之差別在於其波長不同、產生方法不同,以及檢測的方法不同,但均遵守麥斯威爾電磁波公式,且都以光速前進。

図 1.1　電磁波頻譜

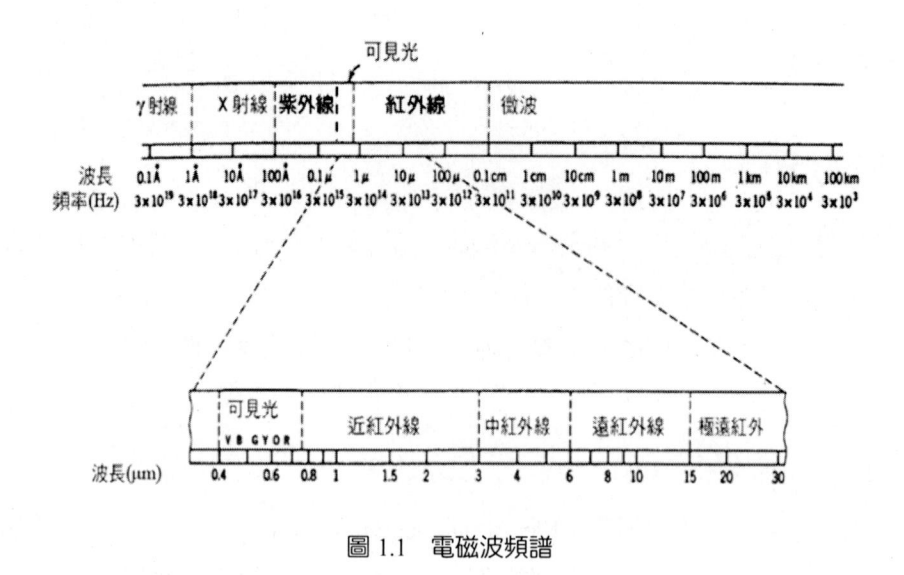

1.2.2　光的偵知

科學家研究發現光波遵循 Maxwell Equation 的電磁波理論，包括紅外光、可見光、紫外光、X 射線及加碼射線都是電磁波家族的成員，每個成員間的差異只有波長不同而已，她們都傳遞能量，在真空中的傳播速度相同。可見光的存在很容易由肉眼看見週遭的物體之各種不同顏色而了解，但不可見光則是當該光輻射能量轉換為其他形式之能量時，使用的不同感測器來偵知的，如底片、溫度計、夜視鏡或熱像儀可以感測到紅外線，螢光屏或底片可以感測到紫外線、X 射線等，其他電磁波如微波則可轉換成熱能煮熟食物而使人們知道其存在。不可見光的發現是科學家經由科學實驗而得，其過程如下：

1. 紅外線：西元 1800 年英國科學家赫胥黎（William Herschel, 1738-1822）以玻璃三稜鏡進行分光實驗時，用溫度計量測不同顏色的溫度，發現紅光以外的黑暗處溫度上升，雖然該處眼睛沒看到東西，溫度計卻顯示有東西存在，證明有肉眼看不到的物體，亦證明太陽光發出的光線中包含不可見光，當時他將之稱為「暗熱」，即今日所稱之紅外線（Infrared, IR），至 1830 年科學家更研究證明所有的物體均為紅外線發射體，其後更陸續經由不同的實驗確定不同波長紅外線。

2. 紫外線：約在 1801 年德國科學家瑞特（Johann W. Ritter）首先提出紫外線為光譜的一部份，其後法國科學家伯克勒以石英製成的三稜鏡做分光實驗時，發現在紫色光以外的底片仍會被感光，證明紫外光（Ultra-violet, UV）的存在，當時紫外光被稱

為「黑光」。與赫胥黎不同處為他所使用的石英分光稜鏡不會吸收紫外線，故可偵測到紫外線的存在。

1.2.3 何謂光？

所謂光係指電磁輻射的光學輻射部分，亦即光輻射，有廣義與狹義兩種定義，廣義的光是指紫外線至紅外線波段中之電磁波域，波長約為 0.01 微米（μm）至 1,000 微米；狹義的光則僅指電磁輻射中人眼所能感應的部分，即可見光，波長約為 0.4 至 0.75 微米之間，僅佔電磁輻射極微小的部份。夜視器材使用的波段則落在近紅外線（嚴格說應為可見光）與遠紅外線之間之電磁輻射。不同波段的光有其特殊用途，紫外線除用於醫療殺菌外，主要用於軍事上之敵我識別，雙波段尋標等，可見光則用於商業攝影與人眼可識別的系統，紅外線用途最為廣泛，除民生外，主要用於軍用夜視器材。由於紫外光能量高，許多工作場合均有制定相關人眼保護或使用管制程序，如電焊工需使用防護面罩及限定工作時間等即是。

1. 紫外線

紫外線（UV）波長為 0.01～0.4 微米，為光輻射中能量最強者，對人體傷害較大，但絕大部份紫外線被大氣阻擋，到達地表的也會被玻璃或衣物遮擋，故不易直接危害人體。其中 0.4～0.3 微米稱為近紫外光，0.3～0.2 微米稱為遠紫外光，0.2 微米以下稱為極遠紫外光或真空紫外光。太陽為強紫外光源，但只有近紫外光到達地球，依其對人體（皮膚）的影響又概分為三部分，即 UVA、UVB 與 UVC：

（1）UVA 波長最長，約為 0.32～0.40 微米，由於其能量最小，故為對人體危害性最小的紫外線。UVA 也被稱為黑光，其可激發含磷物質發射出可見光，好像在黑暗中發出光線，大部分的光治療（如皮膚疾病、乾癬等）與促進維他命 D 的吸收採用此波段紫外光，但會造成黑（褐）色素沈澱，即皮膚曬黑，與材料褪色之現象。雖然 UVA 對皮膚無大礙，但對眼睛仍具傷害性，故太陽眼鏡避免使用藍紫色系之鏡片。皮膚照射過量的 UVA 仍有危險。

（2）UVB 波長介於 0.25～0.32 微米之間，由於其具有足夠的能量摧毀生物體組織，而又不完全被大氣層吸收，故為危害性最大的紫外光，UVB 會使皮膚變紅，更以會導致皮膚癌最著名，目前由於溫室效應的結果，大氣層中的臭氧層遭到破壞，使得生物產生皮膚癌的機會逐漸增加。正面的用途為其具有殺菌功效，尤以波長 0.25 微米附近之紫外線輻射為然，故照射陽光為傳統殺菌消毒方法。

（3）UVC 波長最短，介於 0.20～0.25 微米之間，具有最高能量，但由於其完全被大氣層吸收，故對人體幾乎沒有危害。當 UVC 光子與氧原子碰撞時，會形成臭氧，故雖然太陽光中有 UVC 的成分但幾乎立刻被大氣吸收轉換。由於 UVC 具高能量，故一般被作為紫外光燈具來殺菌或水質純化用。

2. 可見光

即是指人眼可感知的電磁輻射，為無人最為熟悉的光，其波長介於 0.4～0.75 微米（400～750 奈米，表 2-1）之間，可再細分為紅、橙、黃、綠、藍、靛、紫等，其中紅光波長最長，紫光最短，而波長 0.55 微米為人眼感受力最佳的部分，呈現黃綠色光。上述七色光可合成白光，而白光經過三稜鏡後可被分成上述七色光，故可見光除提供動、植物生存所需之必要能量外，最主要的功用為提供媒介（或能量）使物體呈現彩色，使人眼可以看清及分辨物體。表 1.1 為各種色光 波長及頻率。

表 1.1　可見光各種色光波長及頻率

顏色	波長 λ（10^{-9}米，奈米，nm）	頻率 ν（10^{12}赫茲，Hz）
紅	750～610	395～482
橙	610～580	482～503
黃	580～550	503～520
綠	550～490	520～610
藍	490～450	610～659
靛	450～410	659～729
紫	410～400	729～745

3. 紅外線

紅外線（IR）指波長比可見光中紅光長的光學輻射，相較於紫外光，其能量（尤其中、遠紅外線）低於一個級數以上，故較不會對人體產生傷害。當紅外線照射於人體時，幾乎都轉換為低功率熱能，故被用於局部熱敷照射；當照射於其他物體時，則可做為加熱或乾燥用途。因為其所帶有之能量較低，因此紅外線無法穿透某些檢知器材料而往往被吸收，故紅外線常被用來作為感測能量，包括光子型檢知器及熱感型檢知器。常用波段為近紅外線夜視鏡（0.7～0.9 微米）、第一大氣窗（3～5 微米）及第二

大氣窗（8～12 微米）等。多鹼（S-20）光陰極可感應至約 0.85 微米，半導體砷化鎵光陰極可達 0.95 微米，典型的矽材質感測器可偵測至 1.1 微米，銦鎵砷（InGaAs）材料可感應 0.85～1.7 微米，銻化銦（InSb）材料可感應 1～5 微米的紅外線輻射，汞鎘碲（HgCdTe）材料可感應 1～12 微米的紅外線輻射。

　　紅外線輻射又稱為熱輻射，所有物體均會發出熱輻射，物體溫度不同所發出之紅外線輻射波長亦不同，高溫物體趨向短波域，較低溫物體則趨向長波域，如太陽光溫度約 5,800K（凱式溫度，數值等於攝氏溫度）輻射出可見光，飛機尾火約 900K，色溫接近 4 微米，屬於中紅外線，人體溫度約 310K，其紅外線輻射峰值約為 10 微米，屬於遠紅外線，故利用紅外線輻射偵測原理，可以偵測自然界任何存在物體。

（1）近紅外線（Near IR, NIR）：指波長 0.75～3.0 微米之電磁輻射。由於成像效果接近可見光，近紅外線為夜視器材使用最多的波段，星光夜視鏡的感應波段約達 0.9 微米，另 1.1～1.7 微米的短波紅外線（Shortwave IR, SWIR）因成像效果接近可見光，故有用於實驗室影像用途如擷取或偵測等，目前多用於研究領域。

（2）中紅外線（Middle IR, MIR）與遠紅外線（Far IR, FIR）：為現行紅外線成像產品運用最廣的紅外線波段，中紅外線指波長介於 3.0～6.0 微米間之紅外線，遠紅外線則指波長介於 6.0～15.0 微米間之紅外線。由於紅外線容易被大中的水氣或二氧化碳吸收，但波長介於 3～5 微米與 8～12 微米的紅外線波段，因具有較高的大氣穿透率，因此此波段之感應材料被用來作為長距離觀測的熱像儀，實用上特別將該二波段命名為中波紅外線（Mid wave IR, MWIR）與長波紅外線（Long wave IR, LWIR），又稱為第一大氣窗與第二大氣窗。熱像儀因具有高性能（長距離）之觀測效果，及因成本極為高昂，早期僅作為軍事用途，尤其是飛彈的追蹤，目前因國際間軍事衝突較緩和，以及科技之進步，紅外線熱像產品除廣泛運用於軍用夜視與太空外，更已被用於民用的醫療、工程與環保等領域。

（3）極遠紅外線（Extreme IR, XIR）：指波長大於 15 微米之紅外線，波域最廣，涵蓋 15～1,000 微米，與微波啣接，此波段之紅外線能量最低，不會對於生物體產生傷害，目前有被作為人體醫療用途。

　　光學上常用電磁波譜如表 1.2。

表 1.2　廣義光學輻射名稱及波長範圍

電磁輻射名稱	波長範圍	感應材料	應用（產品）
UVC	0.20～0.25μm		臭氧或陰離子生成
UVB	0.25～0.32μm	S-20	消毒殺菌、雷射
UVA	0.32～0.4μm	S-20	醫療或檢驗儀器（燈具）
可見光	0.4～0.75μm	矽、S-20	電視、攝影機（CCD）、照明、雷射
近紅外線（NIR） 短波紅外線（SWIR）	0.75～3.0μm 1.1～1.7μm	S-20、GaAs、矽 PbS、InGaAs、InSb	夜視鏡、CCD、照明、雷射 IRFPA（IRCCD/CMOS/GaAs）
中紅外線（MIR） 中波紅外線（MWIR）	3.0～6.0μm 3.0～5.0μm	PbSe、PtSi、InSb、MCT	氣體偵測、健康（醫療）器材 熱成像（IRFPA）
遠紅外線（FIR） 長波紅外線（LWIR）	6.0～15.0μm 8.0～12.0μm	MCT、QWIP MB、FE（Uncooled）	健康（醫療）器材 熱成像（IRFPA）、雷射、檢測
極遠紅外線（XIR）	15um～1000μm		健康（醫療）器材

1.3　光（輻射）的度量

　　光輻射一般有兩個度量系統，分別為光度學（Photometry）與輻射度學（Radiometry），前者係指狹義的光學範圍，亦即對可見光能量的度量，後者則泛指整個電磁波輻射能量的度量之學門，實用上則指紫外光至紅外線間之電磁輻射，亦即廣義光學範圍，因此光電成像理論所用之單位均屬之。

　　光輻射為一種以電磁波形式發射、傳遞或接受的能量，其中可被人眼接收的輻射能，稱為光能（Luminous energy）Q_v，指也稱為光量（Quantity of light），單位為流明秒；而廣義的輻射能則包括不可見光輻射，以 Q_e 表示之，單位為焦耳（瓦秒）。由於光度學的量為吾人日常生活中所接觸之度量與單位，較容易想像，但卻十分複雜且不易理解。常用的度量參數說明如下：

1.3.1　光度的量　（Photometric quantities）

1. 光通量（Luminous flux）Φ_v：亦稱為光束，指單位時間內流動（傳遞或被接受）的光能，$\Phi_v = dQ_v/dt$，單位為流明（Lumen, lm）。1 流明（lm）定義為光度為 1 燭光（cd）之標準光源在單位立體角內所發出的光通量，一個均勻發光點每秒鐘產生 4.087×10^{15}（4087 兆）個光子。

2. （發）光強度（Luminous intensity）I_v：簡稱為光度，指點光源向某一方向之立體角（Ω）發射的光通量，$I_v=d\Phi_v/d\Omega$，單位為坎德拉（Candela, cd），即所謂燭光，為 SI 基本單位。光度為 1 燭光（cd）之光源在 1 立弳（sr）之立體角內輻射出 1 流明（lm）的光。

3. （光）照度（Illuminance）E_v：必須有足夠的光投射到被照物表面，才可以分辨物體，該被照物體表面光亮程度即為照度，照度為亦表示光亮度常用之參數，反之，若由面積上發出之光量稱為出光量（Exitance），$E_v=d\Phi_v/dA$。其 SI 單位為勒克斯（Lux, lx），1 勒克斯（lx）指 1 流明（lm）的光照射於 1 平方公尺的光量；英制單位為呎燭光（footcandle, fc），1 呎燭光（fc）為 1 流明（lm）的光照射於 1 平方英尺的光量，故 1 fc 等於 10.76 lx（通常取整數，即 1 fc=10 lx）。人眼至少在約 10^{-3} lx（10^{-4} fc）之照度下可以看到物體，10^{-2} lx（10^{-3} fc）之照度下可以分辨物體，而此值與距離有關，夜視鏡使用環境之照度基準為 10^{-3} lx（10^{-4} fc），此照度亦可作為低光度（Low light level, LLL）之標準。

4. 亮度（Luminance）L_v：亦稱為輝度，指物體（發光體）單位面積所散發出的光亮程度，$L_v=d\Phi_v/d\Omega dA\cos\theta=dI_v/dA\cos\theta$，其中 θ 為光線與法線之夾角（若為正交出射，θ 為 0 度，則 $A\cos\theta=A$）。亮度之 SI 單位為臬（nit=cd/m²），英制單位以則為呎藍伯特（foot lambert, fL）。1nit=0.094fL

1.3.2 輻射度的量（Radiometric quantities）

輻射度量學所用得參數類似光度學，輻射能以 Q_e（為簡化起見，輻射度量有時忽略下標 e）表示之，其他主要參數定義如下：

1. 輻射通量或輻射功率（Radiant flux/power）$\Phi_{(e)}$：單位時間內流動（傳遞或被接受）的輻射能，$\Phi_{(e)}=dQ_{(e)}/dt$，單位為瓦（W=焦耳/秒），1 瓦等於 683 流明@波長 550 奈米（明視覺），或 1,700 流明@510 奈米（暗視覺）處。

2. 輻射強度（Radiant intensity）$I_{(e)}$：點光源向某一方向之立體角發射的輻射功率，$I_{(e)}=d\Phi_{(e)}/d\Omega$，單位為瓦（W）/立弳（sr）。

3. 輻射照度（Irradiance）$E_{(e)}$：指照射於單位面積 A 上之輻射通量，$E_{(e)}=d\Phi_{(e)}/dA$，單位為瓦（W）/面積（m²）。由該面積發出之輻射量則稱為輻射出量（Radiant exitance）。

4. 輻射亮度（Radiance）$L_{(e)}$：單位面積上單位立體體角所發出之輻射量，即 $d\Phi_{(e)}/d\Omega A\cos\theta$，$dL_{(e)}=dI_{(e)}/dA\cos\theta$，單位為瓦（W）/面積·立體角（m²·sr）。

前述定義中，Ω 為立體角（Solid angle），球面上之某一面積相對於球心所形成之角稱為立體角，單位為立弳（Steradian，縮寫為 sr），一個球體涵蓋的立體角為 4π 立弳。1 sr 定義為在球面上切出一個邊長為 r 之四方形，其相對於球半徑為 r 所夾之立體角。若球面積 A 所夾之立體角為 Ω，則 A＝Ωr²，Ω＝A/r²。

註：球體以立體角 Ω 為角度量，圓形則以平面角 θ 為角度量，圓弧距離（弧長）s 對圓心所夾之平面角 θ 則為強度 radian（縮寫為 rad），圓＝2π＝360 度，s＝rθ，其中 r 為圓之半徑，則 θ＝s/r。

理論上任何物體上的照度須乘以 cosθ，意即正交入射時為最大，夾一個角度（θ）時會產生散射衰減現象，稱為藍伯特餘弦定律（Lambert cosine law）。若發光（輻射）體本身為完美的散射面（非完美反射體），無須考慮輻射出入角度，從各個角度均可獲得相同照（亮）度值，則該物體稱為藍伯遜輻射體（Lambertian radiator），其表面稱為藍伯遜表面。日常生活中絕大多數物體均可視為藍伯遜輻射體，不考慮角度之狀況下，可將球形物體看似平面之圓形（餅形）。

由於電磁輻射波域甚廣，實用上對於某一特定波長 λ 光輻射，以該參數（量）對該波長頻譜之微分（一階導數）表示之，亦即頻譜光輻射量（Spectral radiometric quantities），包括頻譜輻射通量（Spectral radiant flux）Φ_λ（＝dΦ/dλ）、頻譜輻射強度（Spectral radiant intensity）I_λ（＝dI/dλ）、頻譜輻射照度（Spectral radiant irradiance）E_λ（＝dE/dλ）、頻譜輻射亮度（Spectral radiant radiance）L_λ（＝dL/dλ）等，光度學、輻射度學與頻譜光輻射量常用物理量各參數（量）可以表 1.3 說明之。

1.3.3　單位轉換

光度與輻射度所用參數（量）間之差異僅在於：因其所在的波域不同，故而所用的單位不同，二種量之間可以互相轉換，而其相關性可以圖 1.2 表示之。而常用的單位間之轉換如下：

1. 光通量 Φ_v 與輻射通量（功率）Φ_e

    1 lm（流明）＝1/（4π）cd＝1.464×10^{-3} W@550nm

    1 lm.s（流明.秒）＝1 Talbot＝1.464×10^{-3} J@550nm＝0.588×10^{-3} J@510nm

    1 W（瓦）＝683 lm@550nm＝1,700 lm@510nm

    1 J（焦耳）＝10^7 erg＝1W.s

2. 發光強度 I_v 與輻射強度 I_e

    1 cd（燭光）＝1 lm/sr

1 W/sr=0.093 cd/ft^2

3. （光）照度 E_v 與輻射照度 E_e

    1 lx（勒克斯）=1 lm/m^2=1 lm/（100 cm）^{2}=10^{-4} lm/cm^2=10^{-4} phot

    =1 lm/（3.28ft）^{2}=0.093 lm/ft^2=0.093 fc≒0.1 fc

    1 W/cm^2=6.83×10^6 lx@550nm

4. 亮度 L_v 與輻射亮度 L_e

    1 nit（臬）=1 cd/m^2=1 lm/sr/m^2=10^{-4} lm/sr/cm^2=10^{-4} sb

    1 fL（呎-蘭伯特）=（1/π）（cd/ft^2）=10.6 nit

    1 W/cm^2/sr=6.83×10^6 lx/sr

5. 由於夜視器材使用波段經常涵蓋可見光與紅外線，光度量與輻射度量間之關係可以光效能（Luminous efficacy）K（λ）表示之，其為光通量與輻射通量之比值，單位為 W/lm，即 $K(\lambda)=\Phi_v/\Phi_{(e)}$，光效能最大值為683W/lm，落在波長550奈米處。

表1.3 光學輻射各種參數一覽表

量之名稱	符號	物理意義	定義	SI單位	單位符號
光能	Q_v	光發射、傳遞或接受的能量		流明·秒	lm·s(Talbot)
光通量	Φ_v	單位時間內流動的光能	dQ_v/dt	流明	lm
光強度	I_v	點光源向某一方向之立體角發射的光通量	$d\Phi_v/d\Omega$	坎德拉	cd（lm/sr）
光照度	E_v	照射於單位面積上之光通量，亦即物體表面度光亮程度	$d\Phi_v/dA$	勒克斯	lx（lm/m^2）
亮度	L_v	物體（發光體）單位面積所散出的光亮程度	$dI_v/dAcos\theta$	臬（nit）	cd/m^2
輻射能	$Q_{(e)}$	輻射能量		焦耳	J
輻射通量	$\Phi_{(e)}$	單位時間內流動的輻射能	$dQ_{(e)}/dt$	瓦特	W
輻射強度	$I_{(e)}$	點光源向某一方向之立體角發射的輻射功率	$d\Phi_{(e)}/d\Omega$	瓦特每立弳	W/sr
輻射照度	$E_{(e)}$	照射於單位面積A上之輻射通量	$d\Phi_{(e)}/dA$	瓦特每平方米	W/m^2
輻射亮度	$L_{(e)}$	單位面積上單位立體體角所發出之輻射量	$dI_{(e)}/dAcos\theta$	瓦特每平方米立弳	W/m^2·sr
頻譜輻射通量	Φ_λ	單位波長間隔內的輻射通量	$d\Phi_{(e)}/d\lambda$	瓦特每微米	W/μm
頻譜輻射通量	Φ_v	單位頻率間隔內的輻射通量	$d\Phi_{(e)}/dv$	瓦特每秒	W/s
頻譜輻射強度	I_λ	單位波長間隔內的輻射強度	$dI_{(e)}/d\lambda$	瓦特每微米立弳	W/sr·μm
頻譜輻射照度	E_λ	單位波長間隔內的輻射照度	$dE_{(e)}/d\lambda$	瓦特每微米平方米	W/m^2·μm
頻譜輻射亮度	L_λ	單位波長間隔內的輻射亮度	$dL_{(e)}/d\lambda$	瓦特每微米平方米立弳	W/m^2·sr·μm

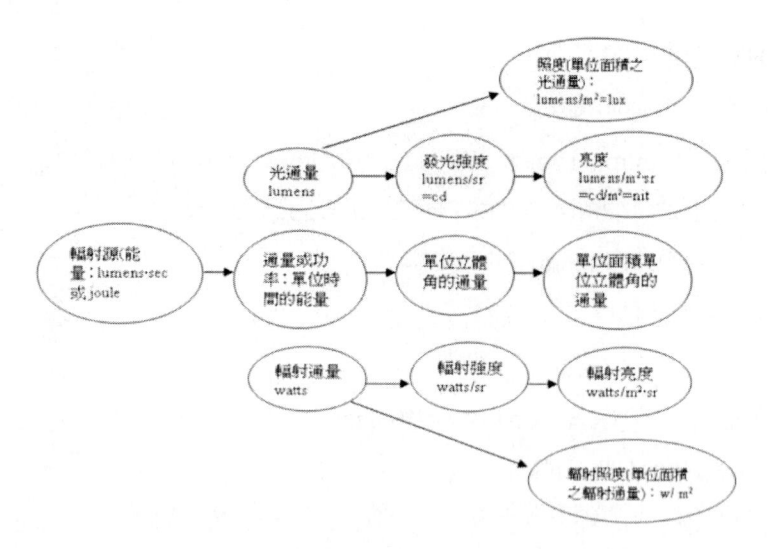

圖 1.2　光度學與輻射度學常用參數間之關係圖

1.4　光線與像差理論（幾何光學）

光線（Rays）的概念為幾何光學的基礎，其最為簡單易懂，可以有效的描述某些光的物理現象並預測其結果，故雖為最古老的理論，仍為現代光學領域中極重要的理論，尤其成像與照明光學系統設計，在今日吾人生活中各項光電產品上為一不可或缺的工具。

1.4.1　光的直線傳播與習知之現象

人類最早對光的認知為，光是以直線前進，即光線的概念，故無法看到障礙物後的景物，此種光線的模型為一般人所熟知。光線前進方向與波前垂直，匯集許多光線即為光束，由於光有聚焦或發散現象，如削尖的鉛筆，故有稱光束為 Pencil。光以直線前進時，可傳播能量，並有如下的現象：

1. 反射（Reflection）：光線到達一光滑表面後會產生反射現象，光線經鏡面反射後，入射角等於反射角，稱為反射定律。許多鏡面表面蒸鍍一層良好的反射面，以增加反射，或鍍一層抗反射膜，以減少反射（增加穿透）。當反射面不是絕對光滑表面時，反射現象常伴隨發生散射及漫射。

2. 穿透（Transmission）：光線到達透明物體後，會穿透該物體，繼續向前進。穿透會因光波長不同而產生分光現象，如白光（主要由紅、綠、藍三原色光組成）經過綠

色濾光片時,僅有綠色光通過。穿透也會伴隨發生吸收(Absorption)現象,吸收指光線進入介質之後,與材料發生交互作用而產生特性轉移之現象。基於能量不滅定律,入射光之能量等於反射、吸收與穿透光能量之總合。

3. 折射(Refraction):當光線在二個不同物體上前進時,會發生曲折(改變前進方向),而前進速度也會稍微改變,此現象稱為折射。光在真空中之行進速度(c)為每秒 2.998×10^8 公尺,在其他介質中行進速度(v)較慢,二者之比值即為該介質之折射率 n,即 $n = c/v$。折射與物體的折射率(n, n')與入射角(θ)有關,稱為折射定律(Snell's law):

$$n \sin(\theta) = n' \sin(\theta')$$

其中 θ' 為折射角。由折射定律可知當入射角為 0 及光線垂直入射至另一物體(穿過一個表面)時,$sin(0) = 0$,故不會發生折射現象。

4. 色散(Dispersion):由於介質的折射率與顏色(波長)有關,故白色光通過不同折射率表面時,會發生不同的折射現象,即偏折角不同,而呈現出構成之七色光所組成之光譜,稱為色散,由空氣進入介質時(折射率變大),紅色光偏折角小於藍色光。

5. 全反射:當光線由折射率較高的介質進入折射率較低的介質時,若入射角大到一個角度時,不會穿透進入該次介質,而會被反射、沿著該二介質介面前進,稱為全反射,該入射角稱為臨界角,當入射角大於臨界角時,會發生反射現象(即入射角等於反射角),稱為全內反射。光纖即是利用全反射原理來傳播光。

1.4.2 近軸光學

近軸光學(Paraxial optics)模型為最簡單的光學系統,其為描述理想光學系統的理論,又稱高斯光學(Gausian optics)。於此模型內光線之入射角、折射角均很小,此時入射角 θ 約等於 sinθ。高斯光學將光學系統分為物空間與像空間,光學系統無厚度(即薄透鏡),平行於光軸的入射光經光學鏡片折射後落於後焦點上,成像位置可由薄透鏡公式表示如下(參考圖 1.3):

$$\frac{1}{o} + \frac{1}{i} = \frac{1}{f}$$

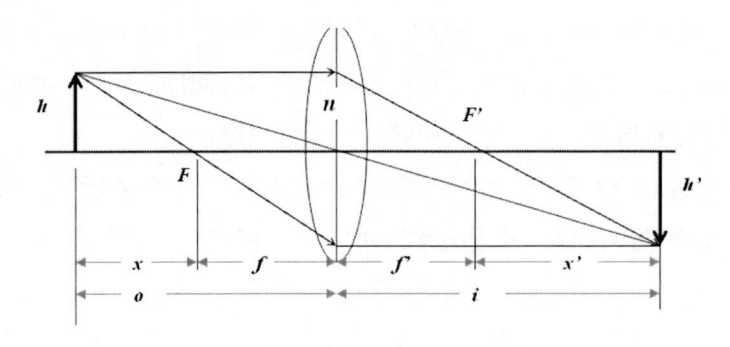

圖 1.3 近軸光學成像系統各參數示意圖

或造鏡者公式

$$(n-1)\left(\frac{1}{r1}+\frac{1}{r2}\right)=\frac{1}{f}$$

另一個實用的成像公式為牛頓方程式

$$-x\,x'=f^2$$

負號表示光線方向係由右向左。放大倍率為

$$M=h'/h=i/o$$

鏡頭光圈以焦數（f/#）表示之

$$f/\#=f/D$$

其中 n 為折射率，o 為物距，i 為像距，f 為焦距（$=f'$），n 為折射率，$r1$、$r2$ 分別為鏡片的兩個曲率半徑，h 與 h' 為物高與像高，F 與 F' 為前焦點與後焦點，D 為鏡片直徑（或鏡頭之出光孔徑）。此一模型提供吾人日常生活中十分實用的光學成像計算公式，但僅適用於角度很小與焦數（f/#）很大時。

1.4.3 像差

近軸光學為一個理想光學系統，物體經過理想的光學系統後，可獲得一個沿著光軸的對稱的成像，亦即上下左右顛倒、均勻放大或縮小的像，這個無像差的系統亦稱為一階光學系統。但真實的光學系統並不然，這是因為鏡片有厚度、有像差

（Aberrrations）的緣故。典型光學系統存在著數種像差，包括球面像差、彗差、像散、場曲及畸變差等稱為單色像差（Monochromatic aberrations），或稱三階像差，及縱向與橫向色像差（Chromatic aberrations），敘述如下：

1. 球面像差（Spherical Aberration））：所有物體均可視為許多點源之集合，當光軸上的點源發出的光線經過透鏡後，鏡片上不同位置之各點折射（成像）後，並未聚焦在同一點上面（圖1.4），此為造成鏡片無法獲得完美影像的最主要單色像差，當邊緣光線聚焦點較中央部份為近，稱為負球差，反之則稱為正球差，使用非球面鏡可減低此種成像缺陷。

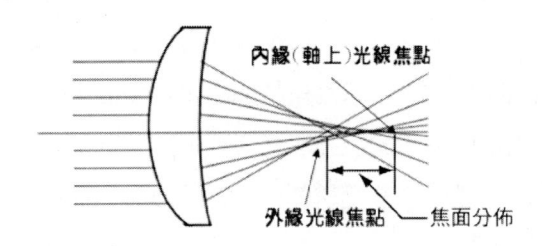

圖1.4　球面像差示意圖，軸上光線焦點較外緣光線焦點遠

2. 彗差（Coma）：由於透鏡不同部分產生不同放大倍率而形成之像差，表現於離主光軸不同距離之像場放大率不同，物體精光學系統後成像如彗星般的像（圖1.5），其中較明亮、較小的具焦點靠近光軸（正彗差）或遠離光軸（負彗差）。

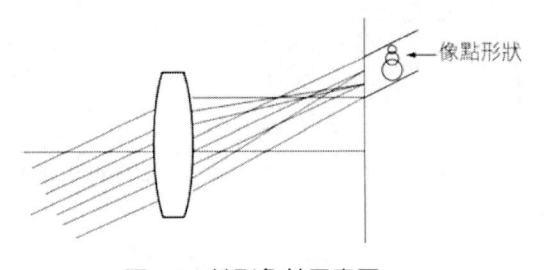

圖1.5　彗形象差示意圖

3. 像散（Astigmatism）：指物體經光學系統成像後，其子午面與弧矢面之成像點不一致之現象，像散即吾人俗稱之散光。
4. 場曲（Field Curvature）：指平面物體成像為曲面影像之像差而言。
5. 畸變差（Distortion）：指光學系統成像時並未依比例複製物體之尺寸（圖2.6 左為物

體原形狀），邊緣便原處放大倍率叫中央處為大（枕型，圖 1.6 中）或較小（桶型，圖 1.6 右），其中標準正方形為原物形狀。有時亦指波前在時間上的改變而言。

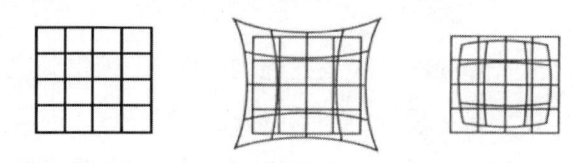

圖 1.6　畸變差示意圖，左圖為物體原型，中為枕型、右為桶型畸變差示意圖

6. 色差（Chromatic Aberration）：泛指因（可見光）波長不同導致折射率不同而產生的像差，波長短者（藍光 B）偏折情形較明顯（圖 1.7）。不同顏色光的影像差異稱為側向色差（lateral color）或放大率色差（chromatic difference of magnification.），鏡片不同部位產生的色差稱為橫向色差。色差又稱為二階像差，因其最容易顯現，早期簡易型照相機鏡頭即以消色差雙鏡組（Achromatic doublet）來修正色差為主（如圖 1.8）。

7. 混合像差：通常一個光學系統並非僅出現單一像差，故需經由光學設計，利用多片（群）鏡片來消除像差，以獲得良好之成像效果。

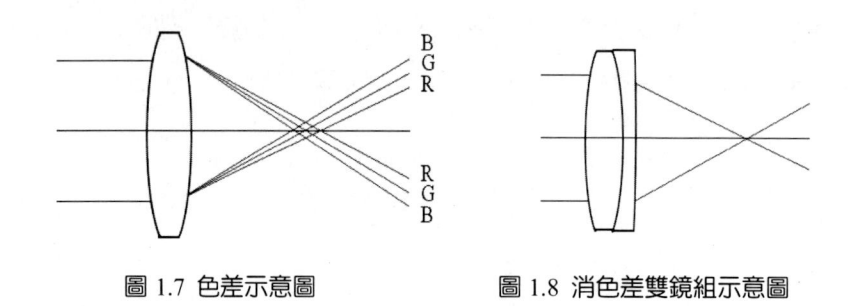

圖 1.7　色差示意圖　　　　　圖 1.8　消色差雙鏡組示意圖

1.4.4　光學系統設計

實際光學系統存在著各種像差，物體經光學系統成像後，由於像差而影響成像之品質，經由光學設計可以計算獲得消除前述像差的光學系統參數。光學設計的目的並非獲得完美的光學成像系統，而是經光學設計軟體計算出一組合用的光學系統參數，所謂"合用"係指同時考慮材料與製作成本、加工難度等因素之系統，常使用的光學設計軟體適用於可見光與紅外線光學系統。光學系統設計係以選定之系統設計參數如工作波段、焦距（或視角）、焦數（f/#）、後焦點（或工作距離或端框焦距）及系統總

長度等,設法降低透鏡之像差,以滿足系統所要求之成像品質或容許之誤差。此時並未考慮鏡片加工與系統組裝時之容許公差,此外系統透光率(即鍍膜要求)、人因工程考慮或分劃板與機構設計等則通常需加以考量,如此才完成一個光學系統系統或儀器之設計。

一個完整之光電成像系統應包括光源、鏡片(物鏡、繼光鏡、稜鏡及分劃板等)、感測器與視頻顯示(或目鏡組),設計完成之系統主要以解像能力來評估其效能。解像能力通常係指對空間頻率的分辨能力,以每公厘之線對數(Lp/mm)表示之,而經由光學設計軟體優化後之系統會呈現光線追跡(Ray tracing)、點圖(Spot diagram)、分色 MTF 及各種像差曲線等相關像差或光程差圖形及鏡片參數等(圖 1.9 所示為光學軟體 Zemax 計算之成果,材質名稱通常由設計者給予,計算得曲率半徑、厚度、鏡片間距及直徑等)。鏡片參數為最終輸出,係光件加工與光學儀器機構設計所需,其餘則作為系統性能評估用。部份性能設計參數間為矛盾,如要求高解像力者通常為焦數大、焦距長、視角小的系統,若要提高速度則需有大孔徑鏡片,但相對其製作成本較高,殘留像差也大。故如何取捨,以設計出一套合用的光學系統,實為有經驗之設計者理論與實務間之真正學問。

早期光學計算曠日廢時,如今拜電腦科技進步之賜,已有許多光學設計軟體供選擇,目前較常用的光學設計軟體有 CodeV、Oslo 及 Zemax 等,另有一些由幾何光學專家自行開發使用,但不對外公開之設計軟體,使用者可依其意願選擇適合之工具進行光學設計。光學設計軟體為提供光學系統優化的程式,設計者必須輸入起始數據,並選擇設計結果,而光學設計軟體僅分析光學系統,通常需再利用光機軟體分析其他誤差,如雜散光(Stray light)等,可獲得較接近實用之結果。長久以來成像光學系統設計已建立了龐大且完整的資料庫,目前許多光學設計發展方向逐漸置重點於照明光學系統設計,如發光二極體(LED)、太陽能光電等節能領域,常用的軟體包括 ASAP、Tracepro 及 LightTool 等。

圖 1.9 典型 Zemax 光學設計軟體計算分析結果圖示,顯示了包括鏡片配置、像差分佈、點圖形狀及 MTF

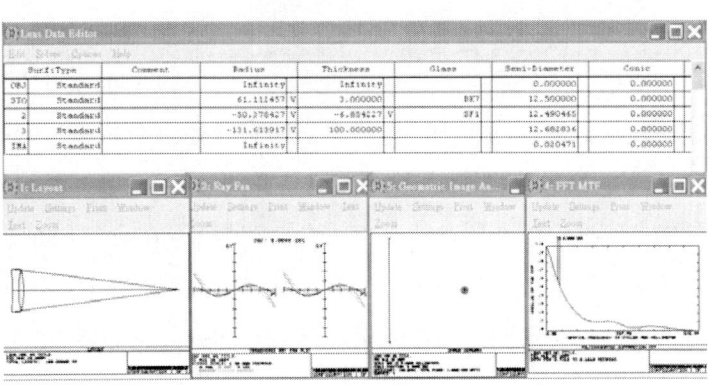

1.5 光波與成像理論（物理光學）

光波的概念對許多幾何光學信仰者為一截然不同的認知，但光波達成了極精密的像值評價與微米級的計量能力，卻為今日科技與工程上一個重要的里程碑，此處對物理光學幾個基本理論做一簡單說明。

1.5.1 干 涉

干涉（Interference）指二或更多束光波互相作用，使其強度產生相加成的結果。干涉理論最早由英國科學家楊氏（Young's）於西元 1801 年所提出，為光的波動學說的重要證據。楊氏的實驗（實驗架構如圖 1.10 所示）將一束光以二個狹縫而產生二個波投射於屏幕上，結果在屏幕上產生明暗相間的條紋，亦即二個波前產生干涉，猶如在水池上同時投下兩個石頭，兩組水波紋相遇時也會產生干涉現象，這種現象是微粒說無法解釋的。楊氏並利用該實驗計算出光的波長。現代實驗則將一束光將分光鏡分成二束光，再使其產生干涉現象，如菲索干涉儀（Fizeau interferometer）等。牛頓圈即為干涉現象的結果，可用來做為光件拋光現場檢驗。干涉現象有建設性與破壞性干涉，亦即增加或降低反射率。

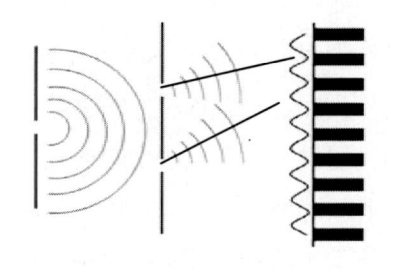

圖 1.10 楊氏雙狹縫干涉實驗架構圖，右側黑白相間之線對即為所形成之干涉條紋

干涉理論除用於精密量測（如球面之表面精度與表面品質檢查，可達次光波長之微米級精度）外，其最重要的應用為光學薄膜（Optical thin film）。光學薄膜主要目的之一在降低反射率，由光經過介質時會產生反射現象，以折射率 1.5 之透鏡為例，經穿透後（忽略吸收效應），約僅有 92%光線（能量）穿過，而一個光學系統往往由多片鏡片組成，以 5 片鏡片為例，光線僅剩下（$0.92^5=$）66%，而夜視系統均為低光度環境下工作，故減少光量損耗極為重要，必須以抗反射鍍膜（Anti-reflection coating）方式改善之。最常用單層抗反射膜為厚度四分之一波長（0.55/4 微米）的氟化鎂（MgF_2）

膜,而高性能光學儀器鏡片通常蒸鍍多層膜（Multi-layer coating）來增加穿透率,即在鏡片表面蒸鍍多層不同材料之鍍材,該厚度可使反射光產生破壞性干涉,未反射之光則穿透該鏡片,結果增加穿透率,如 3 層膜可在可見光域可達 99.5%之穿透率。另亦有為增加反射率,如反射鏡面,或鍍成部分穿透、部分反射的分光鏡等,光學鍍膜之目的不一而足,端視系統設計需求而定。圖 1.11 為蒸鍍不同金屬材料後反射率增加情形。

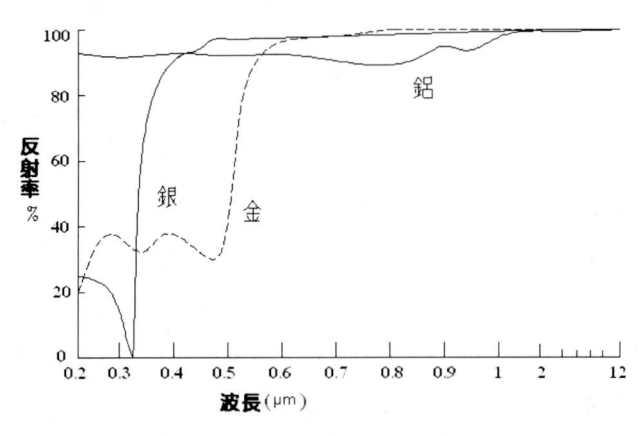

圖 1.11　鍍金、銀及鋁等三種不同金屬膜之反射率比較

1.5.2　繞　射

繞射（Diffraction）是指行進中的光穿過一個光孔或障礙物邊緣（如狹縫邊緣）時,產生光波分散或偏折的現象,此現象最早於 17 世紀中由格林漠第（Francesco Grimmaldi）所發現。被阻擋部分（波前消失）產生影子,其餘則繼續前進,並在影子邊緣（即障礙物所形成的像邊緣）產生明暗相間的干涉條紋。若該光孔直徑或狹縫寬度與波長接近時,偏折角度為波長與光孔直徑之比。荷蘭科學家惠更斯於 1690 年提出繞射理論,惠氏認為光波之傳播係因在波前（Wavefront）上之每一點可視為一個新的波（二次波）向各方向前進,該新波又是一個新的波一直向前散播,菲涅爾（Fresnel）補充惠氏理論,提出前述新波前之間會產生干涉現象,稱為惠-菲原理。繞射現象依其特性可分為菲涅爾繞射及傅郎霍夫（Fraunhofer）繞射兩種,前者指光源與成像面與繞射孔距離較近,稱為近場（Near-field）繞射模型,亦即為點光源之繞射現象,波前形狀為球面；後者指光源與成像面與繞射孔距離極遠,稱為遠場（Far-field）繞射模型,為展體（Extended）光源,產生平面波前。

繞射光可能產生干涉,由於在日常生活所見的物體中,光波長（以 0.55 微米為基

準）相對微小，故繞射現象常被忽略。一個光學鏡片即可視為一個光孔。繞射現象說明光波會改變方向、振幅大小及相位，而成像過程可視為物體（點）傳播的過程，當點源經過光學系統成像時，結果並非一個點，而是一組有中央亮點的同心圓，亦即一個模糊的點（Blur），稱為艾瑞光環（Airy disc，如圖1.12所示，摘自維基線上百科），其中中心處約佔84%能量，第二圈（第一亮圈）起遞減到只剩7%，第三圈接近3%，第四圈約1.5%，再外圈能量更低，已幾乎無法分辨；中央亮點的照度約為第一亮圈的60倍，故通常只計算中央亮點及第一、二亮圈。艾瑞光環大小（指中央亮點之直徑）可以以下表示之

$$d = 2.44\lambda \times (f/\#)$$

對於可見光而言，波長 λ 約等於 0.5 微米，艾瑞光環直徑約等同於焦數（f/#）值，單位為微米。對於中波紅外線而言，約等於10倍焦數，長波紅外線則約為20倍焦數。

　　光波經過鏡光學元件如透鏡、反射鏡或光學系統時，也會產生繞射現象，除了光學像差以外，影響光學成像品質的另一個因素是繞射。當光線確實經過而聚焦且成像者稱為實像，將一個螢幕置於成像面可以看見影像；如果光線發散時，觀察者看到的影像則為虛像，此時無法成像於螢幕上。當二個點源經過光學系統成像時，其最近分辨距離 d 亦即上式艾瑞光環之半徑（圖1.13，摘自維基線上百科），稱為瑞雷準則（Rayleigh's criteria），說明光學系統之解像力（Resolving power）。光學設計的目的在於消除幾何像差，當幾何像差極小或消除（事實上像差不可能完全消除而得到一個理想光學系統）時，成像效果即為繞射現象的結果，稱為繞射極限（Diffraction limit），亦即幾何光學像差完全消除後，並非得到一個完美的光學系統，此時必須以物理光學理論來評量光學系統之性能。

　　解像力為光學儀器可區分鄰近兩物體之成像間距或相鄰兩個波長的能力，以望遠鏡對雙星成像而言，角解像力（Angular resolving power）指其成像面上像點間最小的角度間隔，線解像力則為像點間之線性間距。如望遠鏡對雙星之成像為鏡片孔徑繞射成像的結果，亦即產生如艾瑞光環般的明暗相間同心圓條紋，如上圖（圖1.13）所示第一亮點中心最亮處會落於第二亮點的第一暗紋，該光學系統之角解像力為 $1.22\lambda/D$，D 為物鏡直徑，解像力數值越小表示該系統之解像力越佳。

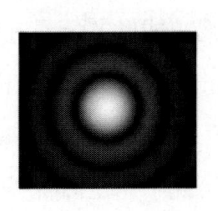

圖 1.12　艾瑞光環 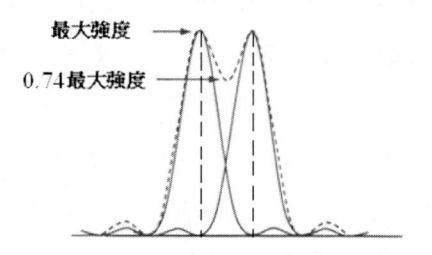　　圖 1.13　雙星成像之系統解像力示意圖

1.5.3　光學成像

　　物體經過光學系統後，物體形狀改變可視為對比之衰減，亦即能量之衰減，或強度（正弦曲線之振幅）之衰減，如圖 1.14 所示。通常以黑白線對靶圖（Bar chart）來表示空間頻率（線對/公厘，Lp/mm），可將其能量分佈繪成方形波，為便於數學式表示，又以正弦波表示之，可以圖 1.15 說明。頻率越高者經光學系統成像後衰減越多，由於物體形狀之外緣可視為高頻（高空間頻率）區域，亦即高對比區域，帶有較高能量，經光學系統傳遞後，能量衰減較嚴重，中間區域為低頻區，對比較低，衰減較少，亦即軸上具有較高解像力，可以圖 1.16 說明之。

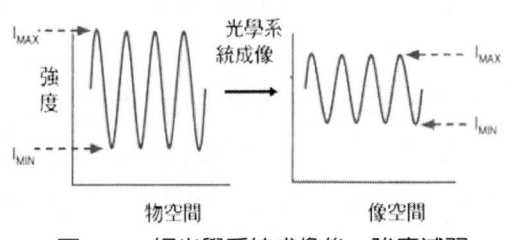

圖 1.14　經光學系統成像後，強度減弱 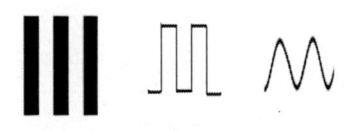　　圖 1.15　標靶亮（強）度以方波或正弦波表示

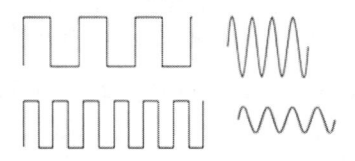

圖 1.16　不同頻率經光學系統傳播之結果圖示，上圖顯示低頻衰減少，下圖高頻衰減多

成像時每一個物點成為一個模糊的像點,其明亮的分布為點傳播函數,整個物體的影像即為每一個點傳播函數的總和。物體經過光學系統成像為能量在物空間與像空間傳遞之現象,可以光學或影像傳遞函數(Optical Tranfer Function, OTF)來描述此種現象,若把能量(或對比)以調變(Modulation)來表示,則成為調變轉換函數(Modul-ation Transfer Function, MTF),將調變(或對比)與空間頻率之關係繪製成圖可得圖1.17。如果一個光學系統可以對 1 Lp/mm 的空間頻率完全成像,在輸出端的對比亦為 1 Lp/mm 時,代表 100%轉換,即 MTF 等於 1。但對於較高頻如 100 Lp/mm 的標靶,光學系統通常無法百分之百傳遞對比,可能只有 10%,對於更高的頻率則只有 1% 或更低,表示 MTF 隨頻率升高而下降,真實的光學系統更為顯著,圖 1.17 中實線代表無像差之理想光學系統,虛線為離焦系統,實虛線為實際光學系統,圖中空間頻率數值僅為參考。

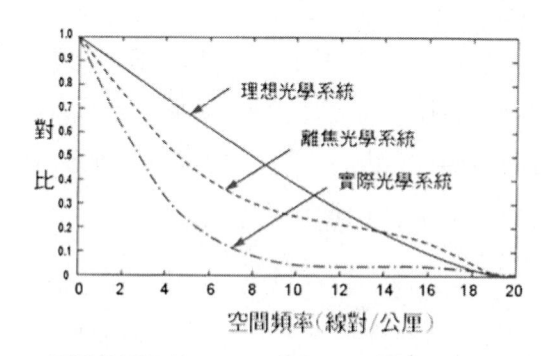

圖 1.17　調變傳遞函數 MTF,由圖可見高頻之 MTF 衰減迅速

實用上,亦以 MTF 來描述物體經光學系統之對比傳遞率,對比定義為最大強度與最小強度間的和與差之比值(參考圖 1.14),具有較高空間頻率處轉換率較低,而低對比或低空間頻率處轉換率較高(參考圖 1.16),空間頻率為 0 時之轉換為 100%。由於 MTF 係以正弦波物體的影像描述頻率增加時的調變(轉換)情形,光學系統對物體各部分轉換細節的量測,故亦稱為正弦波回應與對比轉換函數。通常可見光學系統要求之 MTF 較紅外線系統為高,一般而言,CCD 攝影機光學系統要求之截止頻率約在 100Lp/mm,有些高解析度數位相機甚至要求高達 200 Lp/mm,夜視鏡則約在 50 Lp/mm,而紅外線熱像儀約 30 Lp/mm,即可滿足觀測所需。

1.6 現代光學－光的量子理論

在爭論到底是撞球或水波後，近代光學已不再執著於大小與能量，而是一種兼容的看法，並以新的面向－量子光學－出現，成為現代光電成像技術的基礎。

1.6.1 量子理論

量子光學為研究光遵循量子力學（Quantum mechanics）的現象，他利用輻射之量子理論來描述光子相干性及光子與電子間之交互作用。傳統上的光，被認為是粒子流在空間中的傳播，或是電磁場中的波動；近代的光，則因量子本質而改變，認為光是量子場（Quantum field）中帶有能量的粒子，即量子（Quantum），或稱為光子（Photon）。

17世紀科學家認為光經由以太傳輸，雖然科學家從未找出以太這種東西，但麥克斯威提出的電磁場仍被認為是真正存在的物理實體。直到20世紀，科學家再度質疑其全真性，新的見解為場仍然存在，但並非連續性的，在光子發射和吸收上，電磁場顯現出粒子特性。在量子理論與相對論結合後，科學家認為每一個粒子、每種材料或其他東西，都可視為在不連續場中的量子化的概念，亦即光子是電磁場中的量子，光子可以被摧毀或創造。與傳統的場更大的差別在於可與其他物質起交互作用，量子場主張交互作用是經由粒子的生成或消失而來，帶電的粒子（電子）可經由電磁場中的量子（光子）的吸收或消失而作用。這些理論構成了現代光學對光的最新看法，光子成為光的本質的解釋，並涵概了粒子與波動的學說。

1.6.2 光與物質之作用

德國科學家赫芝（Hertz）於1887年實驗發現，以紫外光照射於電極時會發出帶電粒子，且該粒子之發射率與波長有關，此又成為光之微粒說之重要證據。普朗克（Max Planck, 1858-1947）於西元1900年所提出的量子理論成功解釋此現象，量子理論說明溫度高於絕對零度之物體發射出黑體輻射，所發出之能量為量子，該能量 E 等於 **hν**，其中 **h** 為普朗克常數，**ν** 為該輻射之頻率，此項說明物質與輻射間之交互作用，取代了古典力學（Classical mechanics）理論。輻射之量子理論則說明電磁輻射之光子經由量子力學之理論被物質（原子系統）吸收或發射理論，當原子由受激態（Exited state）遷移至基態（Ground state）時，會發射出光子，而當原子受到外在電磁輻射作用時，會吸收光子而由基態遷移至受激態。在受激態的原子損耗能量時會激發輻射，此即雷射之工作原理。輻射之量子理論後來於1917年由愛因斯坦以普朗克輻射延伸定律開始

講授,並加以發揚光大,成為光電效應與雷射理論之基礎。

量子理論說明物體熱輻射之能量為不具連續性,而是 hv 整數倍。依照光電效應光電子必須掙脫物質束縛能方能釋出,故

$$E_{max} = hv - \Phi$$

其中 Φ 為功函數,光子能量必須大於物質之功函數,才能激發出光電子。愛因斯坦的質量與能量關係為

$$E = mc^2 = hv$$

令光子動量為 p,則

$$p = mc = hv/c$$

光之量子理論說明了光為具有質量之粒子,同時為具有振動頻率之波動,在某些場合,如與物質作用時,表現出粒子性,另外場合如傳播時,表現出波動性。法國科學家德布洛意(Louis de Broglie)於 1924 年提出不只光,所有粒子如電子等均具有此種特性,稱為物質波(Matter wave),若物質之運動速度為 v,則該物質之波長為

$$\lambda = h/p = h/mv$$

這些同時解釋波和粒子的理論,也說明了光和其他粒子(如電子)間的交互作用,符合現代光電成像理論,而成為夜視產品光電檢測元件的理論基礎。在後續章節討論中,均將光視為量子化之微粒子,即光子,亦同時考慮不同波長所呈現之特性。而因光子與物質間之作用而激發電子的現象,亦即光電效應,則為本書光電成像技術夜視產品之理論依據。

第 2 章　光電成像系統與元件

　　今日光學儀器多已成為涵蓋純光學元件與光電、甚至電子元件的光電系統，光電成像之架構包括目標景物（含光輻射源與被照射物體）、光學（電）系統及人眼等三大部份。傳統的光學系統的成像，由數個光學元件組成，經由光學成像原理使人看清楚一定視野內之目標物之裝置，通常這個目標物為一個極微小或位於極遠處的物體，亦即將該目標物成像於人眼中，使人們得以分辨物體之形狀、顏色等特徵，由光學系統構成的裝置即為光學儀器，如顯微鏡或望遠鏡等。某些特殊用途的光學系統（儀器）另具有標定目標物方位或測定距離的用途，如瞄準鏡；某些光學儀器則需要在不良天候或低光度的環境下觀測物體，如夜視器材。夜視器材中除傳統的光學元件外，通常加入發光元件或光感測元件，使人們可在低光度或不良天候下觀視目標物體，而所獲得之圖像除成像於肉眼外，通常也藉由顯示器呈現出來。較先進的夜視器材，如紅外線光學系統，則必須增加一個信號與影像處理模組，來將感測模組所獲得之電子信號轉進行放大、消雜訊等，再由顯示器輸出影像給人眼。

2.1　人眼的光學特性

　　一個完整的成像過程即是光子旅行與轉換的過程，由光輻射源開始，光子經大氣傳播（含衰減，紅外線系統尤其明顯）後，經光學儀器之物鏡組成像於光電引擎之焦平面上（傳統光學儀器則直接由目鏡組成像於人眼），再經影像處理電路將影像呈現於顯示系統（顯示器或目鏡組）上，最後由人眼觀視之，圖 2.1 為一完整光電成像系統組成概念示意圖，其可為單一操作之系統，亦可視為數個次系統間之交互作用。

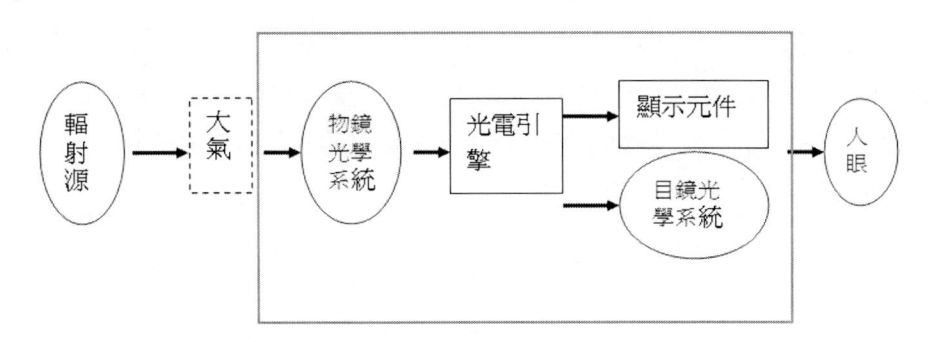

圖 2.1　完整光電成像系統組成概念示意圖

人眼為一個高效率之自然生成光學系統，亦為所有光學儀器最終成像處。直視成像系統（指如望遠鏡、夜視鏡等直接以肉眼觀視目鏡成像者）與間接觀視成像（指先成像於顯示器上，再以肉眼觀視者），或二者混合成像，最終均需藉助眼睛成像。由於其為所有光學成像共用元件，故首先介紹人眼。作為一個光學成像系統，人眼（圖 2.2）主要由三部分構成，一為由角膜、虹膜及水晶體等組成的光學系統，二為感測與進行信號處理的視網膜，三為信號傳輸與顯示的視神經與大腦。其中視網膜為構成人眼視覺的關鍵部份。表 2.1 為人眼各項光學參數數值。

表 2.1　典型人眼各項光學參數值

參數項目	典型數值
瞳孔大小	約2～8mm
焦距	約16.9mm
焦數	約2.4～6.8mm
瞳距	約51～72mm
角分辨率	約1'（分）
標準觀視範圍（單眼）	約20°（度）
最大觀視範圍（單眼）	約90°

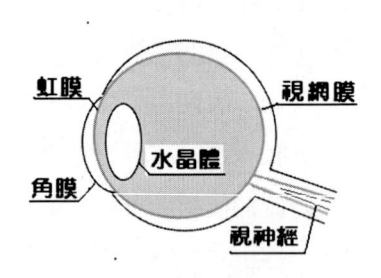

圖 2.2　人眼構造剖面圖

2.1.1　人眼視覺的光學特性

人眼為一個極為複雜且精細的光學感測系統，具有光學與視覺上的特性如下：

1. 光譜的敏感帶

人眼視覺適應範圍占電磁波譜中極短的範圍，僅能感應由波長 380（紫色光）至 760（紅色光）奈米間（一般多取整數，即 400～750 奈米），此段人眼可感知的光稱為可見光。在日間敏感帶，指視野內亮度大於或等於 3nit（cd/m^2）時之明視覺（Photopic）感應處，其峰值落在波長 550 奈米處，呈黃綠色；夜間亮度小於或等於 3×10^{-5}nit 時之暗視覺（Scotopic）峰值則在 510 奈米處附近，為藍綠色光處，RCA 光電手冊給出人眼明視覺與暗視覺敏感度，摘錄如表 2.2，依該參數描繪出之視覺敏感度（相對光照效率）曲線如圖 2.3。

表 2.2　不同波長明視覺與暗視覺感應

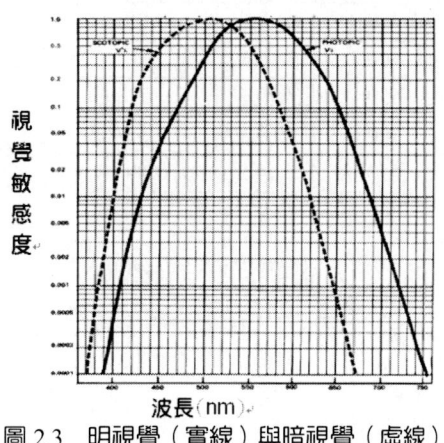

波長（奈米）	明視覺@L＞3 nit	暗視覺@L＜3×10⁻⁵nit
380（紫色）	0.00004	0.00059
400（紫色）	0.0004	0.0093
450（靛色）	0.0380	0.4550
500（藍色）	0.3230	0.9817
510（藍綠色）	0.5030	0.9966
550（黃綠色）	0.9950	0.4808
600（橙色）	0.6310	0.0333
650（紅色）	0.1070	0.0007
700（紅色）	0.0041	0.00002
750（紅色）	0.0001	0.0000008
760（紅色）	0.00006	0.0000004

圖 2.3　明視覺（實線）與暗視覺（虛線）

　　一般而言，只需 10 個綠色光子人眼即可感知，同樣的能量下，紅色光約 110 個光子（亦即人眼對綠色光的感知程度約為紅色光的 11 倍），而對藍色光則需約 200 個光子，人眼方可感知。表 2.3 為日間人眼對不同顏色光之正規化（以 550 奈米為基準）敏感程度比較表。

2. 亮度感受範圍

　　人眼瞳孔大小會隨外界環境之亮度而改變，在白天較亮時（10^3 cd/m²）的瞳孔直徑約 2～3 公釐，在較低光度下瞳孔變大，夜間時（10^{-3} cd/m²）最大可達 7～8 公釐，背景亮度或對比值減小時，瞳孔減小對物體的分辨力亦隨之減小。通常夜視鏡光學系統之出光瞳設計至少為 5 公釐。

3. 角度的分辨力

　　在足夠的照明時（約 10 lx）人眼的極限角分辨力為 1 分，隨著照度減小分辨力減小，在 0.1 lx 時約 3 分，在 0.01 lx 時約 9 分，在 10^{-4} lx 時（1/4 月光的晴朗夜空）接近 1 度（約 50 分），反之照度提高分辨力升高，在 100 lx 時約 0.8 分，在 1,000 lx（春季日間）時約 0.7 分（以瞳孔徑 2mm 為準），但照度過大超過 5,000 lx（約為夏季日間）時，則因反射而又減小眼睛之分便能力，如表 2.4 所示。

表 2.3　人眼對不同顏色敏感度表

波長（奈米）	顏色	敏感度
450	靛色光	0.05
500	藍色光	0.2
550	綠色光	1
600	橙色光	0.53
650	紅色光	0.09

表 2.4　不同照度時的角分辨能力

照度	角分辨力	照度	角分辨力
0.001 Lux	17'	10　Lux	1'
0.01　Lux	9'	100　Lux	0.8'
0.1　Lux	3'	1,000 Lux	0.7'
1　Lux	1.5'	5,000 Lux	0.7'

2.1.2　人眼如何分辨物體

人眼為造物者最大的恩賜之一，它使人類可以看清物體，可以獲得美麗顏色，更可以分辨細微差異，但必須在照明充足的環境下，照明不足時僅能獲得單色景物，故紅外線影像呈現的為灰階影像。

1. 照　明

光為人眼觀視景物最基本的環境物質，太陽光提供了電磁波中人眼可感知的光輻射波段，過低光度需使用夜視器材輔助人眼觀測。此外，加熱物質也可提供光，如各種照明燈具（如白熾燈泡即是），不同溫度有不同的光。除加熱外，還有物質自發光（Luminescence）方式可發光，或稱為冷光。當物質中的原子由受激態返回基態時發射出光，此種過程稱為激發（Excitation）。激發作用有許多原因，若屬生物有機體自行產生光，稱為生物自發光（Bioluminescence），因光子的作用稱為光致發光（Photoluminescence），因電子作用稱為電激發光（Electroluminescence），因化學作用，如磷的緩慢氧化（發光）作用，稱為化學激發光（Chemiluminescence），當激發物移除後仍持續發光，稱為磷光（Phosphorscence，吸收紫外光，發射可見光，否則稱為螢光（Fluorescence），磷光與螢光間之差異僅為極短暫之時間遲滯，若光停滯約 10 奈秒，叫做磷光。

夜間照明主要則為月光、星光與大氣輝光（Airglow），一般而言照度大於 10^{-4} fc（10^{-3} lx）時，人眼可以分辨物體，當反差特別大時，可達 10^{-5} fc（10^{-4} lx）；照度在 10^{-2} fc（0.1 lx）時，約為月光的亮度，可分辨顏色；照度在 10～100 fc（100～1,000 lx）時，約為室內照明的亮度時，人眼視覺靈敏度最佳，高於 100 fc 則易對眼睛造成傷害。圖 2.4 為照度範圍示意圖。

第 2 章　光電成像系統與元件

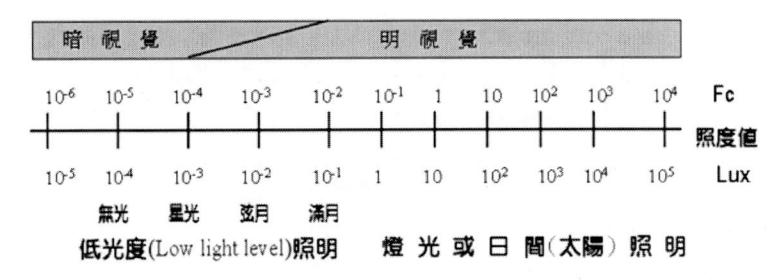

圖 2.4　各種不同照度範圍，星光之照度約 10-4fc（10-3 lx），月光之照度約 10-2fc（10-1 lx），該區域為人眼明視覺與暗視覺之緩衝帶

2. 顏　色

可見光使人眼可感知物體的顏色，由太陽發出的光並無顏色，通稱為白光。但白光並非可見光譜的一部分，這是因為白光並單一色光而是由多種色光，或頻率，混合而成，牛頓是第一個證明光係由七色光組的科學家。他將光過三稜鏡，白光分成如彩虹般光譜（右圖 2.5），該多色光經過第二個稜鏡又合成白光。人眼看見物體係因光照射於物體後反射入人眼而得。彩色由亮度、對比及色調三要素所組成，低光度時，

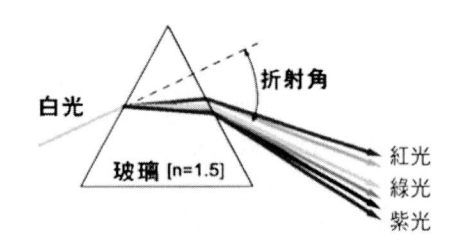

圖 2.5　白光經三稜鏡分為紅橙黃綠藍靛紫等七色光

人眼無法分辨色調，夜視器材使用紅外線波段，所見為單色光。

3. 像　素

若將物體分解為一組二維的解析點的陣列式排列，則可以點數的多寡代表該物體的分辨度，這些點稱為像素（Pixel, picture element 之字首縮寫）。例如數字 3 或英文字母 E 係由 3 個橫向條紋與 1 個縱向條紋組成，故最少需要 3×5 的解析度才可構成或分辨之；而 3×5 的解析度亦可構成數字 8，但此種解析度無法與字母 B 分辨，因此最少要有 5×7 的解析度方可分辨，如圖 2.6 所示。此理論可以用到各種成像系統，例如照相機或望遠鏡的鏡頭。利用解析點的數量來量化解像能力係源自二次大戰後美軍 J. Johnson 博士所提出線對（Line pairs）理論，當時係用來評價星光夜視鏡的觀測性能，目前普遍被接受的標準為 2 個解析點或 1 線對為偵測（Detect）物體，8 個解析點或 4 線對為辨識（Recognize），14 個解析點或 7 線對為識別（Identify）。對應到現代攝像元件如 CCD 或 CMOS 感測器中，這些解析點即為其像素或檢知元（Detector element, Cell）。

現代紅外線系統工程實務

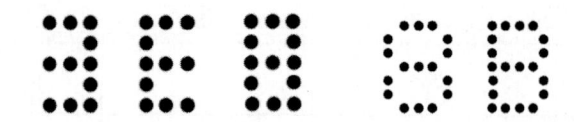

圖 2.6　解析度（像素數）示意圖

2.2　光學儀器

由各種光學、光電元件所組成，以改善人眼觀視能力之裝置，稱為光學儀器，最簡單的光學儀器為放大鏡，亦為一個單一光學元件之光學系統，眼鏡則為另一種簡單光學儀器的代表。典型的光學儀器為望遠鏡（如圖 2.7 所示），較複雜者如照相機或顯微鏡等屬於早期、單純的光學系統，近代則為整合其他含有光電及電子元件之光電成像產品等。基本的成像光學儀器由兩部分系統組成，一為物鏡組，二為目鏡組，結合目標物、背景輻射及人眼等，由此二部分間之關係構成光學系統之性能與諸元，如放大倍率、視角等。

夜視系統屬於近代光學系統，即光電成像系統之架構，係於傳統光學系統中增加一個光電轉換機構，即光感測與信號處理單元，夜視鏡系統為光放管，熱像儀系統為紅外線引擎（光電感測模組與驅動成像電路模組），直視夜視系統成像直接以人眼觀視，間接觀視型則成像於顯示器上觀看，但最後仍須以人眼來觀看。圖 2.8 所示為簡單星光夜視鏡（單眼單筒夜視鏡）結構圖，圖中光放管即為光電引擎。常用的光學儀器之結構與性能描述參數如下：

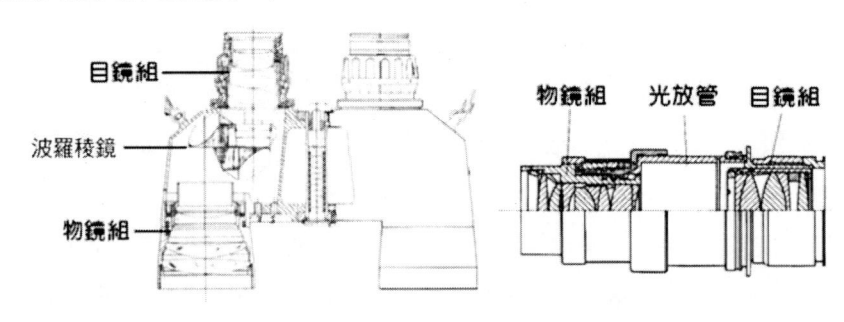

圖 2.7　典型光學儀器－雙筒望遠鏡　　圖 2.8　簡易夜視鏡構造圖

2.2.1　物　鏡（Objective）

位於系統最前方，將遠處的目標聚焦成像於目鏡的像平面上、光放管的光陰極面上或檢知器的焦平面陣列上。物鏡組為光學儀器第一個接觸到入射輻射之元件，必須

第 2 章　光電成像系統與元件

依其工作波段選用材料或鍍膜。因物鏡影響整個光學系統成像品質至鉅，故規格要求較為嚴格。

2.2.2　目　鏡（Eyepiece）

位於儀器末端，將影像放大以便人眼感知與辨識，由於與人眼連結，故目鏡組為可見光成像系統，使用光學玻璃為材料。

2.2.3　光電引擎（EO/IR Engine）

泛指光電成像系統中的光電轉換模組，紅外光電成像（夜視）系統中，由於物鏡所獲得之能量太小，或為不可見光信號，人眼無法感知，須經光感測元件轉換，再經由電路系統放大及影像處理，稱此入射輻射感測元件與影像處理電路之整合模組為光電引擎。

2.2.4　放大倍率（Magnification）

即物體被光學系統放大的比例，定義為像的大小與物體大小比例，或物鏡組焦距與目鏡組焦距之比值。有縱向（軸向）、側向與角放大率三種。

2.2.5　視　角（Field of view, FOV）

視角係指在物空間（Object space）中之空間（Spatial）或角度（Angular）的延伸程度，其為一個線性的延伸。換言之，指光學系統對某一個距離所涵蓋的範圍，亦即光學系統所能看到的最大寬度與高度（像空間之水平與垂直方向大小）或寬度（圓形影像空間）。故在整個光學系統中，視角即代表其在某個距離所涵蓋的寬度，可為長度或角度的量，或在某一個距離所涵蓋的範圍，例如視角為 10×10 度，或在 2km 處 350×350m 的可視範圍。視角愈大，則所涵蓋觀視範圍愈大，而物體愈小，對物體的分辨力也隨之變差。人眼單眼視角約為 90 度，兩眼合計約 160 度，觀視物體時所產生立體感與遠近感，是利用兩眼同時觀視影像時，視覺重疊所得的結果。

2.2.6　解像力（Resolving power/resolution）

亦稱為解析度或鑑別率，指光學系統複製物體的清晰程度，如辨識兩個分離的點或線對的清晰度，或空間頻率經光學系統傳遞後之衰減情形。夜視系統通常以黑白線對標靶圖（Bar chart），如夜視鏡所用的美國空軍 1951 號 3 線對靶為解像力檢查標準，看到越細的線對代表解像力越高。間接觀視的視頻系統則以顯示器所見之圖形來表示

解析度,並與顯示幕大小與像素數有關。光電成像系統通常以顯示器為影像輸出介面,故以顯示器之解析程度代表系統性能表現,顯示器解析度須與物鏡光學解像力、感測元件及信號處理電路相匹配。常用來量化解像力的調變轉換函數(MTF)則以對比轉換來描述之。

2.2.7 光　圈(Aperture stop)

用來衡量光學系統進光量能力的參數,一般以焦數(f/number, f/#)表示之,為系統有效焦距與入光瞳直徑之比值。f/#值越小表示進光量越多,感光時間越短,反之則越長,故 f/#亦指鏡頭速度,f/#值越小的鏡頭也稱為越快的鏡頭。另有 T/#,稱為鏡頭有效焦數,T/#為 f/#與穿透率之比值。

2.2.8 眼襯距(Eye Relief)

光學系統中目鏡組最外側鏡片面(接目端)與出光瞳間的距離,一般為 15 至 25 公釐最為舒服,槍砲瞄準鏡系統需考慮武器之後座力,故眼襯距較長,可達 70 公釐或更長。

2.2.9 視　度(Diopter)

或稱為屈光度,表示光學系統曲折程度,系統焦距越短,其屈光度越大,反則越小。人眼則指其水晶體曲折程度,通常以近視或遠視表示之,光學系統的接目鏡組則設計成相反的屈光度以抵消眼球的視度缺陷,達成正常視力,即 0 屈光度。早期光學系統目鏡組多設計為＋4 至－4 間,現今因應近視者眾多,故多設計在－6 至＋2 間。

2.2.10 瞳距(Interpupiliary)及準直度(Collimation)

雙眼觀視系統需可調整瞳距以適應每一個人的兩眼距離,更要校正準直度以免觀測時產生暈眩現象。常用的瞳距為 55～72 公釐,二眼間之準直度校正在水準方向與垂直方向各有規格,若超出規格時眼睛需強迫揉合以適應系統,結果亦造成長時間觀視不舒服,甚至影響視力。一般準直度調校要求水平收斂角 2 度,發散 1 度,而垂直方向須於 0.5 度以內。使用雙眼單軸之共目鏡(Bi-ocular)系統可以省卻瞳距及準直度調整的問題,此時多將系統之屈光度設計於-1.8 附近。

2.2.11 出光瞳(Exit pupil)

指光學系統的光圈在像空間所成的像,一般配合人眼瞳孔大小,日間約 3～4 公

釐，強光下可小至 2 公釐或更小，夜間達 7～8 公釐或更大。出光瞳越大的系統觀視越舒服，但大出光瞳目鏡設計不良時會產生離軸失焦現象。

2.2.12 聚焦功能（Focus）

聚焦（或調焦）係指在固定的焦距時，調整鏡組與成像面距離，以獲得清晰的影像，但並無法改變物體的大小，依成像公式不同物距之像距不同，故須調整焦距。某些簡單的望遠鏡系統以設計較大的焦深，對不同距離的物體成像在人眼可容許的的範圍內而無須調焦。聚焦分為手動調焦與自動聚焦。

2.2.13 變焦功能（Zoom）

變焦係指改變鏡組之焦距以改變成像之大小，亦即改變光學系統之放大倍率，利用變焦功能可獲得最佳的解像力。光學系統變焦功能分為固定焦距（即無變焦）、階段變焦（Step zoom）與無段變焦（Continuous zoom）等三種。現行數位攝影機之數位變焦功能，則指在某一固定焦距時（光學系統放大倍率不變），經由電子信號處理可獲得影像放大之效果，其並無法改變解像力，且放大倍率過大時會產生馬賽克等影像失真現象，利用數位影號處理技術可降低該現象。

2.2.14 無焦性系統（Afocal system）

亦稱共焦系統，一般光學系統用於聚焦或發散光線，若入射與出射光均為平行光之光學系統，亦即物與像均在無窮遠處，則稱為無焦系統，望遠鏡或擴束器即為典型無焦系統。

2.3 光學元件

光電成像系統中入射光子最先接觸到的就是物鏡組，這個光學鏡頭係由可見光或紅外線光學元件所構成，故光學元件（Optical components）為光學儀器（含夜視器材）最基本的組成元件，常用的光學元件主要為光學玻璃及一些紅外線可穿透之半導體材料所製成之元件。

2.3.1 光學元件之種類

光學元件係指光學設計時構成光學系統之鏡片而言，主要有透鏡（Lens）、面鏡（Mirror）、稜鏡（Prism）、濾光鏡（Filter）或窗鏡（Window）等，茲分述如下：

1. 透鏡：指用來發散或匯聚光線之光件，可為球面鏡或非球面鏡，可見光（含近紅外線域之微光放大夜視系統）使用光學玻璃為材料，含塑膠鏡片；紅外線（通常指第一、第二大氣窗範圍）因無法穿透玻璃，故使用紅外線材料。
2. 面鏡：指用來反射光線之光件，可使用金屬材料或在玻璃上蒸鍍金屬反射膜，可見光與紅外線波段可使用相同材料。
3. 稜鏡：指用來改變光線行進方向之光件，多用於可見光範圍。
4. 濾光鏡：指用來過濾某些波段光線之光件。
5. 窗鏡：指用來保護外露於空氣中，以免鏡片易受氧化或刮傷之高穿透保護鏡。在紅外線系統中，窗鏡通常傾斜裝設，以防止產生自成像。
6. 其他尚有分光鏡（Beam splitter）、柱狀透鏡（cylindrical lens），及紅外系統常用的繞射或二次光件（Binary optics）等。

2.3.2　光學元件之材料

紅外線系統涵蓋了可見光與紅外波段，故使用的材料一涵蓋了這些波段的選項，可見光多為非晶矽玻璃，紅外線則有一些半導體晶體及化合物，尤其目前發展的多色（即多波段）融合技術，更需使用多種不同特性的材料。

1. 光學玻璃

玻璃為人類日常生活中使用最廣的泛用材料之一，亦為光學鏡片最主要材料，具有堅硬與隨溫度下降而增加黏性的特性。大部分玻璃在可見光至近紅外線域具有高透光率，少數不透光。玻璃為一種非結晶性的無機材料，主要由矽、硼與硫等氧化物加熱熔融而成的混合金屬氧化物，一般玻璃（如窗玻璃、玻璃杯或玻璃管等）則混合了碳酸鈉、石灰及沙子等，熔化後再成型而得；若加入微量金屬則成為有色玻璃。光學玻璃（Optical glass）係在製過程中刻意控制其組成、添加物、熔點或其他製作條件，以獲得特定的光學特性，主要為折射與色散，相較於普通玻璃，其必須特別要求材質的均質性及無氣泡與應變，以利光學系統設計與元件加工。光學玻璃主要可分為兩大類，即冕玻璃（Crown）與火石玻璃（Flint）二種，前者通常含有鋇（Ba）或鉀（K）等，後者則含有氧化鉛，材料中若添加稀土族元素鑭（La）可製成高折射率玻璃，適合光學儀器使用。

（1）常見的光學玻璃超過數百種，每一種均有其獨特的光學、化學以及熱特性。

目前全球生產光學玻璃的廠商並不多，包括德國首德（Schott）、美國康寧（Corning）、日本小原（Ohara）與保谷（Hoya）等公司。每一家製造廠均有其專有的命名方法，一般均以一個六碼數字代表，前三碼為材質的折射率（N_d），後三碼為阿貝值（V_d），並以為縱橫坐標繪成玻璃材質分布圖，圖 2.9 所示為德國 Schott 公司之光學玻璃圖（Glass diagram）。其中 $N_d>1.6$、 $V_d>50$ 或 $N_d<1.6$、$V_d>55$ 為冕玻璃，其餘為火石玻璃。目前玻璃折射率介於 1.4 至 2.0 之間，阿貝值則介於 80 至 20 之間。

不同製造商相同的六碼代號，不一定表示具有完全相同的光學或化學性質，如 Schott 公司的 SK-16（620603）與 Ohara 公司的 S-BSM-16（620603）就有差異（目前 Schott 公司改以九碼表示，除原六碼外，新增最後三碼為密度）。光學設計人員必須利用光學設計軟體與經驗選定最合適的光學玻璃，以獲得最佳的成像效果，考慮的參數還包括頻譜穿透率、色散率、光學品質及機械特性等。可見光波段應用的穿透率範圍設計在 425 與 675nm 之間，其峰值約為 550nm。

（2）無鉛玻璃：由於環保要求，現代光學玻璃多採用無鉛材質，目前主要光學玻璃製造廠均生產具相同光學性質之無鉛玻璃，以取代現行含鉛之光學玻璃。其命名通常在首加 N 為標誌，如 Schott 公司原 SF6 玻璃，無鉛型則為 N-SF6。

（3）夜視鏡用光學玻璃：星光夜視鏡係運用可見光至近紅線的波段（其穿透率峰值約為 760nm），由於屬於光學玻璃的穿透波段，故仍採用光學玻璃為材料，僅抗反射膜蒸鍍範圍則向右移至約 680 與 840nm 之間。短波紅外線（SWIR）熱像儀亦可採用光學玻璃，其穿透率範圍可與可見光或夜視鏡共用。

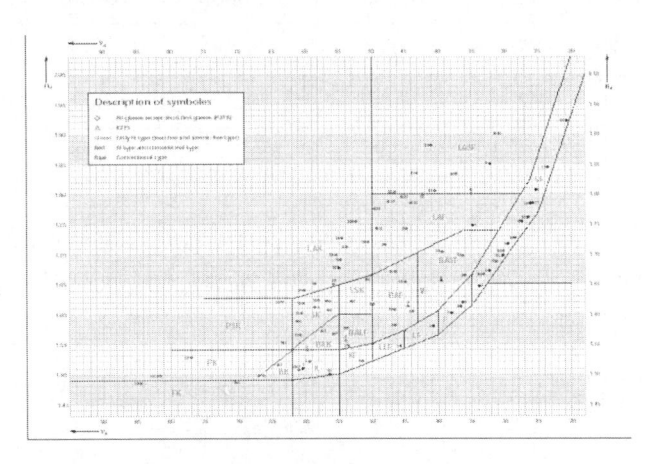

圖 2.9 典型的玻璃圖（摘自德國 Schott 公司網頁），縱座標為折射率，橫座標為阿貝值

2. **光學塑膠**：對於大量生產的光學系統，低製造成本的光學鏡片為重要考量，塑膠光學材料即因應而生。塑膠光學鏡片亦具有重量輕與耐衝擊等特點，而利用塑膠射出方法，容易製成複雜或不規則形狀之光件，包括非球面鏡及透鏡陣列等，前者可有效消除像差，並降低產品重量，後者通常為 NA 值極大（f/#極小）之鏡片組合，用於影像感測器需較多入射光能之場合。但塑膠對於環境耐受度較玻璃差，包括溫度與刮傷，但這些問題並不會影響商用光學儀器使用，因此設計光學系統時通常將玻璃與塑膠鏡片並用在同一個鏡頭中。塑膠非球面鏡片已成為現代商用高精度光學系統之重要選項，對於要求高性能軍用或夜視產品較不適用（通常使用模造玻璃非球面鏡片）。常用的光學塑膠為 PMMA（壓克力）、PS、光學級 PC 及 COP（Zeonex）等，其重要的物理特性如下表（表 2.5）所示。

表 2.5　常用光學塑膠特性一覽表

特性	PMMA	PS	PC	COP	BK7玻璃（對照）
光穿透波段（nm）	390～1,600	360～1,600	395～1,600	350～1,600	320～1,900
折射率@558nm	1.49	1.59	1.586	1.525	1.517
阿貝值	55.3	30.87	29.9	56.2	64.2
dn/dT×10^{-5}/℃	-8.5	-12	-10	-9	
線膨脹係數@℃	6.8×10^{-5}	7.0×10^{-5}	6.5×10^{-5}	6.8×10^{-5}	7.1×10^{-6}
穿透率（%）	92	88	90	92	92
適用溫度（℃）	90	80	120	123	＞300
抗拉強度	10,000	6,000	9,000	87,000	
衝擊強度	0.3	0.4	＞5	0.45	
密度	1.2	1.05	1.2	1.02	2.51
吸水性（%）	0.3	0.02	0.15	0.01	＜0.01

3. **紅外線光件（鏡片）**：相對於可見光材料有數百種，紅外線光學材料（指用於 MWIR 與 LWIR）種類十分有限，有些僅能用於中波紅外線（MWIR）而無法用於長波紅外線（LWIR）；有些具有良好光學性質卻有使用上的限制，如（目前）無法蒸鍍抗反射膜或研磨加工困難；但其共同特點為製成技術與成本極高（數十倍、甚數百倍於可見光用之玻璃）。紅外線穿透的材料通常折射率較高，反射率也高，較常用的

表 2.6 常用紅外線光學材料特性一覽表

材料名稱	工作波段（um）	折射率（n_4, n_{10}）	密度（g/cm³）	dn/dt（10^{-6}）	克氏硬度	物理性質
Ge	3〜5, 8〜12	4.025, 4.004	5.33	2.77	692	質軟，脆性半導體
Si	3〜5	3.425	2.33	90	1,000	脆性半導體
ZnS	3〜5, 8〜12	2.252, 2.200	4.09	43	250	中等硬度與強度，無法鍍膜
ZnSe	3〜5, 8〜12	2.433, 2.406	5.26	64	130	質軟，低吸收率，無法鍍膜
CaF2	3〜5	1.410	3.18	1.5		不易鍍膜
MgF2	3〜5	1.36			1,370	硬，不易加工
Saphire	3〜5	1.677	3.99			超硬，不易加工
AMTIR-1	3〜5, 8〜12	2.513, 2.497	4.41			非晶IR玻璃

為 MWIR 波段的矽（Si）、CaF$_2$、鍺（Ge）、ZnS、ZnSe 等，LWIR 波段使用材料較少，包括鍺、ZnS、ZnSe 等，另外柯達公司發明的 AMTIR-1 適合二種波段使用，主要的紅外線光件材料如表（2.6）所示。

4. 金屬光學元件：金屬光學元件多作為反射鏡用途，有些反射鏡係在玻璃材質上鍍金屬材料，如鋁、銀或金。鍍鋁、銀等金屬反射率可達 90%以上，但一段時間後容易氧化，故須再鍍一層抗氧化膜保護之；鍍金反射效果最好，也最能持久，但缺點是純金硬度不高，故鍍金表面容產生刮痕。金屬光件適用於可見光至長波波紅外線，尤其在紅外線波段因不同波長須用不同的透鏡，故紅外線光學系統常使用反射式設計。

2.3.3 光學元件加工

光學鏡頭為光學儀器之眼，光學元件為夜視系統中最基本之組成部分，其製作精度與品質影像全系統甚鉅，光學加工方法自 19 世紀至今並無大改變，主要係因其極高精度，一般自動化機械不易達成，故為一高手工與經驗依存度之產業，雖導入資訊控制自動化作法，但製作高精度元件主要仍以手工為之，其主要加工程序如下：

1. 選用毛胚：經由電腦輔助設計完成之光學系統可獲得每一片鏡片的玻璃種類及其詳細之規格，包括材質（n_d、v_d 值等）、曲率半徑、中心厚度及鏡片直徑等參數，加工

人員即可依該等條件訂定胚料規格。先由供應廠之玻璃圖中選用適合之材料，凸面曲率半徑加大數公釐，凹面則減小，中心厚度預留切削、研磨及拋光量，鏡片外徑則預留定心磨邊所需。

2. 切削成型：切削為光件加工第一個道次，加工時將鏡片毛胚固定於切削夾頭上，利用鑽石成型車刀再玻璃毛胚曲面上做車削，車削量約為 0.04 公釐（4 條）一般而言加工時均由鏡片外緣進刀，以保持加工面完整。

3. 貼模：將切削完成之鏡片以柏油或其他方式固定於後續加工治具（稱為燒頭）上。高速拋光方式則將毛胚黏貼於治具（稱為撐體）上，由切削至拋光均在同一治具上進行，且無需後續的冷凍剝離。

4. 研磨：研磨係使用粗研磨砂或鑽石粒（Diamond pallet）研磨皿對切削面進行粗磨，研磨所耗約 1-2 條，研磨完成之表面曲率半徑即為光學設計之表面，但表面粗度約為 10 微米（1 條），仍唯達到光學表面之精度要求。研磨皿必須依光學鏡面曲率半徑規格修模。

5. 拋光：在研磨完成之表面進行最終之鏡面處理作業，完成後即為光學鏡面。做法係以拋光皿（同樣須經過修模）配合極細之拋光粉在研磨面上作打光動作，此依道次約近消耗數微米，拋光後之表面粗度應低於 0.1 微米。拋光完成之表面以光學原器或線上干涉儀檢查曲率半徑是否正確，利用干涉條紋（牛頓圈）之多寡與形狀可判斷拋光面是否達到設計之要求。

6. 冷凍剝離：為利光件表面品質檢查與第二面之加工，將鏡片連同燒頭置入溫度為攝氏零下約 30°C 之冷凍櫃中放置數秒至數分鐘，由於光學玻璃與燒頭（鑄鐵製）之膨脹係數不同，故經急速冷度時可將二者分離。

7. 超音波洗淨：經冷凍剝離之鏡片因殘留柏油及拋光粉等雜質，故於超音波洗淨中添加相關洗淨劑，可將玻璃鏡片洗淨。

8. 檢驗：檢查光件之表面品質，主要為傷痕與砂孔，同時檢查鏡片是否有氣泡或雜質等，這些材質的檢驗必須在拋光後才可以看出來。另外也用干涉儀檢查表面精度，要求高品質的產品通常會另外以更精確的儀器檢查不規則度（即 PV 值）。

9. 真空鍍膜：在鏡片上蒸鍍一層化學材料，以保護拋光面，並增加（或降低）穿透率。通常多層膜鏡片要求穿透率必須大於 99.5%。

10. 檢驗：最後的再確認，完成後即可送往系統組裝或包裝儲存等。

紅外線光學元件因材料成本極高，常使用非球面鏡片來消除像差，藉以減少鏡片數量，非球面鏡採傳統加工方式製作極為耗工費時，現行多採用單點鑽石成型機（Single point diamond turning machine）製作，該種機具易於加工各種非玻璃元件，如鍺、矽或金屬等；塑膠鏡片則利用射出方式製作，可製作成各種特殊形狀，而目前玻璃鏡片亦逐漸以模造方式（Glass molding）製作，由於光學特性較不易掌握，目前仍以直徑小於 30 公釐之小鏡片為主，運用於國防產品及較高階照相機等產品。

註：非球面鏡可消除光學像差進而減小鏡頭體積與重量，量產時利用塑膠射出可降低成本，目前已廣泛運用於商業低階消費型數位相機，或 CMOS 影像感測器之手機照相機鏡頭。在商業用途廣泛的數位相機因消除色差之要求較高，故強調所謂低色差鏡片，著名的包括日本 Canon 公司的 UD 低色散鏡片（UD - Ultra Dispersion）與 Nikon 公司的 ED 鏡片（Extra-low Dispersion）。

2.3.4　光學元件檢驗

光學系統中包括光學、機械以及光電元件等等，其中光學元件之光學特性之品質要求係以光波長（通常以綠色光，波長 0.55 微米為準）為度量單位，其精度要求特高，故需使用特殊儀器檢驗之。光學元件之光學特性檢驗項目主要包括表面精度（檢查曲率半徑是否正確）與表面品質（檢查加工面有無缺陷），檢驗時間點包括線上半成品檢驗與最終成品檢驗，前者主要以目視配合光學原器，後者則以干涉儀檢驗之，有些要求較高之工廠亦使用簡易型干涉儀檢驗做半成品線上檢驗。

光學特性檢驗之原理係利用干涉條紋來認定加工成品表面是否符合設計規範，亦即觀察成品與標準面間之牛頓圈，以牛頓圈之圈數、寬度與規則度來判定加工表面之良窳，此須由經過訓練的專業人員執行。

2.4　發光元件

真正的夜視系統不可使用燈光照明，尤以軍用夜視裝備特別注重此項要求，但對於遠距離觀測或全暗環境下，星光夜視鏡仍需使用輔助照明。故於光學系統中作為主動或被動發光之元件，在夜視系統中主要作為輔助照明或目標標定用，主要有發光二極體（Light emitting diode, LED）與雷射二極體（Laser diode, LD）二種，前者具有低耗電低成本之特點，後者則有高平行度、單色性、同調性與高效率之特點。

使用這些元件前，必須先對固態材料半導體（Semiconductor）之特性有所認識。通常將材料依其導電性分為可導電的導體與不可導電的絕緣體，而半導體則為導電性介於二者之間，可隨材料之純度、外在溫度等而變的固態材料。在週期表中第 II 至

VI 族元素屬於半導體,如表 2.7 所示,其中第 IV 族有 4 個價電子為單元素半導體,由第 III 族和第 V 族元素,或第 II 族和第 VI 族元素各可組成複合半導體,即 III-V 族或 II-VI 族化合物半導體。在四價(即第 4 族)元素如矽(Si)或鍺(Ge)等半導體中加入三價原子,如硼(B)、鎵(Ga)或鋁(Al),則會產生一個電洞(帶正電),此為 p 型半導體;反之,加入一個五價元素,如磷(S)、銻(Sb 或)砷(As),則會多出一個電子,此為 n 型半導體。將 p 型半導體與 n 型半導體接合,則產生 p-n 接合二極體。多了電子(帶負電)的 n 型半導體,自由電子由帶負電區移向帶正電區;多了電洞(帶正電)的 p 型半導體,自由電子可在電洞中移動,電子由負電區移向正電區,即變成電洞由正電區移向負電區。

表 2.7　週期表中半導體元素,分布在第 II 至第 VI 族

第 II 族	第 III 族	第 IV 族	第 V 族	第 VI 族
	鋁(Al)	矽(Si)	磷(P)	硫(S)
鋅(Zn)	鎵(Ga)	鍺(Ge)	砷(A)	硒(Se)
鎘(Cd)	銦(In)		銻(Sb)	碲(Te)
汞(Hg)				

顧名思義,二極體(Diode)係指有二個電極的半導體材料,係由半導體材料添加雜質而成,可用來製造真空管或電晶體,目前泛指 p-n 接合(p-n junction)二極體,如圖 2.10a 所示。將一節 n 型與一節 p 型材料接合在一起,兩端各有一個電極,當無通電時,在接合面(Junction)的電子填滿電洞,而形成一個處於絕緣狀態(因洞被填滿了,電子無處跑,故無法導電,僅少數載子可能會因熱擾動而移動)的空乏區(Depletion zone)。如圖 2.10b 所示。

想要去除空乏區,必須使電子從 n 型區向 p 型區域移動,而使電洞反方向移動。給予正向偏壓時,即將二極體的 p 型端接到正極,n 型端接到電路的負極,則 n 型端的自由電子被負電極驅動,且被正電極吸引,p 型端的電洞則反向運動,此時電子越過空乏區,亦即空乏區消失,二極體產生電荷成為導體。如圖 2.10c 所示。

如果將電路反接(負向偏壓),亦即將 p 型端接到電路負電極,而 n 型端接到正極,則電無電流產生。因為在 p 型端的電洞被負極吸引,而在 n 型端的電子被正極吸引,如此由於電子和電洞各往反方向移動,故空乏區擴大,無法導電。如圖 2.10d 所示。

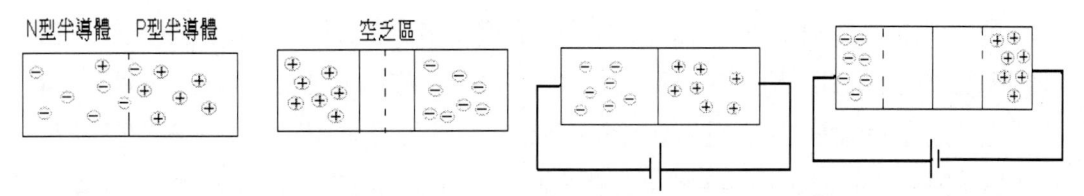

圖 2.10a,b,c,d　二極體工作原理，PN 型半導體受到電場後，電子與電動移動示意圖，其中 ⊕ 為電洞，⊖ 為電子

由於二極體具有單方向導電效果，故可以作為整流用途。但當逆向電壓夠大時，仍會造成電子突破空乏區，產生崩潰現象，該電壓稱為濟納（Zenar）電壓。

2.4.1　發光二極體

在 p-n 接合二極體中，當施以順向偏壓時，在 p 型區域產生電洞，在 n 型區產生電子，有些材料電子與電洞的交互作用間的副作用會產生光，此即為發光二極體（Light-Emitting Diode, LED），如圖 2.11 所示，半導體材料位於半球形（彩色）包裝內，外緣為環氧樹酯樹脂包覆，其目的為絕緣與擴散光，兩腳分別為正（長腳）、負極（短腳）。典型的 LED 材質為鋁砷化鎵（AlGaAs），純鋁砷化鎵中原子緊密的結合在一起，故無自由電子可導電，但加入雜質後，多餘的電子改變了這個均勢，多了可導電的電子或電洞，而增加了導電性。發光二極體可視為一種與感光元件光電二極體（Photodiode）作用相反的光電元件，即受電發光，而感光元件為受光發電。發光二極體用來提供光源，光電二極體則作為檢測光的元件。

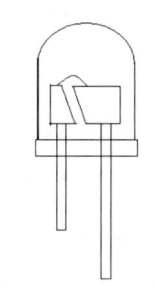

圖 2.11　發光二極體（LED）構造示意圖

表 2.8　常用 LED 材料

材料	顏色	用途
GaN	藍色	
GaAsP	藍綠色	
GaP	綠色	交通燈號
GaAsP	橘色、紅色	交通燈號
AlGaAs	紅色	車尾燈
AlGaAs	近紅外線	遙控器
GaAs	近紅外線	夜視照明
混合	白光	背光、燈具

發光二極體之特性為耗電低、壽命長,且發出單一波長的光,依材料不同,發出不同顏色的光,有紅、橙、黃、綠、藍、紫等各顏色,表 2.8 為常見發光二極體。LED 過去主要用在顯示燈,如家電和電腦產品上的紅光或綠光,隨著 LED 品多元化與價格的下跌,應用面日廣,包括手機上的背光源、汽車剎車燈等。2005 年韓國三星電子（Sumsang）率先將藍光 LED 應用在手機的背光源,掀起藍光 LED 的風潮。

隨著消費性電子產品的流行與彩色化,白光 LED 作為背光源的需求急遽增加,如手機按鍵上的白光 LED 係由藍光 LED 晶粒加上紅、綠螢光粉混合而成；另一種則是由藍光、紅光、綠光三顆 LED 晶粒封裝成為白光 LED,用於手機、PDA、數位相機等液晶面板的背光源,未來更有可能取代冷陰極螢光管成為 TFT-LCD 的背光源,目前韓國三星公司已有此種產品之 LCD 顯示器（電視）,表 3.8 為一些常用的 LED 材料。於夜視系統中,近紅外光 LED 主要作為輔助照明,監視系統中的紅外線 CCD 攝影機,就是在鏡頭周邊加裝多個近紅外 LED 燈,可無須外加照明於夜間觀測景物。由於耗電較低且亮度高,LED 目前已廣泛用於交通號誌,且逐漸取代現行燈具用於一般照明及車燈等,在夜視產品以外之應用更受到重視,成為泛用型照明產品之一,在價格再下降後將可使 LED 更為普及流行。

2.4.2　雷射二極體（或二極體雷射）

即半導體雷射,以激發 p-n 接合二極體而產生具有高同調性、平行性與單色性的光源,因此雷射二極體為一種具有高能量之光源,與 LED 間之差別在於雷射二極體有一對鏡片作為雷射共振腔,可激發出雷射光。雷射二極體可產生介於近紫外光與近紅外線間雷射光,紫色光雷射能量強可作為醫療手術用途,可見光域的雷射作為陶條碼或光碟讀取與目標指示,近紅外線則多作為光纖通訊或雷射測距用。近紅外線（波長約 900nm）雷射二極體亦可為主動式夜視器材之發光元件,如雷射手電筒,而經過光學系統調變後之光束可照射數百至一千公尺以外之目標物,由於屬不可見光,故需搭配夜視鏡使用。

因短波紅外線（SWIR）具有較可見光或近紅外線夜視鏡產品高的大氣穿透效果,若以 SWIR 波段的感測元件結合半導體雷射（波長 1,550nm）作為照明,用於遠距離目標辨識時,具有極佳效果；而此種波長用作為遠距離雷射測距時可達十公里以上之測距效果,瑞士 Victronix 公司之護眼雷射測距儀即以此做為發光元件。

2.4.3 其 他

白熾燈泡為最早人造光源，用於一般夜間或暗室照明，其他有鹵素燈泡及高壓放電（HID）燈泡等，屬於熱發光，另有自發光光源如電激發光（Electro Luminescence, EL）、螢光、燐光等，屬於冷光源。用於測距者早期主要為長距離（10 公里以上）之紅寶石雷射（波長 1.06 微米）或 Nd:YAG 雷射（波長 1.06 微米）與較近距離之半導體雷射，現今由於護眼要求，已多改為波長 1.55 微米之鉺（Erbin）玻璃雷射或經拉曼頻移的 YAG 雷射。

2.5 光感測元件

光感測元件（Photo sensors）為傳統光學儀器與現代光電成像系統夜視產品最主要的差異，傳統光學系統中，遠處景物經物鏡組後即完成成像過程，夜視產品則須再經過信號放大與轉換，並經過處理後才是有用信號。其中用於接受遠處景物反射或自發輻射，再將入射輻射轉換為電氣信號的光電元件即為光感測元件，係由光敏材料（檢知器陣列）與相關讀取與處理電路組成，其構造與原理會因使用波段而異，光感測元件主要可分為下列幾種：

2.5.1 日間用（可見光）感測元件

主要為使用半導體光敏材料之光感測元件，如在 pn 二極體上施以逆向偏壓，當光照射在二極體的受光區時，會產生電子電洞對而使外在電路產生電流，此程序與發光二極體相反，即為光電二極體（Photodiode），若操作在極大的逆向偏壓下而產生大量電流者，稱為雪崩二極體（Avalanche photodiode, APD），二者主要均以半導體矽（Si）為光敏材料，其中 APD 具增益功能，可於低光度時使用。單純光電二極體多做為光輻射信號接收，如一般的遙控器或雷射測距儀接收模組使用；若將許多光電二極體整齊排列，並以電子電路加以組織與管理，即成為陣列型光感測元件，可做為影像模組，如 CID、CCD 與 CMOS 即是。

Si 之截止波長為 1.1 微米，故 CCD 影像感測器可感應可見光至近紅外光輻射，但主要用於可見光，其構造為在一片矽基板上整齊排列著感光與電子儲存元件，結構可為單體（Monolithic）或混合（hybrid）型。工作原理為感光元件將入射光子轉換成電荷，行上每一個感光元件內之電荷被傳送至最後一列並讀取之。

CCD 本身除作為光感測元件外，CCD 亦被作為紅外線檢知器陣列之讀出電路。

紅外線檢知器多採雙層之混合型結構，以增加其填充因子（Fill factor），上層為光敏材料如矽化鉑（PtSi）、汞鎘碲（MgCdTe）或銻化銦（InSb）等材料，下層則為矽 CCD 電路，如此可以較小光敏面積獲得較高之靈敏度。

2.5.2 光電管

通常以光陰極為感光材料的真空管，可收集並轉換可見光至近紅外光輻射，將之轉換成為光電子，並藉由內建的真空管內以高電壓使電子束偏向，將該電子信號放大之感光元件，為光發射型材料，接收標靶端為螢光幕，光電管因取其具電子放大效果，適合用於低光度環境的夜視器材或超快速攝影。最早的光電管為光電映像管（Iconoscope），後來有正析攝像管（Orthicon）、光導攝像管（Vidicon）等，以及採用半導體碲（Te）與砷（As）光陰極的新一代光導攝像管，即 Saticon，但因電子放大效果不夠，並不適合真正的夜視用途。由於夜間光輻射能量極低，故光電子必須經過放大，早期以多階段放大之方式，目前光放管則以微通道板為放大機構，現行主要有光電倍增管（Photomultiplier tube, PMT）與光放管二種。

光陰極早期常使用含有銫（Cs）元素的鹼土族材料，目前則以 S-20 多鹼與 III-V 族半導體固態材料為主流。S-20 之光譜感應範圍涵蓋可見光至約 0.85 微米之近紅外線，III-V 族半導體 GaAs 可用於近紅外線波段，但其量子效率遠高於 S-20。

2.5.3 紅外線感測元件

泛指對中波與長波紅外線輻射敏感之材料，但本身不具放大功能，包括熱感型檢知器（Thermal detector）及光子型檢知器（Photon detector）二種。前者係指經由吸收熱輻射改變電氣特性，如熱電偶、焦電型或輻射熱偵檢型檢知器等，屬於室溫型檢知器；後者則指因吸收入射（紅外線）輻射而與材料間產生交互作用者，必須冷卻至極低溫工作。

1960 年代以前紅外線檢知器材料多採用 SWIR 之 PbS，後則改用 PbSe，波段接近 MWIR，無需冷卻至極低溫；1970 年代第一代軍用前視紅外線系統（FLIR）使用 LWIR 之汞鎘碲（HgCdTe）材料，開啟高性能紅外線產品的紀元，但須冷卻至極低溫環境；1990 年代第二代 FLIR 仍採用相同材料。其後有汞鎘碲開發出 MWIR 產品，同時同波段之銻化銦（InSb）亦逐漸成熟，並可做成無須掃描之凝視型（Staring）焦面陣列（Focal plane array, FPA），且陣列越做越大，解析度越高；目前汞鎘碲及量子井型（QWIP）亦均已研發成功 LWIR 凝視型焦面陣列。

90 年代中期後,無需冷卻之室溫型技術逐漸成熟,由於成本體積較小,故產品逐漸普及,室溫型產品在 1990 年代中期以前以鐵電材料之焦電型(Pyroelectric)較流行,此種產品因成本較低,被普遍用於商業用途,如夜間駕車輔助、火場救災等熱像系統,現行室溫型檢知器則以氧化釩(VO_x)微熱檢型(Micro-bolometric)或非晶矽(α-Si)為主流。而 InGaAs 半導體等原運用於光通訊之材料,在 90 年代光通訊商機泡沫化後,反而在 SWIR 波段熱成像(I^2R/IRFPA)產品上開始受到重視。夜視器材常用的光敏感材料如表 2.9 所示。

表 2.9 一些常用感測元件材料

材料名稱	工作波段(um)	用途
PbS	1～2.5	I^2R(PC)
PbSe	1～5	I^2R(PC)
HgCdTe	3～14	I^2R(PC, PV)
InGaAs/InGaAsP	1～2.0	LD, LED, I^2R
InSb	1～5	I^2R(PC, PV)
PtSi	3～5	I^2R
GaAs	0.5～1.0	LD, I^2T
Si	0.3～1.1	CCD, CMOS
S-1(Ag-O-Cs)	0.2～1.1	PMT, I^2T
S-20(Na_2KCs-Sb)	0.2～0.85	PMT, I^2T

2.6 顯示元件

光學儀器中光子旅行終點即為顯示元件,可直接觀看或再以目鏡組放大觀看,光顯示元件(Display)即指視頻顯示器,用於光電成像系統中接受檢知器輸出之電子影像,並轉換為人眼可見之視頻影像之影像顯示元件。光電成像技術提供予人眼視覺之效能已突破在時間、空間及波段上之限制,使人眼可獲得之資訊大幅增加,而這些資訊均必須以視頻顯示器顯示之。直接觀視式夜視器材(夜視鏡)直接以人眼觀看目鏡成像,故無須使用顯示器,間接觀視式夜視系統可內建顯示器於產品上直接觀看,亦可以外接方式使用,故顯示器有小型如 2 吋以下,亦有做成 10 吋以上之顯示器。顯示

器亦可以自發光型,或非自發光分類,後者需以背光照射。最常見之視頻顯示器為陰極射線管(Cathode ray tube, CRT),亦即傳統電視映像管,CRT使用已超過半個世紀,為技術成熟之光電顯示元件,亦被廣泛使用於軍事裝備上。目前薄型化之平板/平面顯示器(Flat panel display, FPD)已克服一些技術瓶頸而漸成為主角,所謂平板顯示器係指其厚度小於螢幕對角線長度四分之一,其中最主要者為液晶顯示器(Liquid crystal display, LCD),另有機發光顯示器(Organic LED, OLED)亦開始做為軍品小批量試用,後二者具有輕薄短小之優點,已逐漸淘汰體積較大之 CRT 顯示器。

2.6.1 陰極射線管

指一端為電子槍,另一端為螢光幕的真空管,其為提供電視機等各種光電產品影像顯示所需之螢光幕的裝置。典型的陰極射線管主要由電子槍(Electron Gun)、偏轉線圈(Deflection coils)及鍍磷的螢光幕所組成,如圖 2.12 所示。陰極射線管係 1897 年由德國科學家布朗(karl F. Braun, 1850-1918)所發明,因此也稱為布朗管(the Braun tube),它是使上應用最廣泛的光電顯示器。當電子由加熱的燈絲激發出來後,會經電極加速成為電子束,並偏折而撞擊在螢光幕上而產生影像。在陰極與陽極之間有一組控制柵極(Control grid),可經由電壓來調節電子束的功率,藉此來控制螢光幕的亮度。前端陰極、柵極及陽極的組合即是電子槍。電子束撞擊螢光幕的過程中,電子束被聚焦成一個小光點,再經過一組產生磁場的垂直和水平偏轉線圈或偏極板控制高速電子的偏轉角度,最後高速電子撞到螢光幕上的磷光物質使其發光,產生被照明的線影,這些在螢幕上的明暗不同的光點形成了各種圖案和文字。傳統的電視機即是以此種掃描線產生影像,NTSC 系統係以每秒 25 次的頻率在螢幕上掃描出 550 條線,每一次掃描經改變電子束的強度而產生圖像。

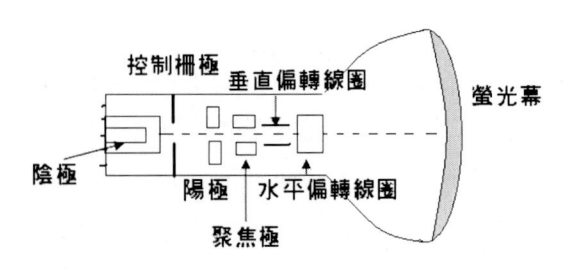

圖 2.12 陰極射線管構造示意圖

傳統 CRT 之缺點為其成像面為曲面，改良後的產品為平面顯示器，具有可視角度大、無壞點、色彩還原度高、色度均勻、可調節的多解析度模式、回應時間極短等（液晶顯示器難以超過的）優點，而且價格便宜。市面上主要電視機廠商如日本新力、日立及韓國三星公司等均生產平面 CRT 顯示器，各個廠商的純平顯像管在技術上均有其獨到之處，在性能上也是各有特色。這些產品因技術成熟，可靠度佳而被廣泛應用於夜視觀測所需之顯示器，但由於陰極射線管中電子旅行需較長距離才可產生足夠的撞擊力，故產品體積（長度）大、耗電高，因此多用於載具上或室內固定式需求，卻不適合人員攜帶型軍用產品機動性之要求；且因電子透鏡之結構，而存在各種像差以及，也不適合做成大尺寸產品（最大約為 34 吋），無法滿足現代人對高畫質電視（HDTV）需求；另此種顯示器耗電量高且會產生電磁波輻射危害，亦不符合現代環保考量，故 CRT 已逐漸被所謂平面（板）顯示器（FPD），如液晶顯示器（LCD）所取代。

相較於平面（板）顯示器 FPD，CRT 最大缺點為體積大，尤其不適用於筆記型電腦，甚至現行用於桌上型 PC 之螢幕亦幾乎已被液晶顯示器取代，而兼具娛樂用途的個人用數位產品普及後，如網路電腦（Netbook）、個人數位助理（PDA）、行動電話、數位相機及隨身聽（MP3/4）等，更使得 CRT 無用武之地，而逐漸邁入被淘汰的命運了。

2.6.2 液晶顯示器

液晶（Liquid crystal）之特性係 1888 年由奧地利植物學家 F. Reinitzer（1858-1927）於研究紅蘿蔔抽出物之膽固醇化合物時所發現，此種結晶具有二次加熱改變其狀態之特性，第一回合加熱時呈現混濁之懸浮液，第二次再加溫至高熱（約 180℃）後變成透明液體，即兩個溶點與顏色改變。

一般而言，物質以固態、液態或氣態等三種型態之一存在，固態指其組成的分子之方向與相對位置恆常；液態則反是，組成的分子隨時改變方向與位置；某些物質存在的方式既不像固態不是液態，其組成分子如固體一般維持在一定方向，但位置則會改變，猶如液體中的分子，此為一個矛盾的名稱－液態的結晶體，即液晶，但液晶實際上比較像液體，而且會因溫度升高而變成真正的液體。液晶之分子排列有特定方向，向列型（Nematic）液晶分子較長，並以相同方向對齊排列，近晶型（Sematic）液晶與膽固醇型（Chelestric）液晶之分子則以不同層次重疊排列，前者之分子軸與排列方向垂直，後者則為平行。向列型液晶為最常使用之液晶面板產品。

液晶面板由數層平行面板結合而成，如圖 2.13 左所示，外側為兩片透明的 ITO 電極板與，其為蒸鍍金屬薄膜（銦與錫氧化層）之玻璃基板，中間夾著一層液晶有機材料（3），基板外側為偏光板及保護膜。其工作原理為當電流通過電晶體產生電場變化，入射光藉二片偏光板改變光線之偏極性，而穿透或不穿透，而玻璃基板內側印有配向膜，並經研磨成特殊方向之溝槽，造成液晶分子偏轉，再利用偏光片決定像素的明暗狀態，使顯示器變成黑色或有數字形狀。典型 LCD 如圖 2.13 右（1.8 吋 LCD）所示。

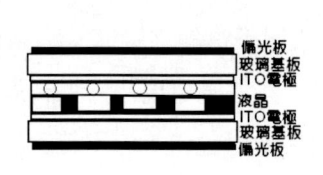

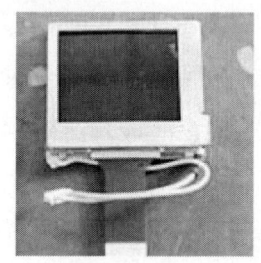

圖 2.13　LCD 結構與工作原理示意（左）與 1.8 英吋小型 LCD 模組實品

液晶顯示器（LCD）依驅動方式可分為被動矩陣式 LCD（Passive Matrix, PMLCD）與主動矩陣式 LCD（Active Matrix, AMLCD）。被動矩陣式 LCD 又稱為簡單矩陣式 LCD，常用為扭曲向列型（Twisted nematic，TN）LCD 與超扭曲向列型（Super twisted nematic，STN） LCD，因驅動效率較低，故僅用於小尺寸、低像質要求之 LCD。而所謂的 AMLCD，是在簡單矩陣驅動上增加薄膜電晶體（Thin Film Transistor, TFT），搭配電容儲存訊號，來控制 LCD 的亮度灰階表現，故亦稱為 TFT-LCD，TFT-LCD 各個元件之製作精度要求遠高於被動式 LCD，如玻璃基板之表面平坦度、粗糙度及耐熱溫度等均較佳，可實現高畫質電視等高階 LCD 顯示器之要求。

TFT-LCD 的技術主要有低溫多晶矽（Low Temperature poly-silicon, LTPS）製程與非晶矽（Amorphous Silicon, α-Si）製程二種，二者間最大的差別在於其電性與製程繁簡的差異。前者擁有較高的載子移動率，較高載子移動率意味著 TFT 能提供更充份的電流，但製程較繁複；而後者則反之，雖其載子移動率不如 LTPS，但由於製程相對較簡單且成熟，因此在成本上較具優勢。彩色 TFT 液晶面板上層的玻璃基板是與彩色濾光片、而下層的玻璃則有電晶體鑲嵌於上。此外，上層玻璃因與彩色濾光片貼合，形成每個像素各包含紅、綠、藍三顏色，這些發出色彩的像素便構成了面板上的彩色影像畫面。

由於液晶面板非自發光型顯示器，本身並不會發光，故須有外加光源照射，此光

源稱為背光（Back light），常用的背光為冷陰極螢光燈（CCFL），經由導光板均勻的照射在液晶板上，因較不會發熱，適用於可攜式產，目前已有廠商開發以 LED 或 EL 提供背光照明，並已有商業化產品出現，宣稱更亮、更均勻、更省電，且更壽命更長。

2.6.3 有機發光顯示器（OLED）

OLED 之結構與功能均類似，而外觀形狀亦相同，故二者常被拿來比較，LCD 靠背光板提供光源，故較耗電且反應時間較長，為毫秒（ms）級，且亮度對比無法瞬間調整。雖然目前 LCD 應用已十分普遍，但 OLED 則針對其缺點加以改進，此種自發光型可直接改變電流或電壓來改變增益與準位，反應時間為微秒（μs）級，快上約 1,000 倍；相對於 LCD 的複雜結構，OLED 則相對簡單，且部分製程與 LCD 相同，機具設備可共用，故生產成本也較低；另 OLED 改變玻璃基板為可撓性材料（如塑膠），可做成可彎曲型顯示器，提供 360 度的觀賞角度，或作成電子紙，因此有些人（廠商）稱 OLED 為新一代平板顯示器。

有機發光顯示器（Organic Light Emitting Display）或稱有機發光二極體（Organic Light Emitting Diode），簡稱 OLED，亦稱為有機電激發光顯示器（Organic electroluminescence display, OEL），係美國柯達公司由美籍華人唐氏（C.W.Tang）帶領的有機太陽能材料研究團隊於 1987 年發表之產品,其發光原理係在玻璃或塑膠板做的透明陽極與金屬陰極間蒸鍍一層有機薄膜，通電之後，該有機膜就會發光，可以說成把自然界自發光的有機物，如螢火蟲等，以人工技術來實現之。並且可搭配不同的有機材料，發出不同顏色的光，來達成全彩顯示器的需求。

OLED 與 LED 發光原理相似，係將電子傳輸層（Electron transport layer, ETL）、電洞傳輸層（Hole transport layer, HTL）與中間有機發光層結合成多層構造，尤 ITO 陽極（ITO Anode，與 LCD 相同）注入電洞，並從金屬陰極（Metal Cathode）注入電子，使二者在中間有機發光層中結合。此種再結合反應使有機分子受到激發而成為受激態，當電子返回基態時，多餘的能量以可見光的形式釋出，可產生不同波長的光，如右圖（2.14）所示。

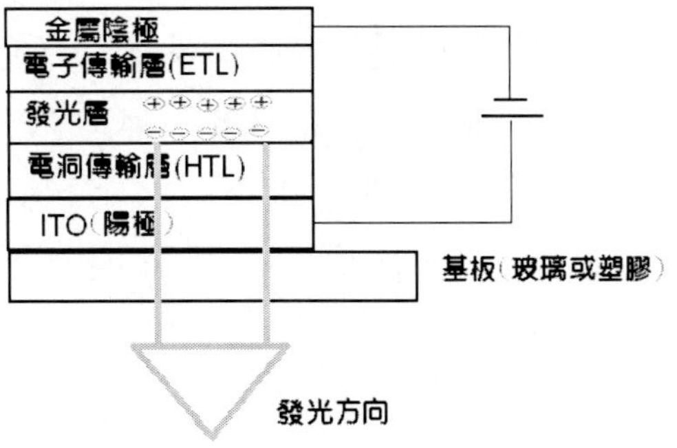

圖 2.14　OLED 結構與工作原理示意圖

如同 LCD 產品，有機發光顯示器依驅動方式亦可分為被動式 OLED 與主動式 OLED 兩種。被動式 OLED 原理類似電視掃描線，利用時間差每次使一條線發光，經由人眼視覺暫留特性來觀視影像，此種產品構造簡單技術成熟，但須較大電流掃描。雖然被動式 OLED 的製作成本及技術門檻較低，卻受制於驅動方式，解析度無法提高，因此應用產品尺寸侷限於約 5 吋以內，產品也多被限制在低解析度與小尺寸市場。若要得到高精細及大畫面，則須以主動方式驅動為主，所謂的主動式驅動 OLED 是利用薄膜電晶體（TFT）搭配電容儲存訊號，來控制 OLED 的亮度灰階表現。當掃描線掃過後像素仍然能保持原有的亮度；至於被動驅動下，只有被掃描線選擇到的像素才會被點亮。因此在主動驅動方式下，OLED 並不需要驅動到非常高的亮度，因此可達到較佳的壽命表現，也可以達成高解析度的需求。OLED 結合 TFT 技術的主動式驅動 OLED，可符合對目前顯示器市場上對於畫面播放的流暢度，以及解析度越來越高要求，充分展現 OLED 之影像優越性。相對於 LCD，OLED 結構相對簡單，而其成像效果則較佳，另因使用軟板電極，故可做成曲面成像顯示面板，且 OLED 具有自發光、重量輕、廣視角、高亮度對比、低耗電及高反應速度等特性。而最大的特點為 OLED 為固態顯示元件，對於環境（高低溫、震動等）耐受力遠較 LCD 為佳，預期當相關技術成熟之後，有可能會迅速搶佔目前的平面顯示器市場。

OLED 產品最早由日本先鋒（Pioneer）公司於 1997 年開發出汽車音響用顯示器，雖然目前尚有部分技術如藍光顯示等問題解決中，但多數廠商看好此一市場的未來發展性，惟目前多以製程較簡單、成本較低的被動式 OLED 產品切入小尺寸面板的市場。應用領域現行以對色彩、解析度要求不高的產品，取代 TN/STN-LCD 等應用領域為切入點，包括行動電話、攜帶式遊戲機、車用音響面板、電子辭典和隨身聽（MP3 播放器）等消費性電子產品為主軸。另一方面則以主動式 OLED（TFT-OLED）技術製作高解析度、大尺寸面板為主的高資訊量的全彩顯示器之應用產品為目標，如個人數位助理（PDA）、電腦螢幕、筆記型電腦螢幕等。美國 e-Magin 公司為第一個將 TFT-OLED 產品實用化，並於 2004 年應用於夜視器材，日本新力公司（SONY）已於 2007 年開發出 11 吋彩色顯示器，國內外許多 LCD 生產廠亦投入資金研發，OLED 儼然已成為下一代顯示器之主角了。CRT、LCD 與 OLED 產品特性比較如表 2.10。依據廠商資料顯示，目前 LCD 視角已改善，可達 176 度，接近 CRT；OLED 目前僅達成小尺寸（目前 12 吋以下），且製作成本仍高。

表 2.10　三種常用顯示器特性比較表

	CRT	LCD	OLED
發光原理	自發光	外加背光	自發光
響應速度	快，微秒（μs）級	較慢，毫秒（ms）級	快，微秒（μs）級
亮度	高（可達 100,000 nit）	較低（約 10,000 nit）	高（可達 100,000 nit）
視角	極大（達 180 度）	小（低於 160 度）	極大（達 180 度）
重量	極大	小	小
耗電量	高	高	較低
使用溫度範圍	良	不佳	良
耐震動衝擊能力	佳	不佳	佳
面板尺寸	小（40 吋以下）	大（60 吋已量產）	大（希望與 LCD 相同）
成本	低（技術成熟）	較高（構造複雜）	低（量產後）

2.6.4 其他

有用於大面板的電漿顯示器（PDP），電漿顯示器的發光原理與日光燈相同，就是在兩片玻璃形成的真空細縫中注入氖與氙的綜合惰性氣體，施以電壓後可使氣體遊離產生電漿效應並產生真空紫外光，利用紫外光去激發塗佈於阻隔壁上的紅、綠、藍螢光粉，再轉換成紅、綠、藍的可見光。經由適當設計的電路驅動，即可產生明暗不同的色階，達到表現出全彩影像的效果。與傳統的陰極射線管相比，電漿顯示器具大尺寸、重量輕、厚度小、廣視角、全平面及低輻射等優點，但因其不易做成小尺寸，故無法做為夜視系統內建之視頻顯示螢幕，但因質輕且薄，適合作為外接監視器，目前與 LCD 同為大尺吋平板顯示器市場之大宗。

第 3 章　光檢知器原理介紹

　　在吾人日常生活中，感測器（Sensor）為極常接觸到之光電產品，舉凡日常使用的各式遙控接收裝置、科學與工業上的各種檢測器材，乃至觀測與夜視裝備等，均以其為關鍵元件。通常將可吸收某種能量而改變材料特性之裝置通稱為感測器，而可將入射輻射能轉換為另一種可以計量的形式的元件，則泛稱為檢知器或偵檢器（Detector），一般而言，入射輻射主要為光，或其他形式的電磁輻射，常用的輻射波長範圍為 0.2 至 50 微米；另有些感測器可將位移、形變等換為電器信號，如壓電材料（PZT）、血壓計即是。用於光電成像上專指將光輻射轉變為電學信號者（如產生電流，或改變電壓、電阻等），則稱為光檢知器（Photodetector），或簡稱檢知器，而這些電學型式之物理量經過電子技術處理之後，可由顯示器呈現為可供人們閱讀的信號或影像資訊。由於科技進步，現代檢知器使人類能看清以前看不到的東西，其響應範圍不但擴展至紫外線與紅外線，亦能偵測光波級以下的微小尺寸變化（0.01μm），在科學、醫學、工業及分析等領域上，經常運用此種裝置來偵測入射輻射，使用者可依其需求選用適當的檢知器。

3.1　光檢知器之發展

　　人眼是最早的光檢知器，但只限於可見光，且須有足夠的照度環境下（約 10^{-2} lx 以上）方能作用。另一種代表性的光檢知器為照相底片，一般多於可見光範圍工作，故沖洗底片必須在僅有紅色光的暗房中進行。而部份近紅外線感光底片紀錄之波長範圍達 0.9 微米，由於受到感光乳膠材質的限制，沖洗出來的照片顏色與實際有極大的出入。所見到的景色中植物因反射紅色光而呈紅色，水（海）面因吸收紅光反射藍光故為黑色或深藍色，土壤則為灰綠色。現今許多光電產品，特別是監視器材，幾乎均改以顯示器（如 CRT, LCD 等）作為人機介面，顯示器必須輸入電子影像信號，將光信號轉換為電子信號，並加以處理成人眼可接受的影像之光電介面即為光檢知器。這些光電儀器大幅擴大人眼的觀視效果，甚至已逐漸取代肉眼與感光底片觀視目標與成像，而最普遍的光檢知元件就是 CCD 影像感測器。為使儀器能看得更遠更清楚，或在低光度下執行任務，各種不同材料或型式的檢知器紛紛被發明出來，其中半導體檢

知器最為有效，使用亦最廣泛，如在夜視的應用中的光放管與紅外線焦面陣列（IRFPA，IRCCD/CMOS）即為具代表性的應用例，下表（3.1）為數種光（電）成像系統中最典型的陣列型影像感測器性能比較。

　　光電轉換型檢知器為現行目標觀視（或目標能量感測）主流，包括用於可見光（含近紅外線）的各種光電管（光電倍增管，光放管及電視攝像管等）、光電二極體（含雪崩二極體）與固態成像裝置（CCD 與 CMOS）等，以及用於中長波紅外線區域的光子型（含光導與光伏型）與熱感型（含熱電耦、焦電與熱敏型等）檢知器等。雖然光檢知器種類繁多，而工作原理各異，但均為光電轉換技術之應用，其中陣列型檢知器為現行光電成像系統主要零件。現行常用的光檢知器大致可如下分類：

3.1.1　以形狀分類

　　最簡單的分類方法，可分為點狀、單檢知元（Detector element, cell）或線性（Linear）或小陣列型等需經掃描成像方可獲得二維、且足以辨識影像的檢知器，與面狀可直接成像之二維陣列型檢知器二種，後者亦稱為凝視式（Staring）檢知器，能如底片或人眼般直接產生二維圖像。

3.1.2　以物理結構（材質）分類

　　可分為熱感型檢知器（Thermal detector）與光（量）子型檢知器（Photon/quantum detector）二種。前者指因熱射輻射而導致材料特性（如電氣特性或化學特性）改變者，19 世紀以前即已被起使用；後者指入射光子與檢知器電子間直接的交互作用，約 1940 年代開始使用。

3.1.3　以工作原理分類

　　可分為光放射元件與固態元件兩種。前者為將被激發之電子射入真空或氣體內，如真空管、光電管等，其特性為響應時間短；後者指電子在材料中移動，此種檢知器種類繁多，如各種光電二極體及二極體陣列即是，最常見的為控制電燈開關及照相機曝光時間的光電池，又可分為光導型與光伏型。

第 3 章　光檢知器原理介紹

表 3.1　常用的光感測元件特性比較表

	人眼	照相底片	CCD	CMOS	IRFPA（IRCMOS）
解晰度（Pixel）	12M	1M/cm^2	8M/0.7"（Typ.）	2M/0.7"（Typ.）	320*240（Typ.）
檢知元間距	2～2μm	10～20μm	2～10 μm	3～10μm	30μm
感應波段	400～750nm	300～700nm（AgBr）	400～1100nm	400～1100nm	1～14μm
量子效率（峰值）	20%	---	50%	50%	60%
動態範圍	10^2	10^3～10^4	10^4	2×10^3	10^2
耗電量	1mW	---	500mW（Typ.）	50mW（Typ.）	100mA

3.2　光檢知器的工作原理

　　光檢知器為光電效應最重要的應用之一，也是光的粒子理論重要的證據。在吾人日生活的經驗中，對粒子和波動的分野極為明確，將一個石頭投入水池中時，石頭就是粒子，而水池中所產生的水波紋就是波，這是無庸置疑的常識。雖然牛頓等人主張光為粒子，而對多數凡人而言光就是波，科學界也多認同這個理論。直到 19 世紀，光是粒子的理論，認為光是量子化的粒子，亦即光子或量子，才又抬頭並與光波理論分庭抗衡，其聲勢甚至逐漸凌駕於波動理論之上，這主要係歸功於光電效應之發現。經由研究光電效應，科學家逐漸了解光的量子化本性，進而確立光具有波粒二重性的特質。

3.2.1　光電效應的發現

　　在 19 世紀末期，許多科學家發現，當光照射在金屬表面上會激發出電子，尤其是高頻的紫外光，這種現象更為顯著。圖 3.1 為光電效應實驗架構圖，將具有兩個電極的真空管的兩端分別外接到電路上，當光照射於金屬陽極的表面時，有光電子會由該被照射面上釋出而流向陰極，可由迴路上的電表指針移動而發現之。雖然為負電極性，但所激發出光電子有些有足夠能量到達陰極，因而產生電流而被電表偵測到，若電壓增強則越來越少的電子到達陰極，終究電流下降，當電壓增加到某個程度時，不再有電子到達陰極，電流完全消失，表示光帶有能量，當光與物質發生作用時，會被吸收並轉移成物質裡電子的動能，這種現象稱為光電效應（Photoelectric effect）。

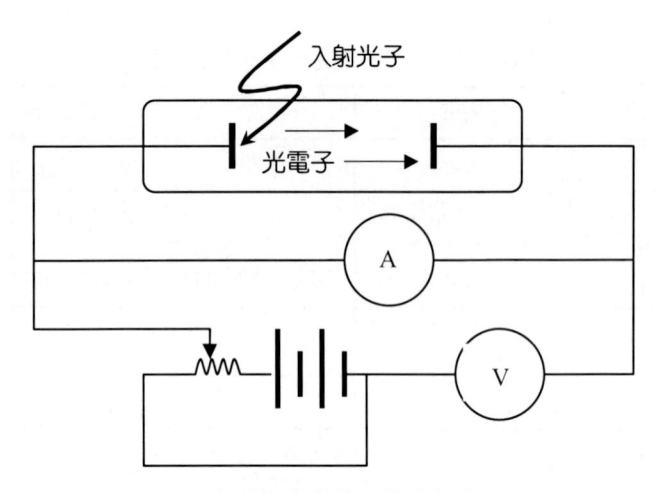

圖 3.1　光電效應實驗架構示意圖

　　最早發現光電效應的人是德國科學家赫茲，當他在延續馬克斯威爾進行電磁波譜的實驗時發現紫外光會激發出電子，其作法為將一個具有火花間隙之線圈為電磁波接收器放置於暗箱中，產生火花以利觀察電磁波，發現在暗室中電火花長度變短（弱），但是當以紫外光照射電極時，在間隙另一端的接收器所產生的火花變強，經過數個月的觀察，他的結論為紫外光會激發出電子，並於1887年發表紫外線照射時放電效應的論文。赫茲原是光波動理論之擁護者，卻無意中發現光電效應，但他並未嘗試去解釋這種現象，亦未持續實驗。後來有許多科學家繼續研究這個反應，其中最有名者為德裔美籍物理學家愛因斯坦（Albert Einstein, 1879-1955），其並於1921年獲頒諾貝爾物理獎。

　　仔細觀察光電效應時，發現有些現象無法以光波電磁理論解釋，光的波動理論認為受激發出之光電子能量（光電流）與入射光頻率（光強度）有關，頻率越高，則光電流能量也越高，反之，則越低。但當頻率低於某一臨界值時，即無光電子產生，且該頻率稱為臨界頻率（Threshold frequency），此與古典理論不符；且金屬受光照射後立即激發出光電子，並無時間延遲現象。但依電磁理論，光束照射在鈉金屬電極（陽極）上時，需 10^{-6} W/m^2 的能量被吸收後，方能產生可偵測到的光電流，而在 1m^2 約有 10^{19} 個原子（一層），每個電子平均約接受 10^{-25} 瓦（W）能量，故約需 1.6×10^6 秒，亦即 2 週的時間才可產生 1eV 的能量，而要將電子激發脫離金屬表面，須克服材料的束縛能（Binding energy）或功函數（Work function），這可能需照射至少 1 個月之久，此又與實驗結果截然不同。

光子與物質間的交互作用通稱為光效應，光電效應就是物質受光（電磁輻射）照射時釋出電子的現象，亦即光子流量子化的過程。其所釋出的電子數目與入射光的強度有關，而電子的動能與光的頻率有關，當入射光強度固定時，光電流與入射光頻率成正比，當頻率固定時，光電流與入射光強度成正比。一個光子只能激發出一個光電子，必須光子的能量大於物質的工作函數才可激發其釋出電子，故對大部份材料而言，因紫外光能量較大，較容易激發出光電子。但對於某些功函數較低的材質，可見光，甚至紅外光照射亦可激發出電子。此種光電子激發之狀況有二種，有些光電子可以脫離材料，有些則僅在材料內部移動，即外光電效應與內光電電效應。表 3.2 為一些金屬材料之臨界頻率與功函數。

表 3.2 一些金屬材料之臨界頻率與功函數

材料	臨界頻率（THz）	功函數（eV）
銫（Cs）	460	1.9
鈦（Ti）	990	4.0
汞（Hg）	1100	4.5
銅（Cu）	1050	4.5
鎳（Ni）	1210	5.0
鉑（Pt）	1530	5.6

3.2.2 外光電效應

若光子能量足夠激發物質中的電子脫離，則稱為光電效應，或外光電效應（External Photoelectric effect），換言之，指由於光照射後，物質被光離子化（Photoionization）的過程。低光度 CCD 感測元件及光放管（光陰極）等可見光與近紅外線等感光材料即應用此原理製作。愛因斯坦於 1905 年證實光電子的存在，並解釋光子與古典物理電磁理論之關係，因而獲得諾貝爾獎。愛因斯坦以光子的概念說明光電效應，他認為光電效應是光子激發金屬中電子的過程，譬如以橡皮子彈撞擊桌面上的乒乓球，橡皮子彈重量不同，但以相同速度射向乒乓球（猶如不同顏色光雖速度相同但有不同的能量），乒乓球會被撞擊脫離桌面（外光電效應），重量大的子彈可將乒乓球打得越遠，但重量過輕時乒乓球只有在桌面上滾動而已（內光電效應）。

依照愛因斯坦的理論，當光照射於某些材料（金屬或半導體）時，若入射光的能

量夠大,足以超過電子束縛能或功函數時,部份光子會被物體吸收並釋出光電子,此種光與物體間之作用叫作(外)光電效應。束縛能係指約束固體材料(如金屬)中之電子使其無法脫離的力量,故基本上任何金屬單體均不會「漏電」,若施以電磁場則會導電,加熱金屬即會釋出電子,以光照射亦然。假設當入射光子輻射之頻率 v,束縛能為 Φ,則

$$\Phi=hv=hc/\lambda$$

其中 h 為普朗克常數,v 為頻率,λ 為波長,當光子能量為 v_0 時,稱為臨界頻率,其能量剛好可以超越物質的束縛能。由於 hc 為常數,可知束縛能與波長成反比。若光電子脫離物質時之動能為 E_k,則

$$E_k=hv_0-\Phi$$

上式稱為愛因斯坦方程式。

光電效應為光微粒說重要的證據,使光的微粒理論再次驗證,波動學說則解釋光電效應為光波將能量傳給金屬表面的電子,使其能量增大而逸出金屬表面,故當增加光強度,則激發出的電子變多,此滿足麥斯威爾波動理論,但此與實際現象(電子未變多,只是能量增加)並不相符。外光電效應理論要點可歸納如下:

1. 激發出光電子的能力不只與入射光能量(強度)有關(成正比)(符合波動理論),而且與波長(顏色)有關,但與金屬種類無關。
2. 入射光的波長必須小於某一波長(或高於某一個頻率)時,才會發生光電效應,該波長稱為截止波長(或臨界頻率)。所激發出的光電子之能量與入射光之頻率有關,但與強度無關。
3. 波長越短的入射光所激發出的光電子能量越大。用較弱的藍光激發出的電子數量比較強的黃光所激發出的電子數量少,但藍光激發出的電子速度較快,故能量較高。
4. 入射輻射光照與光電子釋出之時間差極短,僅約為 10^{-9} 秒以內。

3.2.3 內光電效應

廣義的光電效應包括外光電效應與內光電效應,前者即愛氏之理論。但當光波長大於臨界頻率(或臨界波長,矽為 1.1 微米)時,光子能量無法激發電脫離物質表面,

而只是使電子脫離其軌道，使物質呈導電狀態，則稱為內光電效應（Internal Photoelectric effect），CCD 影像感測器與紅外線照相機（熱像儀）所使用的檢知器即是利用此原理製作。

每一種固體材料均有其能帶結構，包含導帶（電子可自由移動）與價帶（電子不可移動），中間為禁止能帶，亦即二者間之電位差，稱為能隙（Bandgap）E_g。金屬中電子很容易跨越能隙，絕緣體的能隙太寬電子不能跨越，在半導體中，當處於低溫（絕對零度）時，其電子被束縛於價帶中，如同絕緣體不具導電性，當材料受到光照射時，電子被激發穿越能隙進入導帶，價帶中則形成電洞。在電場作用下，電子與電洞即可自由移動，而具有如金屬般之導電性，此即為內光電效之工作機制。半導體的能隙大約介於 0.1 至 3.0 eV（電子伏特，將電子移動 1 伏特之電位差所需的能量，等於 1.602×10^{-19} 焦耳）間，最普遍的材料為矽半導體，其能隙為 1.11eV，表 3.3 為常用半導體之能隙及其對應之波長（即臨界波長）。

表 3.3　常用半導體之能隙與對應之波長

材料名稱	E_g（eV）	波長（μm）
InSb	0.22	5.5
InAs	0.36	3.6
PbS	0.4	3.02
Ge	0.67	1.88
Si	1.11	1.1
InP	1.38	0.92
GaAs	1.43	0.87
GaP	2.20	055

半導體受到光照射後，改變內部電子排列方式，亦即產生載流子（Carrier），使其由非導體成為導體狀態。這種載子與物質特性有關，如果該物質為本徵半導體（Intrinsic/pure semiconductor），入射光子激發出電對，即正電荷（電洞）與負電荷（電子）；若為不純半導體（Extrinsic/impurity semiconductor），則僅產生單一電性之電荷，亦即正電荷或負電荷（註）。

內光電效應還包括另外兩種作用方式，一為光導作用，另一為光伏作用，主要作

用於可見光至中長波紅外線波段：

1. 光導作用（Photoconductive effect）

指由於入射光子輻射作用而激發出新的自由電子，而使物質（半導體）的導電性增加，當受到偏壓時，不純半導體會產生電流，使半導體材料具有導電功能，簡單者如在可見光波段用作光電開關的硫化鎘（CdS）光電池或光敏電阻，最常用於路燈的自動開關，另紅外線波段之汞鎘碲（HgCdTe）則用於第一代熱像儀線性檢知器。

2. 光伏作用（Photovoltaic effect）

指因入射光輻射的作用，使本徵半導體在 p-n 接合介面處之正負電荷分離，而產生電壓，亦即載流子（帶正電或負電的粒子）跳過半導體材料之空乏區而形成電壓，並使外在迴路在未通電時產生電流成導電狀態。半導體結構基本上為一 p-n 介面，中間有一禁止穿越帶，即空乏區，當入射光輻射能量夠大時，即可激發光電子越過空乏區，現行的焦面陣列型汞鎘碲（HgCdTe）或銻化銦（InSb）檢知器即為此種架構。

註：1. 本徵半導體：指半導體物質中，除了本身原子以外，無其他雜質原子存在，在絕對零度時，晶體中的電子全部集中在價帶，填滿所有的能量狀態，而在導帶中又沒有電子存在，因此半導體完全不導電，如矽（Si）或鍺（Ge）均是，屬於第四族元素，即晶體內每個原子有四個價電子。當物質受到外界輻射能量時，價帶的電子被激發到導帶去，而同時在價帶中產生電洞，亦即兩種載子（電子和電洞）同時產生，而成為導電體，溫度越高時，其導電效果越佳。
2. 不純（異質）半導體：在本徵半導體中加入不純物即成，此時其導電性大幅提高，如在純矽晶體中加入百萬分之一的雜質（硼或磷），則其導電能力提高約百萬倍。這些雜質通常為三族（如硼、鎵、銦、鋁等是），可提供一個價電子，故亦稱為施主雜質；或五族（如磷、砷、銻等均是），需接受一個電子，故亦稱為受主雜質。

3.3 光檢知器的分類

夜視器材使用的光檢知器不多，因其功能需為具高亮度增益或能感應紅外線輻射，有光電管與固態光電二極體二大類，前者有包括用於微光放大夜視系統（可見光及近紅外線）的檢知器有光放管、光電倍增管等，後者主要有矽光電二極體（Silicon photodiodes）及雪崩二極體（Avalanche photodiodes, APDs），及各種光電二體陣列型等，分述如下：

3.3.1 光電管

光電管係指內含有光電轉換材料、電子發射端與接收端之抽真空玻璃管或金屬容器之感光元件，其特徵為以光陰極為受光面材料，具信號轉換與放大作用，常用者如

第 3 章　光檢知器原理介紹

光電倍增管與光放管等。為外光電效應之典型應用例，因其具放大效果，故特別適用於低光度環境。外光電效應可將光子轉換為電子，利用此種理論可製作成的極具價值的檢知器，應用於低光度領域，光陰極即是。光陰極可以說是光電管的眼睛，其可為金屬基板（反射式）或鍍一層半透明膜之玻璃片（穿透式），其靈敏度與波長有關，在截止波長（cut-off）外即無光作用。目前使用的光陰極大多作用於紫外光及可見光波段，少數材料可作用於近紅外線，但其感光極限（即截止波長）亦在 1μm 以內，多用於微光放大夜視器材。

光電倍增管構造為抽真空容器中的光陰極、數個電子放大器（二次發射極，Dynodes）及收集電極（陽極，Anode）所組成，光經過入光窗進入該裝置後由光陰極吸收，激發出光電子，電子束被聚焦而加速撞擊二次發射極，並產生二次電子（Secondary Electron），並繼續撞擊二次發射極，最後電子被陽極收集，其結構如圖 3.2 所示[7]。

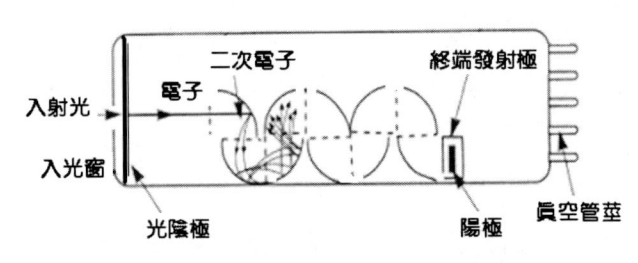

圖 3.2　光電倍增管電子放大示意圖

光電倍增管之電子放大機制為串聯多次放大（Cascade）的光電管，利用多次電子撞擊發射極產生二次電子，重複此種過程的結果，使電子數大幅增多（即電流變大）。PMT 的電子增益可以下式表之

$$\mu = \delta^n$$

其中 δ 為二次電子發射率，n 為電極數目，一個具有九階二次電極的 PMT 可放大高達 10^7 倍的增益。此種具有極高增益但雜訊低的特性，使光電倍增管一直廣受使用。

早在 1930 年光電倍增管即已被發明來作為檢測光，夜視鏡之光放管即為此種檢知元件之應用，50 年代第一代光放管採用類似 PMT 之階段電子放大機構，惟其轉換效率與增益不大（約 100 倍），70 年代第二代管起，微通道板 MCP 取代二次發射極與陽極，可以在極短（MCP 厚度僅約 1mm）的機構中產生大量二次電子，而達到光電

子倍增的效果。星光夜視鏡使用的光放管利用光陰極將微弱入射光轉換成光電子，在經影像增強而供人們於夜間觀是景物之儀器。目前由於軍用夜視器材的廣泛運用，光放管已經成為推動夜視技術快速發展的關鍵產品。由於光陰極量子效率不同，在不同程度的夜暗環境下，需使用不同等級的光放管，方可獲得良好的觀視效果，光放管之等級已由所謂第 O 代演進至第四代，本書第 6 章將對光放管做詳細說明。表 3.4 概述在不同光照度之夜空環境下，輻射強度（照明）與其概略之照度值，及其適用之光度等級一覽表，其中照度值 10^{-3} lx（或 10^{-4} fc）為星光之亮度，為使用夜視鏡之光照度門檻，也是星光夜視鏡（Starlight scope）名稱之由來。

表 3.4　不同光照度之夜空環境下之照明強度與照度值，及其適用之光度等級一覽表

夜暗狀況	滿月或有光害時	四分一月，有星光	無星光，有雲	無星光之叢林
照度值（fc）	$10^{-2} \sim 10^{-3}$	$10^{-3} \sim 10^{-4}$	$10^{-4} \sim 10^{-5}$	10^{-6}
適用光放管等級	第二代 二代半	第三代 超二代 高解析第二代	高性能超二代 高性能第三代	第四代（？）

3.3.2　光電二極體

指利用半導體材料製作成的光電效應來檢測光信號的檢知器，可將入射光轉換為電流或電壓，於 1960 年代末期出現，因具有較高量子效率，故很快成為光電感測元件新寵。其結構類似一般二極體，基本上為一個 p-n 接合，當入射光能量足夠超越接合介面處空乏層之能階束縛時，電子會向導電帶移動而產生電洞。由於本身不具有增益，主要用於可見光波段之中、較高光度環境，其最常用的材料為矽（Si），亦有以鍺（Ge）或砷化銦鎵（InGaAs）等材料製成者，感應波段則較適合近紅外線域。

光電二極體形狀如 LED，感光部分另一端有兩隻電極腳，較短端為陰極，較長端為陽極，其優點為結構簡單、體積小、堅韌性及線性佳，可為單一點狀檢知元件，亦可做成陣列式檢知器。點狀檢知器，目前多用作為光碟機、光纖通訊及光電檢測上之接收器。在光碟（包括 CD, CD-ROM, VCD, DVD...等）機的應用上，由於碟片表面之高度不同，其反射之光量亦不同，被光電二極體接收後，不同強度的反射光被編輯成 0 與 1 之數位信號，再經信號處理成所要的資訊。將許多光電二極體排列成二維格式，即可作成 CCD 或 CMOS 影像感測器。此種材料為光子型，其工作與否及其靈敏度與材料之截止波長有關，其操作模式有光導型與光伏型，將入射光轉換為電流或電壓信

號。

另一種具有較高增益效率與靈敏度的光電二極體，叫作雪崩二極體，主要材料為矽或鍺結晶，其原理是在 p-n 介面施以很高的反向電壓，使之發生雪崩式的連鎖反應，而激發大量電流，此種過程類似光電倍增管，其具有放大作用，故可用於低光度之環境，亦可做（較遠距離）雷射測距儀之回波感測元件。

3.4 陣列型檢知器

陣列型檢知器指由許多檢知元排列組合而成的檢知器陣列，每個檢知元即為 PC 或 PV 型檢知器，亦叫作一個像素，有線性陣列及二維面狀陣列兩種型式，目前最常見為用於可見光與近紅外線波段的 CCD （電荷耦合元件）、CMOS （互補性金氧半導體），及紅外線波段的紅外線焦面陣列（IR Focal Plane Array, IRFPA）等影像感測元件等。由於每一個光電二極體一次只能檢測一個信號，故須經由掃描方式才能獲得二維面狀影像，其成像速度較慢，但因尺寸較大，其清晰度較差。陣列式檢知器無須經光機掃描即可取得二維影像（實為電子掃描），此種型式檢知器又叫作馬賽克（mosaic）或凝視式（staring）檢知器。

3.4.1 CCD 影像感測器

CCD 影像感測器（CCD Image sensor）是要求高解析度時最熱門的矽半導體光電感測元件，主要用於可見光至 1.1 微米之近紅外線波段之影像擷取，1960 年底由美國貝爾實驗室發明，後來經日本人將之發揚光大，並取代傳統攝像管大量運用於商業攝影機。CCD 為金屬氧化半導體（metal-oxide-semiconductor, MOS）技術之固態影像成像裝置， MOS 係指由最上層的金屬電極（M）、氧化層（O）及矽半導體襯底（S）組成之架構，而 CCD 即是在 N 型或 P 型的單晶矽半導體基板上長一層二氧化矽（SiO_2），然後在在 SiO_2 層上沉積多個間距很小的金屬電極。CCD 本來係指電荷讀取與傳輸元件，現行則泛指 CCD 影像感測器。

CCD 影像感測器的結構為許多光電二極體依行與列順序排列，每一個光電二極體叫做一個像素，像素尺寸越小影像清晰度越佳。不同於大多數使用電流（PC）或電壓（PV）的感測元件，CCD 的特點是以電荷為信號（或媒介），用以產生、儲存、傳輸及檢測電荷。CCD 工作原理係利用個別光電二極體作為電容，當材料接受光輻射時，經由光電效應產生光電子，亦即訊號電荷，該電子先被儲存於稱為位移暫存區（Shift register）的電容中，然後經垂直與水平傳輸至放大與處理單元成為電子影像以供輸出至視頻顯示器，故稱為電荷耦合元件，可想像成救火時將一桶桶水傳送至最前方，累積成一大桶後再滅火。惟傳送過程中部份電子（水）會損耗，故須實施補償或校正。CCD 複雜的工作原理可簡化如圖 3.3 所示，圖中光電二極體為感光元件，垂直與水平 CCD 為信號處理元件，若感光元件與 CCD 做在同一層時稱為線間傳輸（Interline transfer, IT）型，做在不同層時稱為幀（幅）間傳輸（Interframe transfer, IFT）型 CCD，後者具較高充填因子，靈敏度亦較高。CCD 感測元件工作原理簡單說明如下：

圖 3.3 CCD 結構（IT 型）與工作原理示意圖，光電二極體收集的電荷經垂直 CCD 傳輸至水平 CCD 後，再統一輸出處理

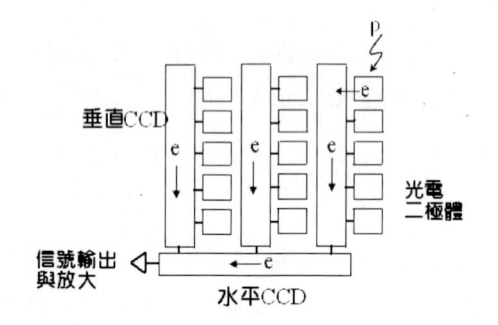

1. 電荷產生：經由光電轉換將入射光轉換為電荷，在光電二極體中進行。
2. 電荷儲存：儲存信號電荷，在光電二極體中進行。
3. 電荷傳輸：將信號電荷經由橫向與縱向 CCD 傳送出來。
4. 電荷檢測：將信號電荷轉換為電氣信號，在信號處理與放大單元進行。

由於 CCD 其實也就是光敏二極體之集合，將光子轉換為電子，這些二極體對光極為敏感，其產生的電流與入射光強度成正比，因此成為應用極為重要的感測元件，廣泛的運用於攝影機及數位相機，其重要特性可歸納如下：

1. 高解析度：由於 CCD 為二維陣列，其解析度可超過 2,000 萬像素（並持續擴大中），每個像素之尺寸小於 $3 \times 3 \mu m$。
2. 高靈敏度：一般 CCD 均可感應至 0.1 lx 以下，如果配合冷卻裝置使用作成 HCCD，則可在極低光照度（約 0.0001 lx）時工作，其他衍生的產品如 ICCD、EBCCD、EMCCD 等，可檢測出單個光子，在極低光度環境下偵測目標物，彌補 Si 半導體的低光度偵測能力。
3. 微小輕量化：常用的 CCD 為一英吋以下（對角線長度），目前四分之一吋 CCD 已可作到具有數百萬像素，用於一般數位照相機或攝錄影機。

4. 堅韌性：由於 CCD 為固態元件，故封裝完整且堅固耐用，適合工業規格甚至軍品規格（能承受惡劣環境測試）之使用，一般而言，其可靠度（MTTF）達數萬小時，堅韌性遠較傳統攝像元件優越。
5. 價格低廉：由生產技術成熟，高性能 CCD 價格可低至新台幣數千元，被大量使用於攝影與監視。

CCD 與光放管以光纖耦合方式之複合式影像增強 CCD（Intensified CCD, ICCD），其亮度增益值達數萬倍，故適用於低光度電視系統，為現行市場主流作法。CCD 與光放管耦合主要優點有二，一為可大幅提高 CCD 靈敏度，可偵測單一光子的超低亮度狀況，其二作為超快速攝影，電子快門速度可達奈秒等級。由於 ICCD 價格較貴（數千至近一萬美金）故多用於重要設施之夜間監視或科學用途；若改以光學耦合（即以繼光鏡耦合方式），則成本大幅下降，但體積與解析度亦較差。另由於低光度監控統需求日漸擴大，CCD 攝影機結合近紅外線 LED 輔助光照明成為現行最廉價、最普遍的作法，適用於近距離監控；而配合快門控制軟體可作成蓄積式攝影系統，降低圖框掃描率可在極低光度下使用，但因此法會造成影像不連續，故較適合靜態目標監控。

3.4.2　CMOS 影像感測器

功能與結構類似 CCD 感測器，但工作原理不同，是由光化學蝕刻造出微小半導體電路的訊號處理器，CMOS 檢知器從各個元件讀取獨立訊號，最後得到運算的結果。相較於 CCD 檢知器，CMOS 檢知器因係直接存取，故量測之準確度較高，且其製程較容易，可降低產品之成本。新一代紅外線焦面陣列就是以 CMOS 取代 CCD 作為讀出電路，其良品率較佳。早期 CMOS 僅用於解像力要求較低之照相機元件，目前 CMOS 技術發展已臻成熟，許多高階數位相機（像素超過 1,000 萬）亦採用 CMOS 為感測元件，在某些應用上 CMOS 已有逐漸取代 CCD 的趨勢。

互補性金氧半導體 CMOS 早在 1960 年代末期，早於 CCD 元件，即由美軍開發出來，用於軍事及太空用途，但由於 CMOS 之雜訊（FPN）較大處理不易，故一直未受到重視。近代拜半導體技術與低階影像感測元件需求之賜，科學家已逐漸克服 CMOS 之缺點，並發展出不同結構之 CMOS 元件，使此種陣列型感測元件成本大幅降低（約達 30%）。雖然 CCD 為攝影機及現代數位相機主要零件，即使高階需求仍以 CCD 為主，但近年來 CMOS 影像感測元件技術日漸改進，使其在較低解析度（如手機上之照相機）或要求較小體積之產品的應用上已幾乎完全取代 CCD 的市場，且由於 CMOS

技術持續改進，使其逐漸應用在高性能產品中。到目前為止，CCD 與 CMOS 各有其優點，也各有應用領域，二者比較如下：

1. CCD 與 CMOS 影像感測器二者均以相同的原理將光子轉換為電子，惟後端工作原理不同。光電換轉後下一個動作為讀取每一個像素中累積的電子，CCD 係先將電荷統一傳送到陣列的一端再讀取，其中有一個類比數位轉換器（ADC）將每一個像素上的電荷轉為數位信號；而在 CMOS 中，每一個像素中有一個電晶體將電荷放大，並經由傳統的電線傳送電荷，由於為個別傳送信號，因此 CMOS 較不會有過飽合與溢漏情形。
2. CCD 須利用特殊的製程以使電荷傳送時不會失真，因此可保持元件的高傳真性與靈敏度；CMOS 晶片則採用與現行生產微處理器相同的製程，因此二者間有著顯著的不同。目前 CCD 技術已十分成熟，CCD 感測器可以製造高品低雜訊的影像，因其晶片具高靈敏度、多像素的特點，故適合製造高階相機及攝影機，而 CMOS 感測器通常會有雜訊產生，尤其在低光度時的表現較差。
3. 基本上 CMOS 較 CCD 省電，CCD 約為 CMOS 的十倍；另因 CMOS 可在任何標準的半導體生產線上製造，故 CMOS 產品雖較低階，但電池使用時間較長，其相對的使用成本卻較 CCD 便宜。

3.4.3 紅外線焦面陣列

指用於 1-1.7μm（SWIR）、3～5μm（MWIR）與 8～12μm（LWIR）等紅外線波段之二維凝視式檢知器陣列，為現今新一代熱像裝備的關鍵元件，其為促使熱像儀成為最有效的全天候、遠距離的觀測器材之關鍵。由於其可在不良天候下，如超低光度（無任何光子的絕對黑暗環境下）、雲雨、濃（煙）霧等狀況下工作，故可以辨視偽裝的人、物或其他設施，而其對人之觀測（監視）距離可達數公里，發動的船艦達數十公里，故軍事上之用途特別重要。此種元件須以讀出電路（ROIC）來處理電子信號，ROIC 主要為 CCD 或 CMOS，為陣列型檢知器讀出電路主要型式，其中又以 IRCMOS 為現行第二代紅外線焦面陣列（IRFPA）之大宗，本書將於後續章節中詳細說明本項產品之工作原理與應用。

3.5 光檢知器特性參數

由於光檢知器工作範圍涵蓋可見光與紅外線,故不容易以絕對的參數來描述其特性,本段以一些通用的參數,以不同形式描述檢知器之靈敏度(Sensitivity)與雜訊(Noise),包括感應頻譜與感應速度上之特性與限制性等說明之。通常以入射於檢知器光敏感面上之通量來評估此感應特性,該通量係指在某一波長上單位時間內之光(量)子數,光子能量為 $E=hv=hc/\lambda$。

3.5.1 響應度(Responsivity)R

響應度係用來描述檢知器之靈敏度,亦稱為感度,其為輸出電流或電壓與入射通量之比值,入射輻射或光通量之單位瓦(W)或流明(Lumens)。對某一特定波長之響應度以 R(λ)表示之,R(λ)=輸出電流/入射通量。

3.5.2 量子效率(Quantun efficiency)η

量子效率為檢知器轉換光子為電子之本徵能力,其為入射光子與所產生電子之百分比值,量子效率等於 1 時係指一個入射光子可引起發射一個光電子或產生一個光電洞,亦即檢知器吸收光輻射,並與之作用後可產生電子之能力。對某一特定波長之量子效率以 η(λ)表示之,通常製造商的規格書中多以材料之靈敏度,如響應度來代表量子效率,則量子效率可以下式表示

$$\eta(\lambda) = (R(\lambda) \times 1240/\lambda) \times 100\%$$

需注意量子效率僅指元件內入射光於檢知器光敏感面首次發生作之效率,對於 PMT 或 APD 等發生連鎖反應而產生之輸出之增益則不予考慮。

3.5.3 暗電流(Dark current)I_d

暗電流係指當未受到入射光照射或內在輻射作用時,在光檢知器內流動之電流,通常以直流電的型式存在,可能會影響對信號電流之精密量測,屬於雜訊電流(Noise current)之一。雜訊有材料本身,如 1/f 雜訊、FPN 等,與電流引起者如 Thomson 雜訊,暗電流與信號電流一樣均為材料內之原子隨機擾動,同時存在並互相影響。

3.5.4 信號雜訊比(Signal to noise ratio)SNR

簡稱為信雜比或信噪比,信號(Signal)指有意義的資訊,雜訊或噪聲(Noise)

指伴隨信號發生或材料之背景不良資訊,會影響信號之判讀或應用。通常指在某一個波段內,檢知器受光輻射後產生之光電流(信號電流)與材料本身之背景雜訊(暗電流)之比值,單位可以用分貝(dB)表示之。

3.5.5 雜訊等效功率(Noise equivalent power)NEP

檢知器之 NEP 係指所需入射於檢知器光敏面積上之功率,使足以產生與 rms 雜訊相同之信號,亦即是指當系統之 SNR 等於 1 時之入射輻射通量(單位為 W),也是用來量測檢知器靈敏度之參數。

3.5.6 檢知度(Detectivity)D

檢知度為雜訊等效功率之倒數,即 D=1/NEP,單位為 W^{-1},故檢知度與雜訊等效功率可視為對等之績效數值,但適合用於描述檢知器對於較低之(紅外線)輻射量之感應程度,D 值越大者檢知度越高,亦即為較好的檢知器。

3.5.7 標準檢知度(Specific detectivity)D*

檢知器之靈敏度通常與受光面積有關,尤其紅外線檢知器之 NEP 與檢知器之光敏面積(A)平方與及頻寬(Δf)平方根成正比,即 $D^* = A^{1/2} \Delta f^{1/2}/NEP = D\, A^{1/2} \Delta f^{1/2}$。對於不同波段與不同面積之檢知器言,D*比 D 更能有效描述其輻射感應能力。

第 4 章 紅外線夜視技術之發展歷程

　　人睜開眼睛即可看見物體,係因為有光的緣故,足夠的光使人眼可以看清及辨識物體,光在吾人生活中扮演著極重要的角色。在光度不足的狀況下,如在夜間、暗室或能見度不佳(天候不良)時,卻充滿著紅外線,故雖肉眼僅可以隱約看到物體,但藉助能感應紅外線的特殊光電夜視儀器,卻能有效執行工作,尤其在現代軍事作戰或執法用途上更是不可或缺,因此研究夜視技術(Night Vision Technology)與開發夜視器材(Night Vision Devices)成為現代光電科技中重要的一門學術。而經由紅外線光電成像技術,不僅眼見為憑,而眼睛看不見的,其實還有一個繽紛的世界!

4.1 現代紅外線夜視產品分類

　　光係因原子運動所激發出來的能量,而激發原子的方法主要為加熱,當以噴燈加熱鐵時會逐漸變成紅熱,當持續加熱時會成白熱,所以紅光是能量最低的可見光,亦即紅熱的物體代表開始輻射出可見的光。當熱度足以產生白光時,表示有多種原子混合成白光。因此熱為產生光的主要途徑,最常見為太陽光發出的熱(色溫約 5,800K),或白熾燈泡(色溫約 2,850K)產生熱,使吾人得以看見物體,但除可見光外,其實伴隨不可見光,而在不可見光中,紅外線為夜視器材使用的媒介,故夜視技術為紅外線之應用。在光學頻譜中可見光的波長最短,其對影像解析能力最佳,故人眼看得最清楚,而隨波長增長,影像的可解析度逐漸降低,長波紅外線因波長最長,故影像解析能力最差,最難分辨,而以更長的電磁波如無線電所得僅為更模糊之點狀圖像。但紅外線因具有優良的大氣穿透效果,故成為夜視器材選用的工作波段。

　　自古以來,夜戰即為極為重要的一種戰術,利用夜襲以攻敵不備,古今中外軍事家莫不窮究夜間或能見度不佳時欺敵與致勝的方法,如三國時代孔明草船借箭即為經典,但其終究是在摸黑亂打。拜現代光電科技之發展,今日的戰爭更習於夜間進行,軍隊可如日間般的攻擊敵人部隊或設施,故夜視裝備(器材)性能之良窳成為致勝之重要關鍵。現代電子科技使人們可於各種天候下執行任務,惟因電波(通常是微波或無線電波)的波長較光波為長,其角分辨率較差、頻寬較小,而利用光電轉換及電子信號處理之光電成像技術製成的夜視器材,使吾人得以從傳統的可見光領域跨進紅外

線光學領域，亦即夜視技術拓展傳統光學器材之極限，使吾人可於夜間或其他天候不良環境下清楚的觀測目標來執行任務。

所謂夜視裝備（註：裝備較常做為軍用語詞，民用名詞則多稱為器材或產品）並非僅指能於夜間使用，而是泛指利用放大外界環境微光或感測物體熱能，可用於夜間、低光度或不良天候等各種低能見度狀況時觀視目標物的儀器，換句話說，就是可輔助人眼於看不清楚或無法看見的狀況時觀看目標物之儀器，其工作波段包含可見光與紅外線。夜視技術主要發展產品有二種，第一項為主動式器材（Active Devices），指需發射出能量，或以輔助光源照明目標方可觀測之技術，最早為火把，近代則以手電筒（強光燈）、探照燈及照明彈等。因此，主動式夜視設備亦即所謂照明設備，太陽為最原始及自然存在的照明設備，太陽光能除提供熱能讓萬物生存外，更重要的是提供光讓人眼可以看見物體。但夜間並無太陽光，故早期人類以火照明，並烹煮食物，其他自然界的光，如月光、閃電光等，亦為重要夜間照明來源（星光之亮度過低人眼無法利用）。西元 1879 年美國科學家愛迪生發明電燈給人類帶來夜間新視界，其後各種以電力產生的照明設施持續被開發出來，主要除作為一般民生用途，部分也被用於夜間作戰或偵蒐之輔助照明，但此並非軍用夜視裝備之主流。探照燈多為可見光或近紅外光（雷射二極體或發光二極體），後者亦可輔助星光夜視器材觀測遠處目標，用於早期夜視器材，現今則多用於監控系統，日本新力（SONY）公司著名的具夜間攝影功能的攝影機 NightShot 其實也是此種應用之一；另外，雷達亦為主動式器材的一種，但並非照明、亦無可看見的影像。高功率主動式產品可達成極遠距或穿透障礙物的效果，但往往也會有電磁波危害的可能性，因此不列為討論範圍。

第二為被動式器材（Passive Devices），指偵測物體本身輻射出或反射外界能量（光）以行觀測目標之儀器，因不會發射出任何能量，故不易暴露所在之位置，最適合作為軍事用途，包括微光放大（或影像增強）夜視器材（即所謂星光夜視鏡），與熱輻射偵測（或熱成像）夜視器材（俗稱熱像儀）等二大類，其工作原理主要均為光電轉換、電子放大及成像等三個過程，可以放大或偵測微弱光源（能量）之目標景物，其中關鍵在於其利用光電效應之原理而發展出之感測元件。微光放大型多屬個人使用之產品，又可分為星光夜視鏡與低光度電視兩種，用於中、短距離之觀測瞄準及監視等；熱成像型則多配合各種載具，作為遠距離及不良天候時之火砲射控使用，但在完全黑暗的情況下，僅能使用熱像儀觀測物體。此種方式的效果除與儀器性能有關外，被觀測物本身所釋出之能量多寡亦有影響。被動式系統另有偵測物體輻射出的微波的毫米

圖 4.1　夜視鏡（左）與熱像儀（右）所見之影像，二者對影像分辨程度不同，以夜視鏡較佳

波成像系統，但其空間分辨性能不如光電成像系統，目前尚未普及應用。被動式夜視器材為現行夜視器材之主流，自 1950 年代始用以來，已經多次研發改進，成為極具效能的產品，實用上，目前均以"第 X 代"來區分夜視產品之性能，為現代夜視技術探討之範圍。一般而言，夜視鏡影像可識別（Identify）目標之特徵，而熱像儀影像除非經專業訓練或結合特殊軟體的影像比對或判讀，否則通常僅能辨識（Recognize）形狀。

必須特別說明的是，本書係專就紅外線光電成像技術中微光放大與熱輻射偵測技術在夜視產品上之應用，由於這兩種理論，尤其是後者，用途十分廣泛，無法在書中一一詳述，對此有興趣的讀者可參考相關光電、紅外成像技術之書籍。

4.2　微光放大（影像增強）技術－光放管與夜視鏡之發展

現代夜視技術概念始於如何將夜間的微弱輻射轉換，再成像於可見的螢光幕上，亦即現代微光放大夜視技術之影像增強原理。此種影像增強（Image Intensification，I^2）概念之形成始見於 1936 年 8 月法國專利文件之 Lallemand Tube，如圖 4.2 所示[5]，當時係用於天文學成像系統。Barthelemy 與 Leithine 之影像增強管的架構就是光陰極（Photocathode）與螢光體（Phosphors）耦合之二維電流放大器，但因前者之光電轉換效率不佳，且又與後者間之耦合不良而產 Lallemand Tube 生損耗，以致系統之增益小於 1。

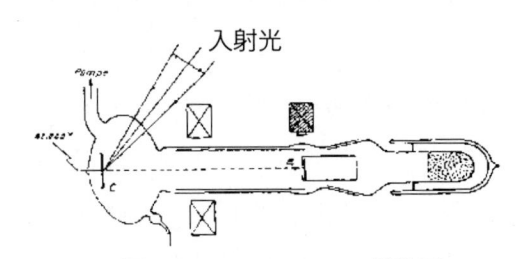

圖 4.2　Lallemand Tube 構造圖

雖然 Lallemand Tube 因效率不佳而未成功的應用，但因其工作波段達近紅外線，

使影像增強之概念成為日後夜視器材發展之方向,而 Lallemand Tube 更成為現代夜視鏡關鍵零件光放管(Image Intensified Tube,I^2T)之前身,現代光放管感應範圍涵蓋了可見光及近紅外線,波長約為 0.4 至 0.9 微米。

由於認知到夜間有較多的紅外線輻射,歐美先進工業國家自二十世紀四O年代初即積極投資開發夜視鏡產品,最初僅交軍方使用。最早夜視鏡為使用 S1(Ag-O-Cs)光陰極近紅外線影像轉換器,可將夜空微光轉換為可見光。此種夜視器材之光陰極之量子效率極低,且為單階電子增益放大機構,可稱為第 0 代夜視器材,因其需使用紅外線照明器輔助,故為主動式裝備。第二次世界大戰期間美國、英國及德國均研究此種原始的夜視器材,美軍於 1945 年曾配賦夜視狙擊鏡給太平洋部隊使用,但因其有效距離短,裝備體積過大,且必須配合大型紅外探照燈使用,故需架設於拖車上使用;另因有發出紅外光,故有被擁有相同裝備的敵軍發現之虞,若用於步槍狙擊鏡則須配合笨重的電池,故使用狀況並不理想。第 0 代夜視鏡最後因雖有光電轉換、但亮度放大不足,且成像效果不佳,故很快的被淘汰。

雖此種紅外線狙擊鏡在作戰上的使用效果不佳,但部隊指揮官很快發現夜視技術在夜間瞄準以外的其他用途,即影像轉換器(Image converter),亦即將近距離之不可見紅外線轉換成可見光的裝置。因為戰士使用此種夜視鏡可以提供 24 小時的作業能力,例如工兵部隊可以在夜間造橋及修路而免於遭受空襲;而科學研究上則可以用來觀測夜間動植物,而使其發現了存在的價值。而為了滿足夜間觀測與瞄準的作戰需求,新一代的夜視器材乃朝向無需使用大型探照燈、不會暴露自身位置於敵方的被動式裝備,亦即須發明一種無須輔助光,可將微弱光線放大的零件,此種零件稱為影像增強器,即俗稱之光放管。

第一代小型星光夜視鏡(其實仍為龐然大物,但不需探照燈,故與第 0 代比較相對較小)在越戰時代交部隊實際使用。隨著美軍涉入越戰程度增加,越發現敵人善於利用夜暗的掩護來進行攻擊活動,軍隊極需一種可於夜間發現敵蹤的儀器,故於 1964 年美軍大量配發參與越戰部隊使用夜視器材,越戰因此成為夜視系統發展的一個重要里程碑。美軍研究人員前往越南評估這些新配發的夜視裝備在戰場的使用狀況,訪談服役戰士,並自越戰退伍人員尋找夜視器材使用者的回饋,不斷的改進產品性能,成為新一代夜視器材研發,及日後作戰(如英阿福克蘭群島戰役及美伊沙漠風暴作戰等戰役)時士兵賴以倚靠的重要夜視技術的依據。第一代夜視器材主要有 AN/PVS-2 星光夜視瞄準(狙擊)鏡、AN/TVS-4 夜視觀察儀與 AN/TVS-2 多人操作武器夜視鏡等。

第 4 章　紅外線夜視技術之發展歷程

　　由於產品性能仍須改進，美軍研究人員於 60 年代初期即著手進行第一代光放管改進計畫，亦即第二代光放管，並進行第三代管夜視器材的前瞻規劃。為了達成研發目標，美國軍方開始與非軍事機構人員合資共同研究，而研究的成果由軍方與所有參與研究的機構共用，在這個制度下軍方的角色轉變為研發工作的協調者與管理者，研究人員與不同領域如天文學、核子物理及輻射學等的著名科學家交換意見，並與主要的商業機構（即軍火商）人員共同合作。執行方法係以合約商方式辦理，軍方僅規劃與設計產品，而無兵工廠實際生產，可降低成本，且大幅提高研發與生產效率，目前歐美武器裝備開發均採此種模式。

　　西元 1970 年代進入第二代夜視鏡的時代。第二代夜視鏡除持續改進光陰極的光電轉換效率外，最重要的改進為導入微通道板（Micro Channel Plate, MCP）電子放大機構，除改進了第一代管明顯的線性失真（Linear distortion）現象之缺點外，同時使光放管體積大幅縮小。配合光學系統成像需求，在螢光幕後端黏合一個光纖影像扭轉器，以獲得 180 度倒像。第二代光放管使夜視鏡體積縮小，因此多種可供個人使用的手持式、頭戴式夜視鏡紛紛被開發出來，使夜視鏡逐漸成為普受採用的戰場裝備。圖 4.3 為最早的雙眼雙筒頭戴式夜視鏡 AN/PVS-5A，1970 年代開始使用，後續改良為雙眼單筒、單眼單筒（圖 4.4）等輕便型所取代。

　　除了陸用型頭戴式夜視鏡外，空用型頭戴式夜視鏡（飛行員用夜視鏡）則是另一個使夜視鏡普及化的產品，尤以旋翼機為然。1980 年代初期出現的第三代夜視鏡基本上仍維持第二代管的架構，但光陰極採用量子效率更高、近紅外線波段涵蓋更廣的砷化鎵（GaAs）材質。第三代管對於樹葉真實綠色與人造或偽裝的綠色有較佳的分辨效果，對於飛行員對地面攻擊或著陸時格外重要，因此成為飛行員夜視鏡的重要零件。由於夜視鏡技術更為成熟，美軍自 80 年代起正式全面採用。除美國以外，目前全世界，包括我國，已有數百萬具各式頭戴式夜視鏡供軍隊或相關執法人員使用，為使用量最大的夜視器材。此種微光放大夜視器材亦作為夜視電視系統，可用於較遠距離及被動式觀測之夜間監控（圖 4.5），成為高性能夜間監控系統上之重要零件。而對於不可有太多光線存在之場合，如研究低光度環境之生物時，星光夜視鏡更成為不可或缺的工具。

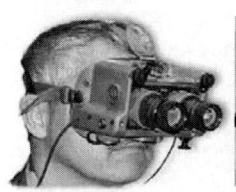

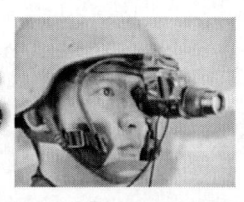

圖 4.3,4,5　雙筒夜視鏡、雙眼單筒夜視鏡及日夜兩用監視系統

4.3　熱輻射偵測（熱成像）技術－檢知器與熱像儀之發展

　　熱成像技術係利用感測物體與環境間的溫度差異，早在 18 世紀末期使用的溫度計即是紅外線技術之應用，但此種裝備作為高性能的軍事用途時（需獲得影像與即時成像效果），其成本極為昂貴，因此雖此種夜視技術亦約同時在二次大戰期間出現，但初期熱像儀僅限於武器平台的射控用途，做遠距離目標觀測，在個人的應用上並未如微光放大夜視產品般被重視。一直到 90 年代，第二代熱像儀系統及低價室溫型產品出現後，熱像儀才開始普及，但已落後約 20 年，但因其特有之零照度與熱感應之特性，目前已超出軍事用途被廣泛運用於科研、醫療及工業上，超過夜視鏡產品。

　　如同光放管為星光夜視鏡的心臟，紅外線檢知器（Detector）則為熱像儀的關鍵零件，其可將紅外線輻射轉換為電子信號，再轉換成為人眼可用的視頻信號。熱像系統主要使用波長 3 至 15 微米之中紅外與遠紅外波段，其中波長 3.0~5.0 微米之範圍特命名為中波紅外線（MWIR），8.0~12 微米為長波紅外線（LWIR），這兩個波段具高紅外線穿透效果，稱為大氣窗。目前近紅外線域亦漸有採用，其中波長 1.1~1.7 微米處稱為短波紅外線（SWIR）。

　　最早應用之紅外線檢知器為德國人在二次大戰末期發明硫化鉛（PbS）檢知器，使用波段為近紅外線（約達 2.5μm），其後美國柯達（Kodak）公司也研究出類似的檢知器，稱為鉛化物檢知器（Plumbide detector）。這個階段的產品屬於非冷卻式，用於熱追蹤飛彈之尋標頭（Seeker），1950 年代的響尾蛇飛彈 AIM-9B 的追熱尋標器為代表（如圖 4.6）；此外尚有用於空軍飛機上向下偵蒐景物的線性掃描下視（Downward Looking）紅外線偵照系統。由於當時係純由軍方贊助與使用，故紅外線熱成像技術一直被列為機密性且昂貴的產品。

圖 4.6　響尾蛇飛彈 AIM-9B，為全球最早量產的實戰型紅外線導引追熱飛彈，我國空軍於 823 砲戰曾用以擊退共軍；現行欓樹飛彈即為其同系列產品

此種非冷卻式產品之靈敏度低及反應時間長，且因 PbS 對高溫較敏感而對地面目標物用途不佳，故未被持續用於軍事系統上（目前響尾蛇飛彈系統已改採用冷卻式產品）。陸軍則轉向研究較長波段的材質（如硒化鉛 PbSe），以提高對陸地上目標物之偵測能力，1971 年美軍出現第一個使用中波紅外線 PbSe 檢知器的第 0 代手持熱像儀（AN/PAS-7），稍後則有反坦克飛彈用之龍式熱像瞄準儀（Dragon Sigh）等，均為非冷卻式熱像儀產品，熱像裝備出現與服役代表夜視系統進入全被動式的時代，但此時熱像裝備性能似乎仍無法滿足快速多變的作戰環境與空軍長距離偵搜的要求，然而，真正高性能熱像儀產品已開始獲得軍品市場的重視了。

用於飛彈尋標與射控的設備要求可快速獲得目標，亦即需有高靈敏度與較短的反應時間，此需求激發了較長波段與冷卻式熱成像產品之快速發展。二次大戰後科學家發現極低溫下可提高材料的靈敏度，美軍即致力於開發能即時成像的光子型多像素檢知器，而 1957 年英國的勞森（Bill Lawson）博士開發成功的三合金汞鎘碲（HgCdTe）因具有極高量子效率，成為最重要的紅外線材料，調整合金濃度之比例可使感應波段達 14 微米的長波範圍，使汞鎘碲的感應波段涵蓋中長波紅外線，美軍主要的紅外線產品供應商德州儀器公司（Texas Instruments, TI）也押寶在汞鎘碲上面，這種材料迅速成為 20 世紀 70 年代以降，軍用紅外線的唯一選擇。但除軍用需求外，因其製程困難，成本極高，也限制了其普遍性。

使用多像素長波汞鎘碲（HgCdTe）的線性掃描式（Line scanner）檢知器之熱像儀的出現促使 1970 年代的熱成像系統得以大幅進步,此種檢知器陣列具有高性能與即時成像效果，可滿足軍事尋標與導航用途之需求，早期稱為前視紅外線系統（Forward Looking InfraRed, FLIR）。FLIR 為可提供電視格式影像的全被動式夜視裝置，在長波紅線段（8～12 微米）工作。FLIR 不僅提供夜間使用，同時可以分辨偽裝、看穿煙、霧及其他不良環境，由於這個特性使其特別適合作為武器系統平臺，因此許多不同載

具武器平臺的射控系統相繼被開發出來。由於紅外線熱像儀產品結構複雜且成本極高，故產品均採共用組件方式設計製作，美軍的專家即以 FLIR 為基礎，設計出一系列通用型的長波紅外線熱影像觀測射控系統，稱為通用組件（Common Module），即為第一代軍用紅外線系統；美國以外，包括英國的 TICM（Thermal Imager Common Module）及法國的 SMT（System Module Thermique）等均是利用此種概念研製產品。目前這種裝備已被廣泛使用在世界各國的各種武器平臺上使用，包括我國陸軍 M48H（CM11）勇虎戰車之戰車熱像瞄準儀（Tank Thermal Sight, TTS）、檞樹防空飛彈前視紅外線系統與攻擊/戰蒐直昇機之紅外線尋標系統（NTS/MMS）等均屬之。

90 年代的第二代系統提升為使用線陣列（Linear array）檢知器，改進了感測元件解像力與靈敏度，使裝備有較大的有效使用距離，而檢知器內建的多工處理電路也提供裝備在較短時間內，優異的對目標物辨識與識別能力。第二代熱像儀仍採通用組件方式開發，美軍稱為水平技術整合/插入（Horizontal Technology Integration/Insertion, HTI）。歐洲方面此次則由英、法、德等多國共同開發共用組件技術，稱為 Synergi，每個國家負責一種關鍵模組開發，包括紅外線光學系統、檢知器與驅動控制成像電路等。第二代熱像儀屬於需使用單向光機掃瞄的冷卻式產品，此種 FLIR 技術為歐美先進工業國家軍用紅外線系統之現役主流產品，受限於歐美國家的輸出管制。目前已有數十萬套美國製第一、二代射控用冷卻式前視紅外線熱像系統在全球各國軍方各式載具（車載、艦載及機載）使用中，我國軍裝備仍有部份武器系統使用第一代熱像產品，但許多系統（如陸軍 M41D 戰車射控系統 CVTTS 裝備等）已採用第二代產品，作戰防衛能力佳。非美系產品，如西歐或俄羅斯產製的產品亦廣泛使用中，民用熱像儀雖然較晚起步，但用途廣泛，且持續增加中。

由於第二代熱像系統仍需使用複雜的光機掃瞄，故目前有朝無需掃描的二維凝視式系統發展的趨勢，此種產品較為簡潔輕便，故特別適合地面部隊及個人使用。另因具有多像素及高靈敏度，可提高對目標物的辨識效果，也滿足射控用途，陸軍復仇者飛彈及空軍 F-16 戰機的夜視夾艙為中波二維凝視式陣列，為較先進之產品。而除了高性能射控需求外，新一代的非冷卻式熱像儀產品也採用凝視式陣列，多用於較低性能需求，如輔助車輛夜間駕駛、步機槍瞄準及頭戴觀測等，並已成為標準軍用裝備。自本世紀初美軍開始進行新一代熱像系統採購，計畫提供超過 10 萬具包括輕兵器用熱像瞄準鏡（Thermal weapon sight, TWS）、駕駛員視覺強化儀（Driver Viewer's enhancer, DVE）及最新的頭戴式熱像儀給美軍使用，勢必將掀起另一波熱像產品熱潮。歐洲國

家中,特別是法國與英國,亦已大量部署各種新式個人用熱像裝備。

雖然以往熱像儀產品以軍用為主,在高資本支出的政府部門和科學研究單位亦普遍採用,常見為執法機構情資偵蒐研判、人造衛星空拍用於氣象(候)偵測及地形變遷等。熱像系統於軍方與執法部門使用逐漸普及後,將使得熱像儀成本逐漸下降,而有利於民間及非夜視領域上的使用,在一般民用產品上已快速成長,主要的包括消防救災、工業檢測、醫療用途與輔助駕車等,將可使夜視技術擴大用途提供民生更佳的生活環境。下圖(如圖4.7)所示由左至右為高壓電設施非破壞性檢測、人體溫度量測與夜間輔助駕車。

圖4.7 高壓電設施非破性檢測(左)、人體溫度量測(中)與夜間輔助駕車(右)使用之各式熱像儀

4.4 未來發展趨勢

充足的光使人們得以明視景物,但為求看得更清楚,於是發明望遠鏡來觀看遠處目標,利用顯微鏡來觀察微小物體,均是利用光學儀器協助擴展人眼視力,近半世紀以來則更尋求如何在低光度環境下觀測景物,於是傳統光學成像儀器結合光電感測元件之夜視器材因應而生。經由光電效應的原理偵測到不可見光,這些遠較人眼更靈敏、更有效之光電成像觀測器材拓展到人眼視界外的環境下工作,已成為近代戰爭致勝的利器。現代夜視技術於1990年底的第一次波灣戰爭獲得測試,結果在這次稱為沙漠風暴作戰(Operation Desert Storm)中,美國及其盟友大量的使用夜視裝備,運用於各式載具、飛彈系統及個人裝備,很快的將伊拉克部隊逐出科威特,證實了夜視裝備在沙漠地區作戰的重要性。尤其紅外線裝備因為可穿透煙、霧、砂、塵與進行遠距離觀測射控,而顯得特別重要。但從此次戰役中,也再次發現夜視裝備仍有其改進的空間,從在越戰期間夜視正式服役起,許多實戰驗證所發現的缺點使得夜視裝備的性能得以

改進成今日之高性能產品。而後來的阿富汗、索馬利亞作戰，及最近的第二次波灣戰役（伊拉克自由作戰, Operation Iraqi Freedom）等現代夜視裝備的實驗與展示場的經驗中，確認單純微光放大或熱成像產品仍不足以完全征服夜暗，朝整合夜視鏡與熱像儀的影像融合（Image Fusion）技術前進為新一代軍用夜視裝備發展方向，使人看得更遠，更能夠在黑暗與惡劣的環境下工作。

大部分夜視技術係提供軍事用途，以滿足戰鬥需求為目標，其中夜視鏡主要作為夜戰裝備，熱像儀則除夜間使用外，亦可作為全天候與遠距離之觀測射控、偵蒐、射控與精確導引追蹤等。雖然最早的夜視器材為民用量測或觀測工具，但由於具有國防價值，因而循著軍事用途發揮其效能，故軍用夜視裝備發展史即成為現代夜視技術與夜視器材的發展史，目前軍用夜視裝備研發與需求方向仍主導了整個夜視技術的發展。但因成本下降，高性能夜視技術逐漸釋出做為軍民通用產品，民用產品則要求如軍品般高性能與高品質，而軍用裝備也逐漸朝商品的短、小、輕、薄與美觀方向設計。軍用產品除要求必須具有傳統的高可靠度外，研發方向亦則朝固態化、小型化與低價化方向發展，固態化使得產品更具堅韌性並提高可靠度，小型化讓使用者攜帶更方便與舒適，低價化方能大量生產與配賦，使每一個戰士可以主宰夜暗，提高作戰能力，提高武器之命中率與人員之存活率。近來較低價的室溫型非冷卻式產品因用於工、商業等非軍用領域而受到重視，其產品性能有顯著的進步；另短波紅外線因具有較中、長波紅外線低成本與高解像力，其成像效果幾可媲美夜視鏡，也因而成為新近研發之重點。除了微光放大與熱成像技術之融合外，中波與長波紅外線之融合亦積極進行中，新一代的多波段產品將利用現有產品之優點，結合新一代智慧型電路系統，光電成像技術可提供人類於探索未知環境時更有效的解決途徑，並提供一個更便利的生活環境。

目前有越來越多的和平用途逐漸被開發出來，特別是熱成像技術產品，應用範圍更已超過單純夜視領域，從二十世紀末起，在醫療、工業及能源上均有顯著的民用需求產生，使光電成像夜視技術對人類有更廣、更深及更遠的影響。雖然主要為軍事用途，目前微光放大夜視器材在需要快速成像及隱密身分的情況下有重要的應用，如在天文學研究上，用來觀測極遠處光度微弱或出現時間極短的天文現象，唯有夜視望遠鏡能獲得效果；在動物學研究上，欲觀察夜行性動物之特性需要夜視鏡輔助；利用夜視鏡，執法人員可以有效監視並記錄不法份子之活動作為呈堂證供；在醫療研究上，夜視鏡可以協助組織深處之檢查。而紅外線熱像儀有更多更廣泛的應用，不僅限於作為軍用或夜視器材，在工業用途上，熱像儀提供非接觸性之預防性檢測，如橋樑建物

安全檢測、電力系統之高壓變電所安全檢測、電路板與 IC 溫度檢測、化工管線損壞滲漏與溫度檢測，在消防救災應用上可提供火場監視、搶救與生命探測裝置；在安全監控上，可作為全天候監視系統、海岸巡防與蒐證器材；在環境保護上，對工廠廢氣或廢水排放監測、空氣品質觀測及森林安全防護均極具價值；在醫療上，已運用於腫瘤與血管硬化檢查、病理復健治療等，用途極多族繁不及備載，惟多不屬於本書夜視產品所涵蓋與討論之範圍。應用光電成像技術之夜視器材，星光夜視鏡與紅外線熱像儀之應用可歸納如下表所示。

光電成像技術夜視產品應用一覽表				
產品類型	波長		應用
星光夜視鏡	0.4-0.90 微米（可見光至近紅外線）	國防軍事	夜間觀測、巡邏、修護、閱讀、醫療、載具駕駛與武器瞄準
		政府執法	監視系統、警務保安、海防監控與緝私
		工業用途	高速攝影記錄
		天文用途	極遠距離星象觀測
		醫療用途	深層組織觀查與研究
紅外線熱像儀	1.1-1.7 微米（SWIR） 3.0-5.0 微米（MWIR） 8.0-12.0 微米（LWIR）	軍事用途	日、夜間與不良天候目標觀測與武器瞄準、武器（火炮、飛彈等）射控、目標搜索與追蹤、導航與夜間載具駕駛
		政府執法	警務保安、海岸巡防與緝私、全天候監控與蒐證
		工業用途	非接觸性之預防性檢測，如橋樑建物安全檢測、電力系統之高壓變電所安全檢測、電路板與 IC 溫度檢測、化工管線損壞滲漏與溫度檢測
		環境保護	工廠廢氣廢水排放監測、空氣品質監控
		消防救災	火場救援、森林安全監視、海上搜救、災區生命探測
		安全監控	全天候監視系統
		科學研究	大氣觀測、火山爆發及天氣預報
		醫療用途	體溫檢測、腫瘤與血管硬化檢查、病理復健治療

第 5 章　微光放大夜視器材－星光夜視鏡

　　現行被動式夜視器材主要分兩大類，即「星光夜視鏡」與「紅外線熱像儀」二種。前者係藉光放管放大與轉換微弱光線（如星光）而發生作用，適用於中、短距離之低光度環境使用；後者則是利用紅外光檢知器感測物體所發出的紅外線輻射來辨視目標物，適於較遠距離及不良天候下使用。此二者雖工作原理與應用領域不同，但具互補之功用，尤其夜視鏡產品具有極高解像能力，可識別（Identify）目標物，且具成本較低之特點，因此在夜視產品發展與應用上，一直受到重視。一般人對星光夜視鏡最大的印像莫如在電影片段裡，黑暗中演員頭戴著夜視鏡看到一片綠色影像，突然間燈光大開，瞬間的強光造成一片慘白，代表夜視鏡與人眼都燒壞了。現實的夜視鏡還是綠色影像，但已不會因強光而燒壞，而軍用夜視鏡性能更加佳，甚至白天也可以使用（當然觀視效果遠不如人眼睛）。由於夜視鏡主要用於軍事，而因美國為此項科技之領導國家，美軍為全球最大使用者，本章概依美國軍用夜視鏡之發展歷程與使用狀況為基礎加以說明。截至目前為止，已簽約產品規格將持續適用至 2009 年，新一代的增強型夜視鏡（ENVG）亦已近入先導生產階段，可望於近年內通過戰術測評，在軍用產品帶動下，夜視鏡技術之應用將進入另一個高峰。

5.1　夜視鏡之工作原理與特性

　　所謂夜視，一般係定義為夜間光照度低於 10^{-3} lx（或 10^{-4} fc）之環境光度，此時為僅有明亮星光，故稱為星光夜視鏡，通常簡稱為夜視鏡。夜視鏡之原理為將微光放大與轉換以獲得影像增強之光電產品，此種微光放大型夜視器材又可細分為兩類，一為直接觀視（直視）夜視系統，即指常見的星光夜視鏡，此種系統需以人眼直接由目鏡觀測目標；一為間接觀視夜視系統，指低光度電視，夜視影像係以視頻方式呈現，須經由顯示器顯示。夜視鏡可使人眼看到 10^{-5} lx 低照度下的景物，屬於被動式器材，因此對於軍事用途特別受到重視。但值得注意的是在極低照度下（照度低於 10^{-5} lx）可能仍需使用輔助光源，此時變成主動式夜視器材。第 0 代甚至第一代微光放大夜視器材即因其亮度增益不足，而需使用紅外線探照燈，可歸類為主動式夜視鏡產品，此種產品目前已鮮少用於軍事領域，但仍有用於科學實驗上。

直視夜視系統為最簡單的夜視系統，其結構與一般望遠鏡光學系統相近，但在系統中增加一個光電放大機構，即光放管，故系統組成為物鏡組、光放管室及目鏡組等。目標物將外界微光反射進入光學系統，物鏡組將微光物像聚焦成像於位於其焦平面上，即光放管的光陰極面，微弱的光學影像在光放管中進行光電轉換與影像增強，然後經由電子成像原理顯像於光放管的螢光幕上，再經由目鏡組將螢光幕上光度增強後的影像成像於人眼，圖 5.1, 5.2 所示為單眼單筒夜視鏡，此為結構最簡單的夜視鏡系統。光放管係利用光電效應之光電感測元件，其必須使用外接電源進行光電效應，由於夜視鏡屬於個人使用之野外裝備，須以電池作為電源，故一個強有力的電源供應模組極為重要。光放管的電源供應器模組可將僅 1.5 伏特的電池升壓至數千伏特，以提供吸引光電子撞擊螢光幕所需的極高電壓。

間接觀視夜視系統一般係以顯示器取代目鏡組，而光放管部分則為 CCD 耦合光放管（ICCD），ICCD 為整合光放管與電荷耦合元件（CCD）成單一組件或模組之感光元件（或系統），其輸出影像為 RS170 格式（NTSC 單色，水平掃描線 550 條，為美規電視系統之影像格式），可直接連接現行電視機等螢幕使用，十分方便。

圖 5.1　單眼單筒夜視鏡成品，右側為目鏡組（含眼罩），左下方凸出部為電池室

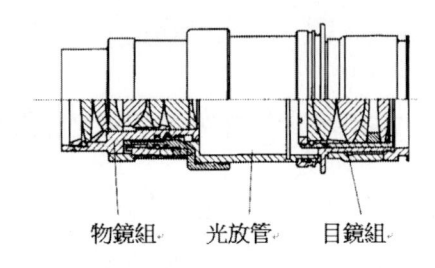

圖 5.2　單筒夜視鏡光機系統結構示意圖

直觀式夜視鏡為現行使用量最大的夜視器材，與其他夜視器材如低光度電視或熱像儀等比較起來，具有下列許多優點：

5.1.1 被動式夜視器材，無須輔助的人工照明，而是靠夜空自然光工作。

5.1.2 技術成熟，影像增強關鍵零件光放管已發展第第四代，技術成熟且成像效果極佳。

5.1.3 成本較低,由於技術成熟致成本降低,目前常用的 Omnibus III 第三代管等級光放管約 2,000 美元,ICCD 約需 5,000 美元,而熱像儀之光電感測模組(IDCA)更超過 25,000 美元。

5.1.4 體積較小且重量較輕,18 公釐光放管重量低於 100 公克,適合作為個人手持使用,甚至可作為個人頭戴使用。

5.1.5 構造簡單且十分省電,一般僅需使用 1 或 2 個 AA 型(3 號)電池即可工作數十小時,且使用方便,適合部隊士兵使用。

5.1.6 成像品質良好,現行高性能光放管已可提供 64Lp/mm 以上之解像力水準,換算後 18 公釐光放管可提供約 1,200 線對解析度的優異影像品質,有利於夜間作戰中辨識偽裝之敵軍,或其他具精密與隱蔽性之夜間工作。

5.2 直接觀視式夜視鏡系統

夜視技術正式用於軍事用途比學術用途晚,約莫到二次大戰末才受到軍方重視,卻是後來大量使用及促使夜視技術快速發展的關鍵,而軍事上的需求也因而左右了夜視技術之發展,惟初期係多著重於飛彈及大型武器系統紅外線夜視裝備,故一般民間夜視技術之發展與應用相對受到限制。軍用夜視器材研製可追溯至美軍於 1954 年 2 月成立的工兵工程研發實驗室(ERDL)的光譜研究組,由於當時僅有極有限的經費與實驗設施,主要任務僅為研究單兵夜視裝備。西元 1961 年,任陸軍顧問委員會(Army Advisory Committee)的美國柏克萊加州大學的亞弗瑞茲(Luis Alvarez)博士建議軍方發展夜視器材以利夜戰之需求,獲軍方同意於 1965 年於維吉尼亞州貝佛堡(Fort Belvoir)成立夜視實驗室(Night vision laboratory, NVL),這個由詹森(John Johnson)與懷士曼(Robert Wiseman)博士帶領的單位成為國防科技發展最有成效之單位之一,其研發領域包括視電子學與影像增強、遠紅外線、光源、薄膜之先進研發、系統開發及系統評估等。其後這個位於貝佛堡的近似研發機構致力於夜視技術之研究,並拓展研究領域至雷射與戰場感測器等。

由於此工作之日漸重要被確定,NVL 後來擴大並改制為夜視與電子感測指揮部(Night vision and electronic sensor directorate, NVESD),其研發主旨為「征服夜暗,使單兵得以在夜間觀測、移動、作戰及工作,無需經過特殊訓練,即可獲得可以分別的影像,且可以即時反應」,由於 NVESD 拓展對新領域及陸軍作戰平臺的研發,NVESD

的科學家與工程師也發展出感測器技術的新應用，成為主導美國陸軍現行夜視相關技術發展之單位，更成為引領全球夜視器材發展之單位。由於夜視技術長期由軍方負責研發，其研究成本極高且績效受限，60 年代末起美軍開始整合其他民間單位，並擴大研究範圍，因而使夜視科技快速成長，並普及到非軍事用途，目前歐美先進國家之夜視科技均由民間企業負責執行，軍方則主要負責功能與需求訂定及性能測評，而夜視技術觀測器材則分為微光放大與熱輻射偵測兩大領域獨立發展了。

5.2.1 第0代微光放大夜視技術

第二次世界大戰期間，歐美先進國家已進行研究原始的夜視器材，當時係以影像增強技術之光放管為方向，美國首先將靜電聚焦技術（Electro-statically focus）做成成品，並開始使用於戰場上。此時期產品為使用近紅外陰極與可見螢光幕耦合之夜視狙擊鏡，美軍於 1945 年曾配赴約 300 具夜視狙擊鏡給太平洋部隊，但是使用狀況並不理想。主要係因其有效距離太近，約僅 100 碼，裝備體積過大，且必須配合紅外探照燈使用，故有被擁有相同裝備的敵軍發現之虞。這個階段（20 世紀 60 年代以前）的產品可稱為第 0 代夜視器材，包括觀察鏡與狙擊鏡，如圖 5.3[16]，為主動式（近）紅外線裝備，由於光陰極靈敏度低，需使用紅外線照明器輔助。

圖 5.3　第 0 代狙擊鏡，上方有一個大型照明燈，故應屬於主動式夜視產品

雖然第 0 代夜視產品在作戰上功能不佳，但此種紅外線狙擊鏡使夜視技術在作戰（武器夜間瞄準）以外的用途卻意外的受到重視。戰士使用夜視鏡可以提供 24 小時的作業能力，例如工兵部隊可以在夜間造橋及修路、裝甲兵可用於車輛維修及其他醫療任務之遂行等而免於遭受空襲。而新一代的夜視器材研發則積極的進行中，研究目標為朝向無需使用探照燈的被動式裝備，以免暴露自身位置於敵方。

5.2.2 第一代微光放大夜視技術

美國 RCA 公司（Radio Corporation of America）改進德國於二次大戰時發明之串

聯放大影像管夜視技術，於 1949 年完成的第一個實用型光放管，成為日後第一代管之標準。這種新型近紅外線三級串聯的影像管之性能超出預期，可收集夜空環境之月光或星光並將之放大，稱之為影像增強（Image Intensification，I^2），獲得軍方重視並撥款進行此種系統之性能改善計畫。改善項目包括有限的增益與輸出影像顛倒，在影像管上增加一個第三階靜電極即可提高增益並獲得正像，但採用此種三級串連的夜視鏡產品變成長度約達 45 公分（17.5 吋），重量接近 3 公斤（6 磅）之龐然大物，雖仍不太像是個人武器軍事用途，但此時已無需使用以往的大型照明裝置，這已是被動、可攜式夜視器材發展之一大步。

這個階段在光陰極材料及耦合技術的改進，使影像增強概念實用化與可行，前者為改用鈉鉀銻銫多鹼 S-20 光陰極，後者為光纖耦合器（可扭轉成倒像，並獲得低失真之影像輸出）。第一代光陰極的量子效率較前一代高出一倍，大大提高了夜間的作戰效能，1960 年代中旬美軍開始採用第一代被動式夜視器材，包括 1967 年的 AN/PVS-2 步槍用星光瞄準鏡（即步槍狙擊鏡），如圖 5.4[16]、1965 年的 AN/TVS-4 夜視觀察儀與低光度電視等。但因體積仍然龐大，故並未用於單兵或頭戴使用，用途仍限制於武器瞄準上。

圖 5.4　第 1 代步槍夜視狙擊鏡 AN/PVS-2，此時已無需使用照明燈，為真正被動式夜視產品，但體積仍大

60 年代開始的越南戰爭提供美軍夜視器材正式使用與測試之機會，第一代小型星光夜視鏡在越戰期間交部隊實際使用，這個階段的夜視裝備已改進為被動式產品，但受限於夜視效果，有時仍需使用紅外線輔助照明器材如紅外線探照燈，以獲得較佳觀測效果。探照燈的紅外線模式於夜間可配合夜視鏡觀測敵軍，發現敵蹤後則改為可見

光模式提供照明使用，因而提升了作戰優勢。隨著美軍涉入越戰程度增加，美軍大量配發參與越戰的部隊使用夜視器材，越戰也成為夜視系統發展的一個重要階段。

5.2.3 第二、三代微光放大夜視技術

第二代夜視鏡最大改進為採用微通道板（Micro-Channel Plate, MCP）第二代光放管取代第一代管之三級串聯式的放大機構，微通道板為一片厚度僅數百微米之光纖薄片，每個通道之直徑約十餘微米，其電子放大效能大大提高，使夜視鏡可於 10^{-3} lx 之低照度時使用而無須輔助照明，另配合具有保護機能的電源供應模組，產品的可靠度大幅提升。另因 MCP 使第二代管體積大幅減小，夜視鏡重量與尺寸亦隨之大幅減小，可作為個人頭戴用，故採用第二代管的夜視器材除用夜視瞄準鏡外，並加入各種空用及陸用型頭戴式夜視鏡服役，從此星光夜視鏡開始被大量採用。

1980 年代採用半導體砷化鎵（GaAs）光陰極的出現則宣告第三代夜視鏡技術的來臨，包括靈敏度、解像力與信噪比等性能均大幅提升，並改善了產品在夜間對環境與景物的分辨能力，而因外觀尺寸維持不變，故第三代光放管與第二代產品具完全相容性，適合日後產品之性能提升。

1970 年代的夜視技術研發成果包括第二代產品 AN/PVS-3 小型夜視鏡、AN/PVS-4 個人用夜視瞄準鏡，如圖 5.5[16]、AN/TVS-5 多人操作武器夜視鏡及 AN/PVS-5 頭戴式雙筒夜視鏡等；80 年代起則有第三代的 AN/AVS-6 駕駛員用夜視鏡及 AN/PVS-7 雙眼單筒頭戴夜鏡等開始服役，這個階段僅美軍採用第三代技術，歐洲國家如法國、荷蘭等則開發出性能接近的超級第二代管。

美國為夜視鏡技術最先進及使用量最大的國家，其中陸軍為最大買主，全球最大夜視鏡採購計畫則為美國陸軍通電指揮部（CECOM）主導之"Omnibus（含 Minibus）計畫"，採購裝備以各種頭戴式夜視鏡為主，包括雙眼單筒夜視鏡（AN/PVS-7）、飛行員用頭盔式夜視鏡（AN/AVS-6,9）及輕便的單眼單筒夜視鏡（AN/PVS-14）等及其備份光放管，其中 PVS-7 型為全球使用量最大的夜視鏡。1970 年代二代管出現使星光夜視鏡成為夜戰裝備主要類型，1980 年代初第三代光放管出現使各式夜視鏡之性能更加提昇，美軍並於 1991 年波灣戰役中大出風頭。1990 年代美軍為飛行員夜視鏡加裝抬頭顯示器成為新型 AN/AVS-7，而熱像裝備則改進為輕便型，適合地面部隊及個人使用之產品。

圖 5.5 第 2 代步槍狙擊瞄準鏡 AN/PVS-4，體積已大幅減小，與第 1 代擁有相同倍率（4 倍），但長度減小至 24 公分（9.5）吋，重量亦大幅減輕至 1.8 公斤（3.8 磅）

美國陸軍從 1985 年起大量採購夜視裝備，截至 2005 年為止，共計進行七案，總數合計超過 100 萬具各型夜視鏡及數倍於夜視鏡的光放管（由於軍規夜視裝備為高價產品，故前述產品價值已超過數十億美金）。其中 Omnibus Ⅰ 至 Ⅵ 已完成，1996 年 Omnibus Ⅳ 採用高性能第三代管的 AN/PVS-7D、AN/PVS-14 及 AN/AVS-6 等為美軍現役最高等級產品。2005 年 4 月與 Litton（Northrop Grumman）、ITT 公司簽約的 OmnibusⅦ 為最近的購案，其內容為 OmnibusⅤ 與 Ⅵ 之延續，交期持續至 2009 年以後，目前仍持續規劃採購與性能提升中。除陸軍外，海軍陸戰隊等各軍種則採用類似性能，但具有特殊用途（如潛水）之產品。除了傳統統夜視鏡外，美軍於 2006 年亦向 ITT 公司小批量採購最新型的夜視鏡與熱影像融合的增強型夜視鏡（ENVG），此計劃揭示了今後夜視鏡朝雙波段發展的方向。美國陸軍通電指揮部執行且已完成交貨的 Omnibus 夜視鏡採購計畫內容如表 5.1 所示。

必須說明的是，目前通用的夜視鏡發展等級定義（即第 X 代）隨光放管等級（即代別）而來，但最初主導全世界夜視鏡發展的美國陸軍對光放管並無明確的定意義代別，而是以採購案編號（即 Omnibus X）而定，第 X 代夜視鏡原係生產廠商為區分其產品與其他廠商或先前科技演進而定之等級區分，後來陸軍 NVESD 採用了此說法，並成為定義光放管性能的指標了。

表 5.1　美軍正式的頭戴式夜視鏡採購進度一覽表(不含消耗零件如光放管)，PVS-7D 指採用高性能第三代管(HP Gen.3)，NG＝Northrop Grumman

	簽署時間	繳貨期程	計畫內容	得標廠商	備考
Omnibus I	1985	1986-1990	AN/PVS-7B AN/AVS-6	Litton ITT/VARO	Gen. 2+ STD Gen. 3
Omnibus II	1990	1991-1993	AN/PVS-7B AN/AVS-6	ITT VARO/IMO	STD Gen. 3
Omnibus III	1992	1993-1997	AN/PVS-7B AN/AVS-6	ITT Litton	E Gen. 3
Omnibus IV	1996	1996-1998	AN/PVS-7D AN/PVS-14 AN/AVS-6	ITT	HP Gen. 3
Omnibus V	1998	1998-2000	AN/PVS-7D AN/PVS-14 AN/AVS-6, 9	Litton ITT	HP Gen. 3
Omnibus VI	2002	2002-2004	AN/PVS 7D AN/PVS-14 AN/AVS-6, 9	Litton（NG） ITT	HP Gen. 3 Pin. Gen. 3
Omnibus VII	2005	2006-2009	AN/PVS 7D AN/PVS-14 AN/AVS-6	Litton（NG） ITT	HP Gen. 3 Pin. Gen. 3

註：NG 指 Northrop Grumman 公司

我國陸軍於民國 80 年代後期起進行第一階段夜視鏡採購，目前應已有數千具各式夜視鏡在部隊中使用，包括個人用頭戴式夜視鏡（夜視望遠鏡）、輕型步機槍瞄準用夜視鏡及中型（多人操作）武器夜視鏡（按：重型火砲多使用熱像系統）等，及相關備分料件；依陸軍公告資料顯示，目前正在規劃中的第二階段夜視裝備採購計劃，預定獲得超過一萬具各式夜視鏡供三軍使用。由於我國光學科技相當進步，而陸軍要求光放管為第三代改良型以上之等級，顯示國軍夜戰能力應極具競爭力。

5.3　間接觀視式星光夜視系統

間接觀視系統係指利用電視攝像管或 CCD 耦合光放管將夜視影像轉換成 RS170 之視頻影像，再以顯示器觀視者，一般稱為低光度電視（Low Light Level TV, L^{3}TV），其功能類似電視攝影機。民用廣播電視攝影機必須在充足的光線下（通常大於 10 lx）方可工作，較低光度下須使用輔助照明，而且其距離十分有限。軍用低光度電視無須使用任何輔助光源，即可觀測到數百公尺外的目標物，配合大鏡頭（f/#較小）可觀看到 1 公里外的夜間景物。低光度電視除了夜間戰場觀測外，更可作為低光度環境之監視系統用，此對於重要設施場所的保全等民用領域上有特殊的重要性。

低光度電視系統之特點在於其所得之資訊以非單純光學影像，而是一種視頻影

像，它可以將所偵察到的影像同時給數個顯示器使用，更可以利用有線或無線方式傳輸該影像，適合多人在不同地方同時觀看影像，故可作為指揮官或情報部門下達決心或命令用。而該影像亦可配合雷測距資料，經由彈道計算機獲得射擊所需之方位，成為射擊指揮的重要射控資訊。

低光度電視系統結構主要有三部份，一為攝像組、二為影像管、三為顯示器，重要的應用之一即為夜用或日夜兩用監視系統。其中攝像組即物鏡組，顯示器為一般陰極射線管（CRT）或液晶顯示器（LCD），而影像管則為關鍵組件，有下列數種形式：

5.3.1 光導攝像管

光導攝像管（Vidicon）係由類似光放管之攝像模組與掃描模組所組成，目標影像經物鏡組成像於三硫化二銻（Sb_2S_3）光陰極上，轉換成光電子在真空管內被加速與聚焦成像於氯化鉀（KCl）光電標靶上，後段為電子槍掃描機構。此種裝置可於低光度下使用，屬於較早期使用的產品。當於極低光度使用時，可將 Vidicon 的光電標靶改為矽材質的 pn 二極體，成為矽增強靶攝像管（Silicon intensified target tube, SIT），可提高至少一個級數的亮度增益效果。除了用作夜視攝影機外，光導攝像管與早期 40 公釐光放管亦有用於第一代前視紅外熱像系統中作為成像系統後端之影像增強與顯示元件。

5.3.2 CCD 耦合光放管（影像增強 CCD 影像感測器）

CCD 攝影機為新一代固態成像電視攝像裝置，與傳統真空管式攝像管比較，其體積小且具高可靠度。CCD 為矽基感光元件，最佳可於 0.1Lx 照度之環境下使用，但距離有限，故於低光度時需耦合光放管使用。可將光放管與 CCD 整合成一個單一模組，屬於間接觀視式產品，稱為 CCD 耦合光放管（Image Intensified CCD, ICCD），如圖 5.6 所示，由 ICCD 獲得之視頻信號可再加以處理及傳輸，使光放管之影像應用更加多元化與人性化，ICCD 成為低電荷下高增益之低光度攝像元件。光放管與 CCD 耦合的方法有二，一為光纖耦合，二為光學耦合，前者結構為「光放管-光纖-CCD」，後者為「光放管-繼光鏡-CCD」。分述如下：

1. 光纖耦合 ICCD：光纖耦合式 ICCD 為近代光放管之重要應用之一，光纖耦合 ICCD 有自動電子光閘（Gating）功能，可依進光量調整與控制通電時間至約 300 奈秒（ns）或更短，當入射光強度較強時，即產生反向偏壓停止光放管繼續運作，如此可使光

放管以不同頻率或講期之「開」、「關」動作，即當光放管之光陰極接受足夠之入射光後即關閉，於白天使用時電子光閘只需每 20 毫秒（ms）提供一次成像，即可獲得近乎連續的影像，若配合特殊濾光鏡可於超高亮度（直視陽光，約 100klx 照度）下使用，故可於各種不同光度下作為日夜兩用裝備。ICCD 於 90 年代初期出現，主要以二代及超二代管為基礎，目前亦有以三代管耦合之 ICCD，因成本高，現行多以科學研究用途為主。

2. 光學耦合 ICCD：由於光纖耦合 ICCD 的難度與成本均高，吾人可以設計一組繼光鏡光學系統，以機構設計與光放管結合，使之成像於 CCD 影像感測器上，此種型態之 ICCD 體積稍大，容易有光學像差及能量損失，且無電子光閘之功能，但製作容易且成本遠低於光纖耦合式 ICCD。

5.3.3 電子轟擊式 CCD

實驗室裡有一種增益極大的光電管稱為電子轟擊式 CCD（Electron bombard CCD, EBCCD），係 90 年代中期由美國 Syncrotronics 等公司發展出之另一類型 ICCD，由於 CCD 耦合光放管會導入光放管螢光幕的雜訊，因而降低了其信噪比，為改善此點，把 CCD 直接做在光放管中，取代了原有的螢光幕，給予適當電壓時，來自光陰極的（光）電子直接轟擊 CCD，可獲得高品質影像，故稱為電子轟擊 CCD。其特點為以光電子衝擊一片緩衝層（Buffer Layer）以產生大量二次電子之電子放大機構取代現行光放管之 MCP，解像力及信號雜訊比約為第三代 CCD 耦合光放管的二倍。曾有廠商嘗試將其導入軍用夜視領域，號稱第五代管，惟因成本極高而使其用途受限制。

5.3.4 CMOS 耦合光放管

夜視技術在 21 世紀已與數位科技結合，其中關鍵的技術之一便是 CMOS 耦合光放管（Image Intensified CMOS, ICMOS）的出現，顧名思義，ICMOS 是以 CMOS 影像感測器取代 CCD，可獲得數位信號，便於後續影像處理或融合，由於光放管與 CCD

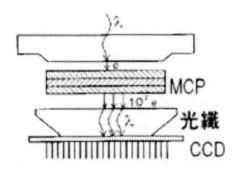

圖 5.6 CCD 耦合光放管（ICCD）樣品（左）、右為光纖耦合結構示意圖，為法國 Photonis-DEP 公司產品

耦合技術難度極高，容易造成不良品，導致 ICCD 價格居高不下。CMOS 成本較低，可以達到降低成本之目的，體積亦較小，尤其可提供數位式影像便於影像處理與應用，惟 CMOS 先天與 CCD 之差別亦將會產生，但為具潛力之產品發展方向。

5.4 主動式夜視鏡系統

主動式紅外線成像系統類似第 0 代為光放大系統之形式，工作時必須有燈光照射，通常是以紅外線探照燈，目前仍在始用中。其優點為成本較低，且因探照燈之近紅外線輻射可被現行夜視鏡偵測到，而可增加夜視鏡的觀測距離。

主動式夜視系統之工作原理，係以紅外線探照燈照射遠方的目標物，由目標物反射回來之紅外輻射被光學系統之物鏡組接收，再經由紅外線轉換器轉換並增加亮度後於螢光幕上成像，最後由目鏡組成像於人眼視神經。探照燈其實為一種強光燈，利用紅外線濾光片產生近紅外線輻射，其工作波段多在波長 0.75～1.2 微米的近紅外線區，較夜視鏡有效的感應範圍廣。在這個波段對綠色的草木樹葉有著極佳的反射效果，但因其亦被敵方夜視鏡偵測到而遭到致命之擊，故在軍事用途上雖有其重要性，但已逐漸淘汰，並朝被動式產品發展。主動式夜視系統組成為：

5.4.1 探照燈

1. 紅外光源：紅外光源有白熾燈泡、氣體放電燈（如高壓疝氣燈）、發光二極體（LED）或雷射二極體等。
2. 紅外濾光片：目的在消除可見光以確保射出光線為紅外線，以免輕易被人眼發現而暴露自身位置，但仍會被敵人的夜視鏡偵知。濾光片與接收反射光之夜視器工作波段相同，且具有高穿透率以免損耗光能，而減小照射距離。
3. 反射鏡面：一般為拋物面。

5.4.2 夜視器

即使用第 0 代光放管的夜視鏡系統，包括物鏡組、S1（銀氧銫）光陰極、電子放大器、螢光幕及目鏡組，值得注意的是物鏡組的鍍膜範圍較寬，須達 1.2 微米，此可以一般夜視鏡的鍍膜方式移動帶寬獲得。

5.4.3 電源供應器

主動式夜視系統中的探照燈與夜視器均需要極高壓且穩定的電力方可工作，其中夜視器光放管約需 15KV 電壓，探照燈雖須電壓較低，但耗電高，而所需電源係由車電或電池升壓而得。

5.5 夜視鏡之檢測標準與方法

大部分夜視鏡屬於軍事用途，對於產品要求依軍品規範檢驗，對於各項性能參數均要求定量檢測結果，並要做相關的野外測試及破壞測試，故一項產品成為軍事裝備通常需經過數個月，甚至數年測試，故常見與民間類似用途的軍品，其功能或外觀卻可能是相對落伍。非軍品（工業或商業規範）檢驗項目則較寬鬆，可視情況選擇軍規檢驗項目執行即可，故產品日新月異生命週期偏短。目前某些非軍事用途（如車輛使用）也要求破壞測試，但檢驗項目越多越費時，且成本越高。軍規產品依其用途各有不同檢驗重點與標準，檢驗項目主要包括系統組成、光學（物理）特性、機械特性及環境性能檢驗，茲分述如下：

5.5.1 系統組成說明

夜視鏡系統組成項目通常包括物鏡組、目鏡組、光放管、輔助光（LED）、強光保護裝置（CdS）、攜行袋及攜行箱等，不同用途產品則另有其專用配件，如頭戴夜視鏡有頭帶或面罩組、槍瞄用夜視鏡有武器結合架等。

5.5.2 光學性能檢驗

檢查夜視鏡之光學解像力（含遠焦與近焦點）、螢光幕品質、放大倍率、視角、目鏡屈光度調整範圍、聚焦範圍、亮度增益、電池低電量顯示及強光防護功能等，雙眼系統需另執行雙筒準直度與瞳距檢查。本項為夜視鏡最重要性能指標，典型的夜視鏡測試儀為美國 Hoffman 公司出品之夜視鏡測試系統（如圖 5.7 所示），可測試主要性能參數，因不同產品或廠牌鏡頭大小不同，須配合不同口徑之結合環使用。亦可以活動式支架配合光具座（光學滑軌）與平行光管設計成固定式測試台，適用於工廠級之生產或維修。

5.5.3 機械特性檢驗

檢查夜視鏡之各項調整機構、各項扭力與推拉力、表面處理及外觀、重量、尺寸

等。

5.5.4 環境性能檢驗

包括水（氣）密效果、高低溫測試、溫度衝擊、武器衝擊（掉落）測試、振動測試、鹽霧測試及電磁干擾防護等。對於軍用產品，尤其是用於槍砲瞄準者，此項檢驗更形重要。

5.5.5 其　他

包括產品特性及損壞定義等技術性說明等。

圖 5.7　美國 Hoffman 公司夜視鏡測試儀 ANV-126，可測試主要性能參數。

5.6 夜視鏡之其他應用與發展方向

除用於武器瞄準等直接作戰用途外，夜視鏡也用於輔助夜間駕車，自 1970 年代起，軍用戰甲車輛即已使用夜視鏡做為夜間輔助駕車之工具，稱為駕駛手用星光夜視鏡（AN/VVS-2），其係為一潛望鏡型式之夜視觀察鏡，物鏡露於車外，目鏡（或螢幕）置於車內駕駛員前方，供甲車駕駛員於夜間不開艙之情況下駕駛車輛；80 年代起更用於飛行器之輔助駕駛，包括旋翼機（直升機）與定翼機（如戰鬥機等）均有使用，稱為飛行員用夜視系統（ANVIS），尤其在於夜間低空巡航與飛機著陸時有極佳的效果。

而非軍事應用主要在於科學實驗上高速攝影與天文探測與星球觀星，利用光電倍增管或光放管僅需極低光度即可成像，故可達成奈秒或更短時間之曝光時間，對於極高速飛行或在極暗環境（如數光年外之星象）之物體使用，可得到一般光學儀器無法獲致之成像效果。

自 40 年代夜視鏡出現超過半個世紀以來，已在其重量、體積、亮度增益、影像品質（解像力、雜訊等）等方面有大幅改進，但作為個人用手持或頭戴夜視器仍有些

缺點，尤其是光學儀器本身先天視角與重量問題，對於飛行器駕駛員更有需要改進之處。目前夜視系統設計工程師已有獲得顯著的成果，包括：

5.6.1 短軸頭戴式夜視鏡

造成頭戴夜視鏡配戴不舒適的主要原因之一為重量，但在希望獲得良好觀測效果必需使用雙眼系統，在系統必要的光學（電）元件無法省去的前提下，可利用改變光放管放置方式，成為薄型頭戴夜視鏡，或密合式頭戴夜視鏡，改善傳統頭戴式夜視鏡過長重心偏外，而造成配戴不舒適之困擾，這些外觀特殊的產品稱為短軸夜視鏡（Low profile NVG, LPNVG），代表產品如法國 Lucie 夜視鏡及美軍 AN/PVS-21 等。圖 5.8 為傳統雙眼單筒夜視鏡與短軸夜視鏡之差別。

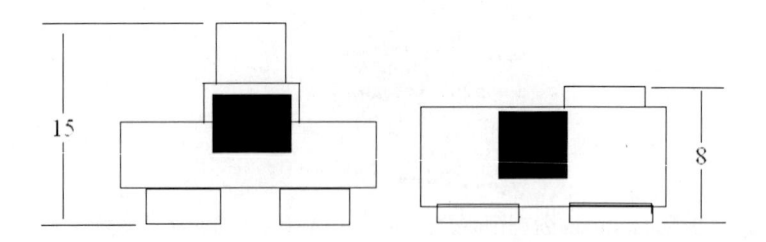

圖 5.8　傳統頭戴夜視鏡系統向前突出超過 15 公分，短軸夜視鏡（Lucie 型）突出部分小於 8 公分

5.6.2 寬視角頭戴式夜視鏡

受限於光學設計，夜視鏡視角多在 40 度左右，此對於飛行員而言稍嫌太小，採用四個較小尺寸光放管（16mm 取代以往 18mm）配合特殊的光學系統設計，解決了傳統夜視鏡視角太小之缺點，大幅提高飛機駕駛員的舒適性。目前美軍正在測試此種名為全景夜視鏡（Pananomic NVG, PNVG）之飛行員專用頭戴式夜視鏡，其水平視角達 100 度，PNVG 亦稱為先進夜視鏡（Advanced NVG）。圖 5.9 為傳統夜視鏡與全景夜視鏡視角比較[11]。

圖 5.9　全景夜視鏡之視野（100 度）與傳統夜視鏡（40 度，中間圓圈部份）視角比較

5.6.3 感測器融合夜視鏡

　　利用單純微光放大的夜視鏡在完全無光的環境，如洞穴中或有濃霧的情況下仍然效果不佳，利用影像熔合技術將夜視鏡與熱像儀（非冷卻式）影像熔合為一，稱為強化型夜視鏡（Enhanced NVG, ENVG）。ENVG 之特點為夜視鏡部分使用可輸出數位式影像的 ICMOS 或更精緻的 MCPCMOS，以便與熱影像端進行數位影像融合。此種產品具有夜視鏡可識別目標物的能力與熱像儀熱感及穿透煙霧之本領，其影像效果為夜視鏡之影像中有明亮之熱影像，可改善夜視鏡於不良天候無法使用及熱像儀辨識效果不佳之缺點，本產品係朝輕量之單眼單筒方向設計，目前已交部隊完成初期測評，可能成為日後夜視鏡的標準規格。而在未來成本降後，經由光放管與數位式影像感測器結合而的的數位式夜視鏡系統更將為今後夜視鏡發展的趨勢。

第 6 章　光放管

　　將夜間微光放大的影像增強技術為最成熟且廉價的被動式夜視技術，其關鍵在於光放管品質良窳，早期夜視鏡使用效果受天候與距離限制，尤其是體積龐大使用更形不便，但在光陰極材料不斷改進及微通道板技術成熟後，光放管得以大幅體積變小成為個人化裝備，並廣被先進國家採用成為戰士標準配備。

　　夜視鏡的等級往往依循光放管之等級而定，光放管之研改成為夜視鏡發展最重要的課題，目前歐規與美規兩大陣營在研究技術上或競爭、或協助，使得光放管技術更為成熟，更成為夜視鏡持續在夜視系統被使用之關鍵因素。光放管已經發展至所謂第四代產品，最新的產品之特點不外乎提高亮度增益與解像力、降低雜訊與體積重量，並導入數位處理機構，朝多功能與多環境適用性方向發展。

6.1　光放管之特性與發展

　　夜視鏡的光放管發展至今已接近四分之三個世紀，為最早的光電感測元件之一，目前仍為夜視器材最主要的零件。

6.1.1　影像增強原理

　　夜視器材係用於光照度微弱、影像模糊或看不見之環境，故需要影像增強技術，光放管（Image Intensifier Tube, I^2T）即是利用影像增強原理，將微光放大到足供人眼觀視之光度，其為典型的（外）光電效應之應用。利用光陰極將夜間微弱的可見光及近紅外線光子轉換為電子，於電子放大器中產生大量二次電子（電子雲），然後撞擊於螢光幕上而形成可見光影像，如圖 6.1 所示。故光放管之影像增強可歸納為光電轉換，電子放大，及電光轉換成像等三個過程：

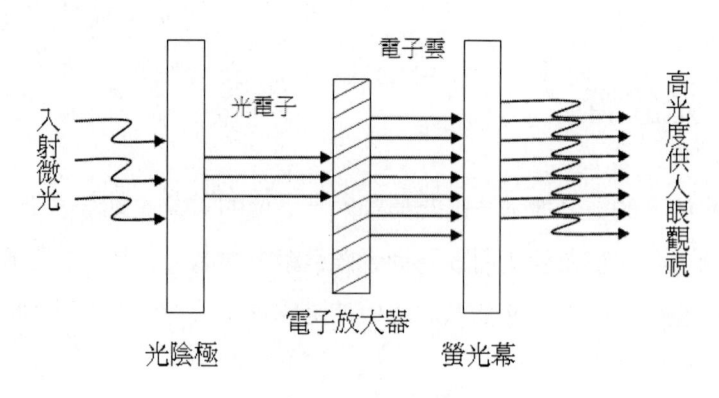

圖 6.1　光放管之影像增強原理示意圖

1. 光電轉換：係將入射光子經由光陰極轉換成光電子。
2. 電子放大：指光電子經類電子透鏡加速與聚焦之過程，在微通道板電子放大器中進行。
3. 電光轉換成像：指光電子高速撞擊螢光屏幕後又產生可見光影像，最後經光纖成像器成像使人眼可看見。

　　人眼至少要有 10 個光子方可感應到光進入眼睛，約為 10^{-3} lx（10^{-4} fc）之照度，而必需在 10^{-2} lx（10^{-3} fc）以上之照度才能分辨物體，觀測遠距離景物時則要求更佳之照度。一個光子經由電子透鏡放大成像至螢光幕上可以產生 1,000 個光子（一階放大第一代管之亮度增益最高約為 1,000），此種影像增強機制使人眼可以看見低光度的景物。現代光放管可將夜間的微弱光源放大數萬倍，可於照度低於 10^{-4} lx（10^{-5} fc，昏暗微星光或無星光時）之極度夜暗時使用，使人們可如在日間般的明視目標物及辨視影像。圖 6.2 為現行最常用的 18 公釐光放管（圖左，用於個人瞄準與頭戴式夜視鏡）與 25 公釐光放管（圖右，用於多人武器瞄準夜視鏡）。

圖 6.2　現行各式光放管（法國 Photonis 公司產品）

6.1.2 光放管之發展

雖然於 30 年代影像增強的概念就已成品化，但此項科技在二次大戰後才真正受到重視，除了改進光陰極的量子效率與耦合技術外，二次大戰期間光放管之發展主要有兩個方向，一為英國主張的近接聚焦管（Proximity focused tube），另一為美國及德國主張的靜電聚焦管（Electro-statically focused tube）。在 1940 與 50 年代間，美國研究人員專注於德國於二次大戰時發明之串聯放大影像管夜視技術之改進，後來美國無線電公司（RCA）於 1949 年完成第一代光放管，為三段串聯放大影像增強，同時期德國亦有成品。靜電聚焦管成為後來美軍光放管發展的主流，但以英、法為主的歐規光放管則採近接聚焦管。靜電聚焦管係利用同心圓系統，在二個面間施以極高電壓（15KV）可使電子衝撞螢光幕獲得倒像，由於二個面間之距離較大，故影像有較大的光學像差（畸變差）；近接聚焦管則在光陰極與螢光幕間較短距離內施以高電壓（通常為 5KV，最高可達 8KV），限制電子散佈區域以獲得幾無光學像差的影像，當光陰極與螢光幕距離越近成像品質愈佳，故此種光放管尺寸較小，其電源供應器也較簡單。

RCA 採用多鹼光陰極（Multi-Alkali Photocathode）的新型串聯管技術稱為影像增強，這種的技術可收集夜空環境之月光或星光並將之放大，其性能超出預期的效果，獲得美國軍方重視，並撥款進行此種系統之性能改善計畫。改進項目包括有限的增益與輸出影像顛倒，在影像管上增加一個第三階靜電極，即可提高增益並獲得正像，結果產品體積大幅增加，但性能表現卻不如預期。

除了成像原理外，光放管影像增強（亮度放大）機構之發展為另一個研發重點。為利用串聯放大原理，美國西屋公司與荷蘭飛利浦公司的科學家發展出分段放大理論（Fractional magnification），另一組由西屋與倫敦大學帝國學院（Imperial College）組成的團隊則提出的二次發射理論（Secondary emission），此外，尚有 RCA 公司與帝國學院的微通道板理論（Micro-channel plate）等。有趣的是，原先最不被看好微通道板理論，卻在後來 1970 年代的第二代管採用後，成為現代光放管結構中極重要的組件。

正式被命名的第一代夜視器材改進了 RCA 公司產品，主要為光陰極材料及耦合技術改進，使影像增強概念實用化，而成為無需使用輔助光的被動式夜視產品。前者為多鹼材料 S-20（Na-K-Sb-Cs）光陰極，後者為光纖耦合器，S-20 光陰極量子效率大幅提高，配合串聯的放大機構及低光學像差（線性失真）之光纖耦合成像器，促成第一代夜視器材之落實。

光放管之電子成像作用係將光電子聚焦於螢光屏上，其原理有三，差別在於電子

聚焦到標靶上的方法。第一種為靜電聚焦（Electro-static focus），其原理為在光陰極與螢光屏間有一個電子透鏡，所成為倒像，成像品質良好，但邊緣畸變差較大；第二為近接聚焦（Proximity focus），近接聚焦的結構特點為光陰極與螢光屏極為接近，當施以電壓時，光電子直接衝向螢光屏，獲得品質良好之正像，因光電子行程近，故畸變差較小，另一優點為體積較小，對於要求體積小的產品，如頭戴夜視鏡，特別實用，近接聚焦式光放管因厚度短如薄片，亦稱為薄片型（Wafer）管。靜電聚焦多用於第一代管，或 25 公厘等較大尺寸之光放管，第二代管以後則靜電聚焦與近接聚焦二者兼而有之，但以小型的 18 公厘光放管為主。圖（6.3,4，改繪自 RCA 光電手冊）為靜電聚焦與近接聚焦式光放管工作圖示。

　　第三種為磁聚焦（Electro-magnetic focus），磁聚焦結果成像效果佳，雜訊小，但因需使用永久磁鐵並施以大電壓，且產品體積龐大，成本亦高，故用途受到限制，目前僅用於實驗室內天文觀測望遠鏡或夜間星空攝影。

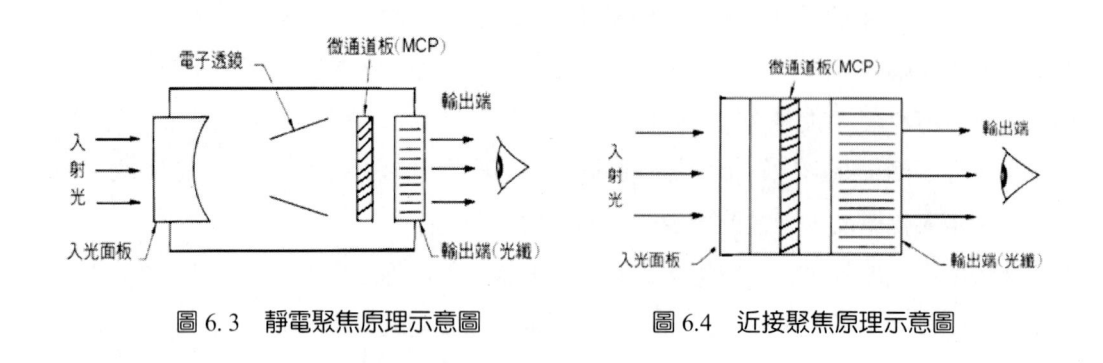

圖 6.3　靜電聚焦原理示意圖　　　　圖 6.4　近接聚焦原理示意圖

6.2　光放管的結構與工作原理

　　經過半個多世紀的改良，現代光放管性能已大幅提升，但其結構並無太大變化，仍為一個真空光電管的結構，在真空管中光陰極、電子放大器及螢光幕等三階段零件所組成，其中電子放大器改為微通道板（MCP），螢光幕後方則為正向或倒像之光纖成像器，真空管外之電源供應器則提供吸引各階段電子運動所需之電壓，光陰極與電子放大器間約數百伏特，電子放大器及螢光幕之間最高可達 8KV，及加強穩壓與保護電路。光陰極為在入光窗面板內側的塗層，當入射光子撞及在光陰極面上，光電子即被釋放出來，該電子被一個電壓為 150-200 伏特的電場吸引而穿過這個薄膜而衝向微

通道板，MCP 為一個碟狀薄層的蜂巢狀通道玻璃片，每一個（條）蜂巢通道內均鍍有阻抗膜，通道兩端間具有極高的電壓差（約 1,000 伏特），因此光電子會連續衝擊通道內壁而產生如電子雲般的大量二次電子，其放大倍率可達 10^4 以上。這些電子雲最後被數千伏特的電壓（最大達 8,000V）加速而撞擊在鍍有一層磷（Phosphor）的光纖出光面上而成像。典型的光放管如圖 6.5 所示，其各部功能說明如下：

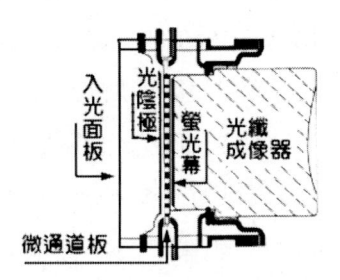

圖 6.5　典型的（18mm 近接聚焦型）光 放管結構示意圖

6.2.1　入光（窗）面板

面板（Faceplate）為一具有高穿透率與高解像力的光學材料，且可保護光陰極，可為光纖或玻璃（或石英）。早期夜視鏡使用光纖或石英玻璃，第二代管起多使用特殊的抗迷光（Anti-glare）塗黑玻璃（康寧 7056）。光陰極為一層厚度為數十微米之半穿透膜緊貼於入光窗後端。

6.2.2　光陰極

光陰極為光放管分級之指標，亦為夜視鏡等級之分野。其為一極為脆弱，厚僅數十微米之多鹼材料（二代管）或半導體（三代管）半透明薄膜，可將光子轉換為光電子，再經內置電場將電子束投射於 MCP 上。光陰極對入射光子的靈敏度影響光放管之觀測距離與亮度增益，光陰極材質之演進亦成為光放管極等級之分野，依其量產使用情形大致可分為第一代管、第二代管、二代半、第三代及高性能第三代管等。

光陰極是利用外光電效應將光子轉換為電子，製作成的極具價值的光檢知器，應用於低光度領域。光陰極可以說是光放管的眼睛，其可為金屬基板（反射式）或鍍一層半透明膜之玻璃片（穿透式），其靈敏度與波長有關，在截止波長外即無光作用。目前使用的光陰極大多作用於紫外光及可見光波段，少數材料可作用於近紅外線，但其感光極限（即截止波長）亦在 1μm 以內，多用於微光放大夜視器材之光放管。

1930 年美國科學家柯勒（Koller）發明的銀氧銫（Ag-O-Cs）S-1 為最早使用的光

陰極材料，其特點為高遊子發射（加熱光陰極而發射電子）與雜訊，其後陸續發明出來的多鹼材料，如 Na-K-Sb-Cs（即 S-20 光陰極，或調整成份的比率成為 S-20er，感應波段向紅外線部份移動，更適合夜間環境使用）則改進該項缺點，而最新的半導體材料（GaAs）則在近紅外線區域有更高的量子效率，其靈敏度更佳。

1950年以前的主動式紅外線觀測器即是採用銀氧銫 S1 光陰極，銀氧銫光陰極（S1）感應波段達近紅外線區域，由於其量子效率較低，僅可於月光下使用，且必須輔以外加光線方可看清楚低光度下的影像。1960 年代使用 S-20 光陰極的第一代管則為被動式的產品，配合三階段放大方式可獲得足夠清晰的影像，但由於體積較大已不再流行，目前僅在實驗室中使用。而多鹼光陰極（S-20）雖量子效率達 30%，但峰值落於紫外線至可見光波段附近，對於夜間輻射則較不敏感（夜間輻射以 700 至 1,000 奈米居多）。

現階段最佳者為砷化鎵（GaAs）光陰極，係 1965 年范拉爾（J. Van Lar）所發明，ITT 公司於 1980 年製成第三代光放管。GaAs 光陰極具有極高的量子效率，使夜視鏡於較低光度下可以使用，而其在近紅外線區域有較高的感應效果，適合夜間環境使用，更使其成為 80 年代以後夜視鏡研發方向追求的新寵。銀氧銫、多鹼及半導體光陰極代表低光度夜視技術進化的階段，夜視鏡使用的光陰極之演進如表所 6.1 示，而由於光陰極性能影響檢知器性能至鉅，故其材料之演進亦代表產品等級之演進。S1、S-20、S-20er（S-25）及 GaAs 光譜感應度與靈敏度（量子效率）比較如圖 6.6。

表 6.1 光陰極性能極發展演進

光陰極材料	量子效率（%）	截止波長（μm）	感應峰值波域	發明年代
銀氧銫（Ag-O-Cs）	0.04	1.1		1930
銀氧銫（Ag-O-Cs）	0.5	1.2	近紅外	1936（S-1）
鈉鉀銻銫（Na-K-Sb-Cs）	18	0.85	藍光	1955（S-20）
鈉鉀銻銫（Na-K-Sb-Cs）	30	0.85	紅綠光	1970（S-25）
砷化鎵（GaAs）	50	0.95	近紅外	1965

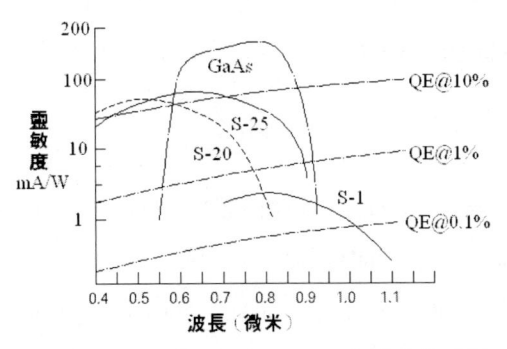

圖 6.6　各種光陰極材料之靈敏度曲線圖

6.2.3　微通道板 MCP

以三階串聯放大之光放管亮度增益值最大可達 100,000，遠超過夜視鏡所需，但耗電高，體積亦過大。1970 年代出現的第二代光放管已不再使用多階段的放大方式，而是採用新式的微通道板（Micro-channel plate, MCP）作為電子放大機構。MCP 是一種可以偵測 X 射線、紫外光輻射以及帶電粒子的電子放大器，其結構為一片由數百萬個細微光纖束組成的薄片（wafer），其厚度約 18 密（1 mil=0.001"）光纖通道直徑為 12 微米，在每個光纖內壁經處理，使其成為一陣列式電子放大器，其輸出為無失真的二微電子影像，在其後端可以螢光幕使之成像。MCP 結構及電子放大如圖 6.7 所示，圖 6.8 為 MCP 成品圖（法國 Photonis 公司產品）。

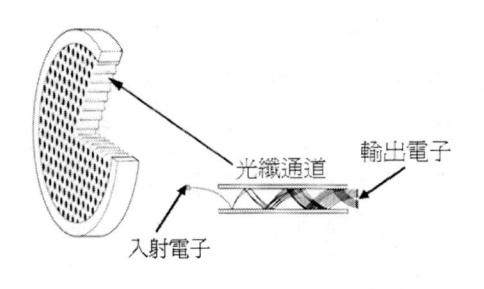

圖 6.7　MCP 結構及電子放大示意圖　　圖 6.8　微通道板 MCP

MCP 為由直徑極小的玻璃管（矽化鉛玻璃）熔結組成之光纖薄片，通道（Channel）內層為可釋出電子的材料，通道前端與後端各有一個電極，當通道兩端電極通電時，會吸引經光陰極產生的光電子撞擊管壁而釋出大量二次電子，使電子在通道內沿拋物線路徑流動，並加速撞擊管壁產生第二次二次粒子，此種效應於通道內重複進行，最

後產生電子雲（數千個電子）如雪崩般而從通道後段逸出，因而產生信號增益。其增益可達數前千至數十萬之級數。MCP 之信號增益 G 可以下式表示之

$$G=\delta_1\delta^{(n-1)}$$

其中 δ_1 為初次撞擊電子產出良率，δ 為後續撞擊平均產出率，n 為電子在通道內撞擊次數，通道之組成材質、通道之長度與直徑比及所施予之電壓均會影響信號增益。MPC 具有極快反應時間（可低於 100 皮秒），而其解像力與通道之直徑有關，現行第三代光放管之 MCP 通道直徑低於 5 微米，單片 MCP 可獲得信號增益達 10^4 倍，而多個 MCP 並列工作時，更可產生多達 10^8 甚至更多的電子脈衝輸出。

MCP 通道壁係由厚度約 15 埃（Å）電子發射層、200 埃的半導體層及大部分玻璃等三部份所組成，其中電子發射層與半導體層執行二次電子發射之任務，故其組成與結構影響 MCP 性能至鉅。在 MCP 入光面蒸鍍碘化銫（CeI）、MgO、MgF_2 或 CuI 等，可增加其靈敏度。另經模擬顯示，MCP 通道長度與直徑比為 60 比 1 及 1,400V 偏壓至 40 比 1 與 10,000V 可獲得最佳的效果。而在實用上，改變光放管之外在電壓，可改變增益值。

MCP 同時具有高增益、高空間與時間解像力之優點，故具有多種用途，軍用則作為夜視鏡光放管的重量零件。某些系統為獲得放大之影像，MCP 做成錐狀，可減小系統體積。MCP 的品質影響光放管之亮度增益值與解像力，超級二代即是以改良 MCP 之效率來達到與三代管接近的亮度增益功能。MCP 因具有短小輕薄之優點，可取代第一代管三階段放大的機構，且能保持其初始電子的特性，此外，MPC 更有下列特點，包括極高的電子放大效果、不受磁場影響、低雜訊、反應時間短、耗電低、光學解像力高及堅固耐用等，使光放管具有極高軍事價值，成為軍用夜視裝備上最普遍使用且最重要的光電元件。第二代光放管開始採用微通道板電子放大器，其通道直徑約為 12 微米，改良型第二代光放管之 MCP 直徑減小至 10 微米，故解像力提高且亮度增益值提高，高性能超二代管或第三代管之 MCP 管徑約為 6 微米或更小，故其解像力由第二代之 24Lp/mm 提高至 64Lp/mm 以上，改善效果超過 200%。

使用光放管的星光夜視鏡因具輕便性、解析度佳且具價格便宜等優點之產品，故夜視鏡為使用量做大的夜視器材。第一代管在 1970 年代用於夜間武器瞄準，其體積龐大，且容易因強光而損壞，因此並不普及。第二代管藉導入 MCP 使體積縮小亮度增益解像力等提高，更使夜視鏡成為先進國家之基本配備，美軍已採用各式頭戴夜視鏡

超過 100 萬個，而光放管更數倍於前數據（美軍在 2004 年第二次美伊戰爭中，每個月需求約 15,000 個 18mm 光放管，廣被應用於頭戴式夜視鏡及輕型武器之夜間瞄準）。

6.2.4 螢光幕

俗稱的螢光幕（Phosphor screen）實為磷材質冷光顯示屏，功能為再將電子轉換為光子，成為肉眼可視之影像。螢光幕為 MCP 後方、輸出光纖成像器前端的一層磷粒子薄膜，並鍍有一層金屬膜以防止電子反饋傷害光陰極。在 MCP 與螢光幕間施以極高電壓，則經放大後之電子被聚焦並加速衝撞於磷質屏幕上，磷為化學自發光材料，因電子衝撞而被激發出光影。每一個衝撞於螢光屏幕上之電子會使一定比例之光電子消失，進而產生影像放大。在單階段放大光放管中，該增益與電壓大小、光陰極靈敏度與螢光幕效率有關，一個使用 S-25 光陰極與 P20 螢光幕之 25 公厘光放管，當電壓由 5 加大到 15 仟伏特時，增益可由 15 放大到 100 倍。為了提高增益值，可以在一個真空管中使用多階段放大機構，其作法為將數個「光陰極-螢光幕」之結構串聯再一起，第一組螢光幕與第二組光陰極連結（如圖 6.9 所示，改繪自 RCA 光電手冊），如此可產生串聯放大之效果，增益值可達數萬，第一代光放管即是以此種方式提高增益，目前的夜視鏡系統已不再使用此種架構，但螢光幕仍保留。

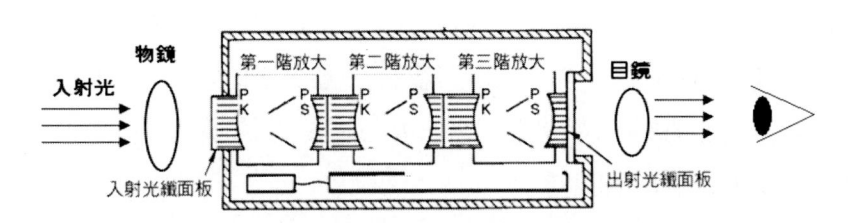

圖 6.9　三階段放大光放管示意圖，圖中 PK 為光陰極，PS 為螢光幕

使用螢光幕必須考慮幾個重要因素，包括光譜反應區、轉換效率（即磷材質本身的衰減速度）以及材料顆粒大小等。光譜反應以綠色最適合人眼使用，依國際照明協會（CIE）建議以黃綠色的螢光幕最佳，故早期第二代光放管多使用 RCA 公司的 10-52 螢光幕，後因該材質汙染問題而停用，80 年代中期起光放管多使用 P20，目前則使用反應波段接近的 P43，係因後者之頻寬較窄，更接近單色，有利於目鏡組設計。

衰減速度係指磷發光強度衰減原強度的 10%所需時間，對於需快速反應的要求較合用。最常用的螢光幕材質為 P20 與 P43，呈綠色，另有 P46 的衰減時間遠較 P20 為

短,但波段偏藍光區,增益值較小,P43 的反應時間介於二者之間,呈黃綠色,其特點為反應時間亦較 P20 快。磷顆粒大小影響螢光幕之解像力與轉換效率,且二者為反變關係,即使用較小顆粒之螢光幕解像力較高但效率較低,P43 的顆粒尺寸約為 2μm,P20 約為 3μm,最後工程人員的抉擇為採用 P43 螢光幕,以往多用於空用夜視鏡或第三代管,現行多數光放管均採用之。常用螢光幕材質性能比較如下表:

表 6.2 各種螢光幕性能比較表

程式	組成材料	反應波段峰值	衰減時間	顏色	備考
P11	ZnS:Ag	450nm	3ms	藍色	
P20	(ZN,Cd)S:Ag	550nm	4ms	黃綠色	
P43	Gd_2O_2S:Tb	545nm	1ms	黃綠色	
P46	$Y_3Al_5O_{12}$:Ce	530nm	300ns	藍色	

6.2.5 光纖成像器

光纖成像器(Fiber optics faceplate)為一個由數以百萬計、直徑為 5 至 10μm 之玻璃纖維捆成之光纖圓柱,緊貼於螢光幕後方,其後端作為光放管影像之出光面板,亦即為夜視鏡系統中目鏡組的成像面,功能為影像傳輸無畸變差,可為直接成像或 180 度扭轉提供倒像,亦有平面或凹面之分。一般而言,物體經夜視鏡的物鏡組後成倒像,光纖成像器再將影像顛倒成正像,以供目鏡組(一般為十倍以上的放大鏡組)觀看。某些特殊用途使用光纖錐體,將影像不需使用光學系統低失真的直接放大或縮小數倍而,如此可大幅減小光學系統的體積。

6.2.6 電源供應器

負責提供高工作電壓,光放管使用 1.5 至 3.0 伏特直流電,電源供應器可將前電壓升壓至 1,000 至 5,800 伏特,前者為光陰極與 MCP 間之工作電壓,後者為 MCP 與螢光幕間之電壓。除供電外,並有內建的提供一定之輸出亮度之自動亮度控制 ABC 與亮源保護 BSP 裝置之電路,以避免太強的入射光傷害光放管或操作者。ABC 及 BSP 僅能短時間保護夜視鏡,長時間暴露於強光下仍會導致產品損壞。

1. 自動亮度控制(Automatic Brightness Control, ABC):意指在不同的輸入光度下維持光放管固定輸出亮度的功能,通常 ABC 可控制五個級數的入射光亮度,約為 1mlx(微勒克斯)至 100 lx 之間的亮度。其工作原理為當輸出亮度達預設值時,電路即

控制施於 MCP 之電壓，使光放管之亮度增益下降，ABC 原始設計在保護使用者致盲及過量，二代管以後已成為標準功能。

2. 亮源保護（Bright Source Protection, BSP）：夜視鏡設計於低光度時使用，若長時間暴露於過強光度易導致光陰極損壞，損壞情形為燒出黑點或整片變黑，損壞程度與其暴露時間及光強度成正比。BSP 的功能為在過強入射光（大於 100 lx）時減小通過光陰極與 MCP 間的電壓，使光陰極之光電轉換效率變低，以減小其衰減。

電源供應模組有另一個功能，即提供使用者對光放管之亮度增益及 ABC 臨界值進行調整，典型的光放管設定分別為：亮度增益 40,000 fL/fc，ABC 臨界值（螢光幕輸出亮度）3fL，前者影響低光度之光放管性能，後者為較高照明時需調整項目，但二者間有互斥之現象，使用者應有取捨。

6.3 光放管之等級演進

自 1960 年代第一代光放代管出現以來，微光放大（影像增強）技術有極明顯的進步，公認的光放管等級命名通常以美國生產者命名「第 X 代管」為準，目前正式產名為第三代光放管，歐規有其命名法，但可對應於美規產品。目前全球最主要的大光放管生產廠商為美國 ITT，其次為美國 Northrop Grumman（原 Litton）、法國與荷蘭合作的 Photonis-DEP 等三大廠牌，其他尚有以色列、德國、加拿大、俄羅斯及日本（工業用）等均有生產廠商。其演進如下：

6.3.1 第零（0）代管

不算正式的光放管分級，為二次大戰時代的產品，使用柯勒（L.R. Koller）發明的銀氧銫光陰極作為感光材料，亦即 S-1 光陰極，感應區趨近紅外線區（約 850 奈米），由於其量子效率低，約為 0.05%，光子轉換效果不佳，產品亮度增益僅達百倍，使用時須輔以近紅外光源照明，故其還不算是被動式夜視器材。第 0 代管利用靜電轉換（Electrostatic Inversion）之電子加速以獲得增益，所得影像為倒像，由於需較長的電子加速距離以獲得增益，故產品有明顯的幾何像差失真現象（畸變差），目前已不再使用。

6.3.2 第一代管（Gen. 1）

光陰極材料的改進促成第一代管的出現，其為真正被動式產品，於 1960 年代初

期（越戰初期）出現，光陰極為 1955 年索莫（A.H. Sommer）發明，材料為多鹼材質 S-20，感應峰值約 540nm，落在藍綠色區域，靈敏度為 60μA/lm，量子效率仍低，但已較前一代產品提高數十倍，適合於月光下工作，在更暗環境下仍需使用輔助光源。

其特點為靜電聚焦倒像之數級串聯式真空管狀訊號放大結構，故其體積較大（相對於第二代光放管）。由於具有較高量子效率與影像增強機構，增益達 1,000 倍以上，可稱為被動式產品，主要用於槍砲之夜間瞄準用。第一代管仍有明顯的光學像差（因光學行程長）與輝散現象，現因其低可靠度已不再用於軍事裝備。圖 6.10 左第一代 18mm 光放管，右圖為第二代 18mm 管，其中第一代管長度可達 20 ㎝，而第二代管少於 6cm，係因第二代以後因均有使用 MCP 電子放大器，故尺寸均遠較第一代短。雖然第一代光放管開始被正式應用於軍用夜視器材，但因其放大機構與第 0 代管相同，故仍有相同的缺點，僅運用於武器瞄準。

圖 6.10　第一、二代 18mm 光放管尺寸比較圖，尺寸相差懸殊

6.3.3　第二代管（Gen. 2）

為 1970 年代微通道板（MCP）研發成功後之產物，第二代光放管仍使用 S-20 多鹼光陰極，但 MCP 使產品尺寸大幅縮小而解像力與亮度增益提高，產品解像力極佳而幾無光學像差，另亮度增益達最大 20,000 倍以上。由於具有足夠的亮度增益，產品可於 1/4 月光或星光下（10^{-4} fc）使用，故稱為星光夜視鏡，配合具亮源保護（BSP）與自動亮度控制（ABC）功能的電源供應系統，產品壽限超過 2,000 小時，70 年代中期第二代 18 ㎜光放管（圖 6.10 右側）開始應用於頭戴式夜視鏡（AN/PVS-5 系列），該夜視鏡即成為部隊最重要的夜視裝備，也使得夜視鏡開始普及。

由於第二代 18 ㎜光放管使用量極大，多鹼材料光陰極 S-20 經科學家持續改進成為第二代改良型的 S-20ER（Enhanced Red）及 S-25 多鹼光陰極，即所謂改良型第二代管。此種產品多採用近接聚焦成像，並以光纖扭轉器獲得 180 度倒像，故產品解像力極佳而幾無光學像差，且體積較傳統第二代管小，包括 Litton 公司之二代半（Gen. 2+）與高解析第二代（HD Gen. 2），及歐規之各種超二代管（Super Gen. 2）等均屬之，目

前仍普遍使用中，其中二代半及高解析第二代為早期替代美規第三代管輸出的產品。改良型第二代管採用 S-25 或 S-20ER 光陰極，係改變其組成材料之比率，使其反應波域較接近近紅外線區而更適合夜間環境使用；另改進 MCP 使產品具有更高解像力與亮度增益，同時可靠度由典型第二代的 2,000 小時提升至 4,000 小時以上，超二代管更宣稱達 7,500 小時。

第二代半以後的光放管，如第三代管或高性能超二代管等，在尺寸、形狀與系統介面上均具相容性，使高價的夜視鏡產品具有更長的使用壽限與來源選擇。

6.3.4 第三代管（Gen. 3）

第三代管為 VARO/ITT 公司於 80 年代初期研發完成，與改良型第二代管結構與成像原理相同，而最大改進在於光陰極材質改為半導體（GaAs），其靈敏度、信噪比、解像力與可靠度等主要性能均較二代管為佳，第三代管亮度放大達 30,000 倍，而壽限達 10,000 小時，ITT 公司並宣稱在壽期內各種性能維持不變。1995 年改良之高性能第三代管（Gen. 3 HP）除前述主要性能再提昇外，影像品質更大幅改善（黑點數等減少至 10 個以下），美軍於 1996 年 Omnibus Ⅳ 開始採用，1998 年 Omnibus Ⅴ 至 2005 年 Omnibus Ⅶ 仍沿用該規格採購夜視鏡光放管，但供應商包括 ITT 及 Litton（後於 2004 年為 Northrop Grumman 公司所併購）公司，均宣稱提供優於招標單規格之產品。

雖然目前大部份國家所仍使用第二代管，但美軍標準制式配備則使用第三代光放管，第三代管最早由 ITT 公司研發成功，重要改進包括：

1. 砷化鎵光陰極：S-20 多鹼光陰極為廣被採用的低光度感光材質，用於第一、二代光放管，第三代管最重要改進在於光陰極之材質改為高量子效率之半導體---砷化鎵（GaAs），其靈敏度遠高於二代管的多鹼材料；此外，GaAs 的光子感應高峰在近紅線譜域（該處為星光光譜強度最強處），故在波長 900nm 以外仍有優異感測效果，在僅有微弱星光等極低光度下觀視效果大幅提高，而一般二代管 S-20/S-25（S-20ER）之感應區在 850nm 即快速衰減。

2. 離子屏蔽膜（Ion Barrier Film）：第三代管在 MCP 前端有一層離子屏蔽膜，阻擋了光電子撞擊 MCP 時反彈之零星光電子與有害氣體，可保護光陰極，並提高光放管之壽命，ITT 公司實驗顯示第三代光放管之壽限超過 10,000 小時，且在其壽限內，產品性能不會因使用時間而急速下降，第二代管壽限約 2,000 至 4,000 小時。但離子屏蔽膜也同時阻擋了部分光電子進入 MCP，因而稍微降低了光放管的亮度增益。

3. 第二代 MCP：除半導體光陰極外，三代管使用第二代 MCP，其通道（Channel）管徑由 12μm 降至 6μm，法國 Photonis 公司用於高性能超二代管之 MCP 直徑更降到 4μm 以下，直徑較小的 MCP 其電子放大效率、信號雜訊比（SNR）與解像力均大幅提昇。為低光度下影響性能最重要的參數，配合高解像力及 MTF 值，夜視鏡可辨識較遠目標物。現行已量產化之最佳光放管應屬使用砷化鎵（GaAs）光陰極第所謂第三代管，美國 ITT 公司於 1980 年代初期研製成功並大力推介，1985 年標準型第三代管開始用於美國陸軍光電指揮部（CECOM）之 Omnibus I 計畫，其後增強型第三代管並成為 1989 年 Omnibus II 計畫以後美軍夜視裝備中之制式組件。後續更有所謂高性能（High performance）第三代、頂級（Pinacle）第三代等各種等級之第三代管，提供各階段美軍購案使用，這種光放管之外觀尺寸雖與前一代相同，性能已再提升，故可謂舊瓶裝新酒。圖 6.11 為現行光放管（第二代與第三代管）之性能表現比較。第三代管使用砷化鎵半導體反應波段偏向近紅外線，且量子效率高，改良後的第三代管則提升在可見與近紅外光譜區域的感應效率。

圖 6.11　第二、第三代管之靈敏度表現，A 為 2856K 色溫光譜輻射，B 為改良第三代管，C 為夜間輻射（示意）、D 為早期（標準）第三代管，E 為第二代管反應

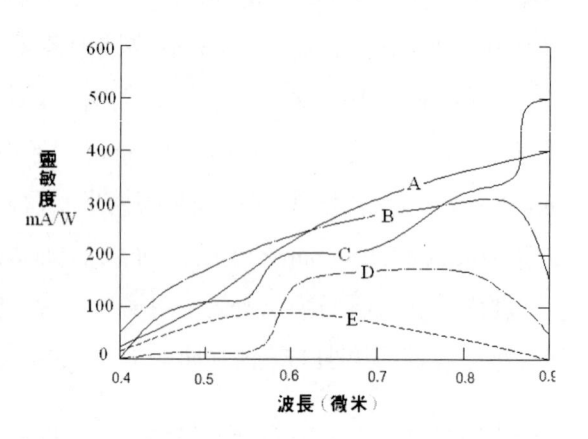

美軍現行產品均使用第三代管，除了因砷化鎵具有較高的靈敏度外，最主要為其對綠色草木有極佳的感應能力，此特性在戰場上具有優異的辨識效果，特別對於人造綠（綠色塗料）和天然綠（植物顏色），圖 6.12 為夜間不同物質的反射率。GaAs 半導體為優良之近紅外線感應材料，其反應波域超過 900 奈米，在夜間充滿大量的此種輻射，故成為極佳的光放管之光陰極材料。尤其對於夜間飛行時對陸地與或海面之辨識效果佳，提供飛行員較安全的飛行品質。此外，第三代管之螢光屏幕材質均改為反應速度較快的 P43 材質，使光放管於快速移動時或對於光點不易產生光影拖曳現象，而電路系統更增加低輝散/炫光（Anti-blooming）之電子線路設計，有助降低對於亮點的亮度過飽和（過亮）與光暈情形。

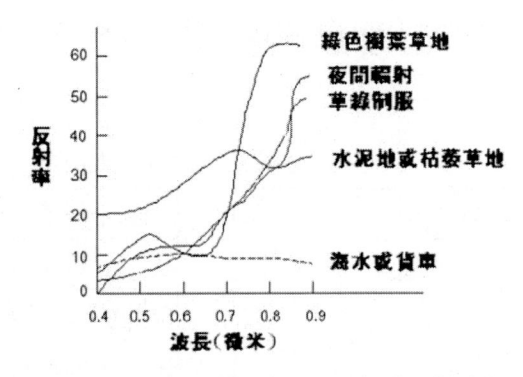

圖 6.12　不同物質在夜間之輻射或反射波段

6.3.5　超級第二代管（Super Gen. 2）

70 年代第二代管出現以來，重要改進為 80 年代的二代半（美規）與 90 年代的超二代管（歐規），即光陰極改成 S-25 與 MCP 管徑降至 8μm 以下。歐洲公司並不強調新型 GaAs 光陰極之第三代管，而是以改進 S-20 光陰極及 MCP 來增強光放管性能，前者提高靈敏度與信噪比，後者提高增益值與解像力，其性能優於二代半，稱為超級二代管，亦受各國歡迎而能與美規產品抗衡。

所謂「超級」係指採用 S-25 多鹼材料之光陰極有較寬的光譜反應與量子效率，經改進後其對標準光源（色溫 2,856K）之靈敏度最高可達 700μA/lm，雖仍遠低於第三代管之 1,200μA/lm，但因無離子屏膜阻擋，故全部光電子均直接撞擊 MCP 而轉換成二次電子，且由於超二代管改良光陰極與 MCP，可承受電子轟擊 MCP 壁產生的有害物質，而其 MCP 為第三代管之等級，其他改良包括 MCP 與螢光幕間電壓，光陰極、MCP、螢光幕之間距與光陰極製程等，使超級二代管 S-25 光陰極靈敏度數值雖只有 600μA/lm，實際上系統亮度增益有相當於三代管 GaAs 光陰極 1350 之表現，而整體性能亦十分接近，超二代管成為現今美規光放管以外之大宗。

歐規第二代改良型光放管主要製造者為法國 Photonis、荷蘭 DEP 及以色列 Orlil 等公司，以前二者最為著名，性能相當於美規第三代管之等級。法國及荷蘭均各有相當於美規不同等級之產品，如法國 Photonis 公司之 HP SuperGen xx-1666、HyperGen xx-1866，荷蘭 DEP 公司之 SHD-3、XD-4 等均是，其中 HyperGen 與 XD-4 等產品為主流產品，功能與美軍 Omnibus IV 之高性能第三代管相當，但仍為第二代等級，由於其輸出不受美國政府管制，而成為目前美軍以外最流行之光放管。2006 年初二家公司合併為 Photonis-DEP 公司，其中 Photonis 為存續公司，2008 年又更名為 Photonis 公司，

但最新的第四代管等級產品則以 DEP 命名原則為準（如 XR-5）。表 6.3 為美規與法國光放管等級對照表。

表 6.3　美規與歐規（法國）光放管等級對照表

美規光放管等級	歐規（法國 Photonis）光放管等級
第二代半或 Omnibus I 標準型第三代管	超二代 XX-1410 系列
Omnibus II 標準型第三代管	SuperGen XX-1610 系列
Omnibus III 增強型第三代管	HP SuperGen XX-1660 系列
Omnibus IV/V 高性能第三代（HP Gen.3）	HyperGen XX-1860 系列（XD4）
Omnibus VI/VII 高性能第三代（ITT Pinnacle Gen.3）	XH72 XX-3060 系列（XR5）

6.3.6　第四代管（Gen. 4）

美軍希望新一代光放管使用更新的 MCP 技術，或非 MCP 之結構，須具有更高信號雜訊比與解像力，美國 Litton 公司於 1999 年率先發表號稱是第四代管的新一代光放管，所謂的第四代管是改變光放管之結構，研究人員發現並沒有很明確的證據顯示光陰極之退化與 MCP 鍍一層離子屏蔽膜有關，而是主要來自電源供應模組損壞與縮裝（Encapsulation）不良，卻反而降低了亮度增益，因此取消該層結構，成為一新型之無離子屏膜 MCP 光放管，使產品亮度增益提高至 50,000 fL/fc 以上；其次為提高信號雜訊比與減低光暈（Halo），信雜比提高至 24 以上，改進了低光度之解像力與觀視距離，而光暈減小至 0.6 mm 以下，對於光害之抑制有進一步改善。另外，改進了電源供應器的電路設計，增加自動光閘（Auto-gating）之功能，所謂自動光閘為一個電子快門，可控制光陰極感光的時間，在過亮的照度下可調整光閘時間至數百奈秒，如此一來白天狀況光度下可模擬成為夜間的低光度，而光暈現象亦隨之減至最低，故光放管成為全天候使用之產品，於極低光度與高背景光度之環境下均可使用，不會因突來的強光而使產品暫時無法使用。自動光閘改良了 ABC/BSP 僅有短時間調節亮度功能，使光放管可在各種光度下使用而不會損壞，改變了夜視鏡僅能在夜間（低光度）使用之限制，成為全光度產品。

夜視鏡多在夜間使用，以往各家廠商常強調在極低光度（照度值低於 10^{-6} fc 或 10^{-5} lx）時之效果，但因現今光學照明發展與普及，使整個夜空輻射中的亮度提高，而使作戰型態逐漸改變。如近十年來國際間幾次大型戰事中，有越來越多比例的的都市巷戰，對於現代城鎮作戰使用時，經常有光害的情況特別有用，故抗輝散、低光暈及自

第 6 章 光放管

動光閘等功能逐漸成為必要,因此最新的光放管製造與發展已漸朝此方向考量。美軍 Omnibus V 後段產品(2000 年)開始試用此種光放管,歐洲(2003 年)產品亦有相對應之超二代產品。其實自動光閘功能早在 1998 年歐洲光放管製造公司推出的 CCD 耦合光放管(ICCD)中已被使用,但當時需外加複雜的控制電路,第四代管則將前述功能微型化,並整合至一般光放管中,目前歐規超二代管亦有相同功能的產品。歐規光放管將自動光閘定為選用功能,自超二代管起即可加裝之,XR-5 則為標準配備,自動光閘使光放管可在全光度下使用。

除 Litton 公司之新一代稱為 Unfilmed Tube 光放管之第四代管外,ITT 公司亦推出類似構造的光放管,稱為 Filmless Tube,有的以改進電路功能,有些以增加解像力與信雜比,甚至有以結合視頻輸出介面強調之。此種光放管自 2000 年推出後,至今仍由美軍實施戰術測評中,並未有一定的形式,因此美軍仍未正式定義第四代管,該等級僅為廠商說法。但全世界最大的光放管廠商美國 ITT 公司則由其每一批生產的高性能光放管中篩選出最優的 20%,命名為頂級(Pinnacle)第三代管,並以大量製交美軍使用。

現行美國光放管製造商主要為 ITT 及 Northrop Grumman(即原 Litton)二家公司,多作為軍用,美軍夜視鏡均使用 Omnibus IV 以後之第三代管為標準,由於光放管屬於軍事產品,美國政府仍管制其輸出(註),目前雖美國政府允許售予我國第三代管,但必須受績效值(FOM, Figure of Merit,為解像力與信噪比之乘積)1,250 限定之,故性能相當之歐製超級第二代管成為可取代的產品等級,包括前法國 Photonis 公司的 HyperGen 及荷蘭 DEP 公司之 XD-4 等雖已達美軍 1996 年 Omnibus IV 高性能三代管之水準,因無嚴苛之輸出限制而成為另一種選擇,現行除美軍及北約使用美製第三代夜視裝備外,其他先進國家(含我國)多採用此等光放管,美國最新的(第四代?)光放管仍測試中且不輸出,歐洲亦有相當性能之光放管,如 Photonis-DEP 公司的 XR5(XH72)即是,目前可輸出。

6.3.7 其 他

1. 彩色光放管:彩色光放管(CIIT)為 ICCD 之應用,CIIT 係由二個 ICCD 組成,利用二個通道所獲得不同頻譜之視頻信號,配合特殊濾鏡與影像處理電子線路而得之彩色影像,亦即影像融合(Image fusion)技術。彩色影像與人眼習慣之影像(如白天所見之影像)相同,其物體辨視速度較單色影像快約 30%,而辨視誤差減少 6%,

故適合即時處理；另因具雙通道取像，故可獲接近立體影像。因須使用監視器觀看，適用於駕駛等。除 DEP 公司生產 CIIT 外，90 年代中期美國海軍亦曾主導開發採色夜視系統（CNVS），惟因成本極高，並未量產。

2. 特殊光放管：除了考慮光放管之性能以外，人因需求與使用性則現代光放管重要參數，為達輕量化、緊緻化與功能性要求，一些特殊光放管包括小型化光放管，如 12mm（DEP 公司）、16mm（ITT 公司）光放管、InGaAs 光陰極超寬波域光放管（Litton 公司之 1.06μm 及俄羅斯 Geophysic 公司 1.54μm 感應光放管）及雷射光閘光放管等，在頭戴、偵搜及遠距離監視等有其用途。

註：美國對夜視產品與技術輸出一直都有嚴格的規定，以往我國只能獲得第二代改良型（少數做為飛機等大型武器之標準附件，以軍售方式隨主系統提供者除外），如二代半或高性能第二代等。到 2000 年 Litton 公司宣布第四代管研發成功後以後，才看到願將第三代管售予我國。依 1996 年美國國防部輸出指導（Guideline）規定，輸出國可分為 A、B、C 群，A 群為友好且穩定之國家或地區，包括北約國家、韓國及日本等，其輸出並無限制，可使用與美軍相同等級之產品。B 群為具有潛在危險的國家或地區，包括台灣及中東友好國家，如沙烏地阿拉伯等，其輸出等級一般較 A 群低一至二級，C 群為危險之國家或地區，嚴禁出售或間接出售給該等國家，包括大部分中東地區、東南亞（新加坡除外）及共產國家等。2001 年 1 月出版的輸出指導改以績效值（FOM）及光暈（Halo）大小來管制輸出等級，輸出對象分為第 1 群與第 2 群管制國家或地區，管制項目包括第 2 代與第 3 代管與零件，18 mm光放管凡是 FOM 1,250 至 1,600 與光暈 0.7 mm為標準，第 1 群國家 FOM＜1,600 且光暈＞0.7 mm均可輸出，高於該標準者另議；第 2 群國家為 FOM＜1250 者均可輸出，FOM＜1,250 且光暈＞0.7 mm者另議；25 mm光放管之限制稍低。我國屬於第 2 群管制國家。

表 6.4　光放管演進暨性能比較表

縮寫 STD=standard, E=enhanced, HD=high definition, HP=high performance, Pin=pinnacle；靈敏度單位為 μA/lm@2856K，解像力為 LP/mm，可靠度為小時。

等級\特性	Gen.1	Gen. 2	STD. Gen. 3	Gen.2+（二代半）	E. Gen. 3/ SuperGen/ SHD3	HD. Gen.2	HP. Gen.3	HyperGen/ XD4	Pin. Gen.3/ Gen.4（?）	XH72/ XR5
時間	1960s	1970s	1980s 中	1980s 中	1990s 初	1990s 末	1990s 中	1990s 末	1999	2003
電子放大	階段	一階	一階	一階	一階	一階	一階	一階	一階	一階
有無 MCP	無	有	有	有	有	有	有	有	有	有
相對尺寸	3	1	1	1	1	1	1	1	1	1
光陰極	S-20	S-20	GaAs	S-25	S-25	S-25	GaAs	S-25	GaAs	S-25
靈敏度	180	240	800	340	600	500	1,800	600	1,800	700
亮度增益	變動	20,000	35,000	25,000	35,000	30,000	40,000	40,000	50,000	50,000
解像力	51	28	36	32	45	57	64	64	64	72
信噪比	NA	4	18	12	18	20	21	21	24	24
可靠度	NA	2,000	7,500	4,000	10,000	15,000	15,000	15,000	15,000	15,000
自動光閘	無	無	無	無	無	無	無	有（選配）	有	有
備考	增益隨階數而異。幾已停用	現代光放管之門檻	Omni I 第三代	取代 STD. Gen.3 輸出用	Omni. III 增強型第三代	取代 STD. Gen.3 輸出用	美軍現役 Omni IV 高性能 Gen.3	相當於美規高性能第三代	美軍未確認命名第四代	

6.4 光放管之種類與型式

量產雖已超過半世紀，光放管種類不多，且形狀大同小異，且全球各生產國均以美國產品型式製作（僅少數非軍用產品有特殊型式），大致可依下列方式分類：

6.4.1 依尺寸分類

不同尺寸的光放管有不同用途，光放管的尺寸一般以光陰極直徑定之，大尺寸光放管可獲得較佳的解像力，但其製造成本也越高，現行光放管已18公厘及25公厘二種為主流，其中因18公厘用於個人裝備，故產量最多。現行因MCP管徑越來越小，光放管解像力越來越高，故光放管已朝小尺寸發展。軍用夜視鏡使用的光放管主要為光陰極40、25及18公釐等三種，另有16或12公釐光放管，目前尚未普及化。

1. 40-40公釐：入光、出光面有效直徑均為40公釐之光放管，早期用於遠距離觀視如美軍AN/TVS-4夜視系統或結合第一代熱像系統使用，屬於第一代產品，目前已鮮少使用。

2. 25-25公釐：用於多人操作武器夜視鏡或駕駛用夜視鏡之光放管，此亦屬於較早應用之產品，由於夜視鏡最早即是用於武器瞄準，故目前仍大量使用中，第三代等級之光放管仍有25公釐。因18公厘光放管解像力大幅提高而逐漸被取代。

3. 18-18公釐：現行光放管之主流，使夜視鏡成為個人裝備而得以大量生產。目前18公釐光放管之解像力已達64Lp/mm以上（即水平解像力高達18×64=1152線對，或2,304線，已超過現代Full HD電視之解析度水準），故其整體解像力已遠大於25公釐光放管（解像力45LP/mm），除了頭戴夜視鏡用途外，目前新設計的槍瞄夜視鏡均採用此種尺寸光放管。

4. 其他：為使夜視鏡達輕量化之目的，包括16及12公釐等，小尺寸光放管除瞭解像力降低外系統之視角亦會減小，故須同時使用多個光放管，此舉使成本大幅提高，目前多屬於實驗或仍在測試階段。某些因使用需求（如駕駛用夜視鏡）或為簡化光學系統降低像差，採用入出光面直徑不同、具有放大倍率的不對稱型設計光放管，包括50-40、40-25、25-18公釐等格式。

6.4.2 依輸出入面材料分類

1. 玻璃輸入光纖輸出：早期入光窗面板材料多為光纖，現行 18 公釐光放管多為 Corning（康寧）7056 玻璃，其特點為高穿透，法國 Photonis 公司則採用 Anti-Veiling Glass（AVG）入光窗（Schott 73A 等）。25 公厘光放管則仍採光纖材質。
2. 光纖輸入輸出：大部分光放管之輸出端均為光纖，有正向型及 180 度倒像型，光纖輸出可取代光學系統需多鏡片的麻煩，且可達低失真與高穿透的效果。

6.4.3 依成像情形分類

1. 180 度倒像型：配合光學設計之需求，光放管多為 180 度倒像型，倒像型光放管需使用 180 度扭轉之光纖，其增加製作之難度與成本。
2. 非倒像（正像）型：為降低製作成本及配合雙眼單筒之稜鏡分光光學設計，頭戴式夜視鏡之光放管採用正像型。

6.5 光放管主要性能參數

光放管為高精密光學、電子與材料科技的產物，其製程要求環境極為嚴謹，製作成本亦高，目前全球僅有少數廠商有能力全程製作，多半採零件分工（如光陰極、MCP、電源供應模組等），系統整合方式，我國亦有廠商有能力製作某些組件。

光放管為夜視鏡最重要零件，其價格往往佔夜視鏡成品價格三分之一到一半之譜，故使用者對光放管規格應有充分之認識，以便訂定需求規格。採購夜視鏡系統或光放管時，可參考下列光放管性能的主要參數，通常可獲得適用之產品。另可要求電子電路改進，包括低輝散與及自動光閘電路等功能，使夜視鏡能不僅能在夜間，而在有強光點甚至全光度下使用。

通常製造廠對每一個光放管均提供一份檢驗報告，組裝成夜視鏡時應另製作一份保固書隨產品出售，以利使用者及系統商追朔與保養。使用者應具相關知識以便訂定規格，以及對所購得之光放管進行性能檢驗，目前國內僅軍備局中山科學研究院與第四〇二廠具備光放管檢驗之相關儀器設備，但僅對部分參數量測，有些如靈敏度、信噪比、MTF、光量及 MTTF 等仍以原廠出廠報告為準。以下歸納出現代光放管主要性能參數之說明與定義，可作為設計夜視鏡時選擇光放管之參考：

6.5.1 光陰極材質及其靈敏度

光陰極為光放管最重要部份,同時也是第一、二代與第三代光放管之主要差別,靈敏度是指將光子轉換為電子的能力,也稱為量子效率。第二代管採用多鹼材料如 S-20 或 S-25,其電磁波反應波段峰值約在 540-550nm,但自 700nm 起處即快速減弱,而第三代管使用之半導體(GaAs 或 AlGaAs)則仍有不錯的感應,對色溫 2856K 的白光,S-25 的靈敏度(最高)約為 700μA/lm,而 GaAs 約為 1,800μA/lm,在波長 830nm 之近紅外頻譜處,S-25 靈敏度約為 55mA/W,GaAs 為 120mA/W,三代管在近紅外光區域靈敏度明顯較高。

6.5.2 亮度增益(Luminous Gain)

光放管最重要的功能就是將微弱光放大數萬倍,因此,簡言之,亮度增益即是亮度放大的倍數,其定義為輸出光之亮度(fL 或 nit)與入射光照度(fc 或 lx)之比值,在較低光照度下之亮度增益較高,在 2×10^{-6} fc 照度時二代半光放管增益為 18,000～25,000 fL/fc,而在 2×10^{-4} fc 時為 3,500～10,500,但三代管可達 20,000 至 35,000 或更大,目前高性能三代管等級則多在 40,000 至 70,000 之間。增益值可藉調整電壓改變之,唯須注意調整亮度增益時,其信雜比(SNR)與 EBI 值會改變。在通電 5 分鐘內,其亮度波動應少於±15%。亮度增益與 ABC 電路有關,目前已有更先進的自動光閘功能。

6.5.3 等效背景輸入(Eqiuvelent Background Input, EBI)

係指在無外界光度下,光放管本身通電後所產生之信號,其值多定於 2.5×10^{-11} lm/m^2 以下,本項數據可直接以儀器測試,或由亮度增益測試時換算而得。EBI 亦即電子元件之暗電流,主要由 MCP 產生雜訊。

6.5.4 解像力

決定系統能看多遠的主要參數。測試時以標準光源(2856±50°K)觀看成像標靶,即美國空軍 1951 號標靶(USAF 1951 target,圖 6.13 所示)上能分辨的群組數,再換算成每公釐之線對數,如表 6.5。邊緣解像力允許稍差。18 公釐第二代管之解像力超過 24 Lp/mm,介於 4 群 4 與 4 群 5 之間,而第三代光放管之解像力超過 36 Lp/mm,相當於 5 群 2,現行高性能第三代管之解像力超過 64 Lp/mm,相當於 6 群 1,現行最新光放管聲稱解像力高於 72Lp/mm(6 群 2)。

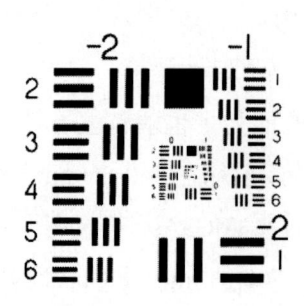

圖 6.13　USAF 1951 號標靶，其中 1-6 群為夜視鏡測試標準

表 6.5　USAF 1951 號標靶之群號數與空間頻率（線對/公厘）之轉換表

美國空軍 1951 號解像力測試標靶									（線對/公厘）
	群								
	-2	-1	0	1	2	3	4	5	6	7
1	0.250	0.500	1.00	2.00	4.00	8.00	16.00	32.0	64.0	128.0
2	0.280	0.561	1.12	2.24	4.49	8.98	17.95	36.0	71.8	144.0
3	0.315	0.630	1.26	2.52	5.04	10.10	20.16	40.3	80.6	161.0
4	0.353	0.707	1.41	2.83	5.66	11.30	22.62	45.3	90.5	181.0
5	0.397	0.793	1.59	3.17	6.35	12.70	25.39	50.8	102.0	203.0
6	0.445	0.891	1.78	3.56	7.13	14.30	28.50	57.0	114.0	228.0

6.5.5　調變傳遞函數（MTF）

表示解像力的另一個參數，量測影像對比的衰減情形。當物體經光放管後，其波型（影像）會因光學系統的品質而改變，其對比（波型明銳程度）減弱，猶如一組黑白條紋之對比度之改變。將零對比（即不會衰減）之 MTF 定為 100%，則經光放管後各處對比強度均會減弱，對比越高處，其調變傳遞越低。光放管之 MTF 以空間頻率（即 Lp/mm）之轉換百分比表示，一般而言，檢查空間頻率 30Lp/mm 至 2.5Lp/mm 間之轉換效果。

6.5.6　影像品質

指從螢光幕成像時所看到的不良情形，通常是因光陰極、MCP 或螢光幕等製程或品質控制不佳而引起之壞點，及其他可能影像觀視之缺陷。壞點主要指亮點與黑點，其大小數量應依出光面直徑加以律定之，圖 6.14 所示為 18mm 光放管之壞點分布圖。

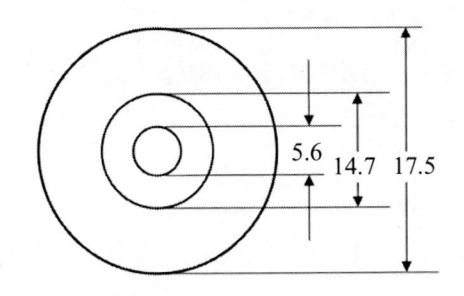

圖 6.14　光放管（18mm）螢光幕壞點位置分布圖（未依比例繪製），最大外徑以有效直徑 17.5mm 為準

1. 亮點或發射點（Emission Point）：在低亮度時所見如星光般雜訊，有時切斷電源後仍未消失。其要求係將出窗面依半徑劃分為三各部分，中間、內緣及外緣，每一個區域允許不同數量之亮點。
2. 黑點：由於光陰極、MCP 或螢幕上之雜質引起，併入上項規格訂定。
3. 織網（Chicken Wire）：如鐵絲般黑線，此為失效光纖邊緣露出之結果。
4. 定型雜訊（Fixed Pattern Noise）：滿佈六角形有如蜂巢狀之雜訊，此乃由於 MCP 或輸出光纖面拋光或處理不良而產生，通常不會影響觀視。
5. 傷痕與砂孔（Scratch & Dig）：入光面板與輸出光纖面之表面品質指數，通常為 30-20。
6. 其他不良或損壞情形，如閃爍、光圈不圓（遮光）等。

6.5.7　信號雜訊比（SNR）

指因輸入電流引起之雜訊指數，特別是在 MCP 電子放大時引起之有如雪花般或繁星閃爍之狀況。SNR 對於夜視鏡在較低光度時觀測距離有重要影響，與 MCP 雜訊及光陰極靈敏度有關。

6.5.8　輸出亮度及其均勻度

規定從螢光幕上看到的亮度，由於光放管具自動亮度調整功能，一般將亮度定於最舒服的 1.0～3.0 fL 之間，而最亮與最暗之比例應小於 3:1。

6.5.9　耗電量

以 mA/hr 訂定，18 公厘光放管耗電量 20-40mA/hr（依規格或用途而異），一般三號鹼性電池容量超過 1,000mAhr，故可據以計算使用時間。

6.5.10 逆向電壓防護（Reversed Bias）

指在無入射光狀況下能承受 3.5VDC 反向電壓（如電池裝反）一段時間（通常為一分鐘），而無損壞。

6.5.11 可靠度（Reliability）

指 MTTF（Mean Time To (Total) Failure），即零件於室溫下失效（Failure）而必須予以淘汰或更新之平均壽限時間，單位為小時，第二代管為 2,000 至 4,000 小時，現代光放管則要求至少 10,000 小時。本項主要針對光放管的亮度、EBI、中心解像力、影像品質及有效管徑等參數進行測試，其定義為在實驗室室溫（23±3℃）與低光度（10^{-4} fc）環境下，經規定時間測試後仍能維持規格所定之功能，故在實際操作時高亮度、高溫等均會影響其可靠度。此項為破壞性測試，通常由製造廠於出廠前以加速老化之方式為之。至於 MTBF（Mean Time Between Failure）則指部分零件或功能降低或損壞，但可修護之狀況。

6.5.12 系統介面精度

指光放管的機械尺寸與系統配合之精度，重要的參數包括輸出面位置、曲率半徑及通電方式等。

6.5.13 光暈（Halo）

指對一光點的成像擴散情形，影響觀測效果甚鉅，與物鏡組與光放管的同軸度、光陰極-MCP-螢光幕之間隙有關。

6.5.14 輸出面曲率半徑

傳統光放管輸出面多為平面，現代夜視鏡用途多，故配合光學系統目鏡組設計，有各種不同曲率半徑，18mm 光放管應用多，故形式亦較多，並有正倒、像之分。

6.5.15 環境測試要求

包括燒入測試（Burn in, 工廠測試）與震盪（Shock）、振動（Vibration）、高低溫循及濕度測試等。其中溫度與濕度要求應針對使用環境訂定，如臺灣地區高溫潮濕，故應加強濕度測試條件規格，但對於低溫要求是否需依美軍規格定到攝氏零下 40 度則應與使用者討論，以免成本提高。

6.5.16 其 他

包括入光窗散射迷光（Veiling Glare）、失真或畸變差（Distortion）、電磁干擾（EMI，對於空用夜視鏡特別重要）、重量等。

第 7 章　黑體輻射理論與大氣穿透

眾所皆知，燃燒物體時會發出光與熱，高溫物體如太陽（約5,800K 註）即是，又當吾人接近高溫物體如火爐時，會感覺有熱氣傳到身體，顯示有熱輻射產生。當溫度下降到達常溫（23℃）時，甚至冰點（0℃）時，雖看不見也感受不到，其實所有物體也都在發出熱輻射，但由於波長位於紅外線區域，能量較低，故人們無法看到這些不可見的紅外光，也感受不到熱該熱輻射的存在。實際上，溫度高於絕對零度（0K 或-273℃）之任何物體均會發出熱輻射，亦即紅外線輻射，故在紅外線的世界裡，冰點不冷、暗室仍有光，因為萬物都是熱輻射源。

紅外線輻射是指介於可見光紅光與微波之間的電磁輻射，定量的說，指波長在 0.75μm～1,000μm 之間的電磁波，為肉眼無法看見的「光」，其短波長端與可見光（紅色光）相鄰，長波長端與微波相鄰。由於紅外線為人眼無法看見的一種光，故紅外線的世界是一個全新的世界，利用紅外線技術，使吾人可看見全暗或濃煙霧下狀況或景物。

由於物質所發射出的紅外線強度與材質有關，因此就有些生技或健康器材製造商，將可釋放出遠紅外線的陶瓷材料置入衣服、護膝等，另近日流行的竹炭材料，也是以能輻射出紅外線具有保健功能為訴求，以日本人最致力於紅外線在醫療保養上的研究。而在許多應用之中，目前最、大最重要的應為國防用途，二次大戰以來軍方發現紅外線器材在目標追蹤上的用途，而其效果也由早期的發現目標物像點，進步到可分辨目標的影像，後來發現在夜間使用效果更佳，紅外線器材遂成為夜視技術中極重要的一環。

註：熱力學溫度（或絕對溫度）表示法為 K，不像攝氏（℃）在單位前加「。(度)」，1K=1℃。

7.1　紅外線之發現與偵測

紅外線是由英國科學家赫旭爾（William Hurschel）於西元 1800 年發現，當時他稱之為「不可見光」、「暗熱」（Dark heat），赫旭爾發現當以濾光片過濾太陽強光時，仍有「熱」通過，於是仿牛頓以三稜鏡將太陽光分光，當溫度計由藍色端移至紅色端時溫度會上升，而當移到紅色光以外時，雖眼經無法察覺有顏色，但溫度計溫度持續

上升,且範圍很廣,表示此處應有一種人眼不可見的能量存在,此即吾人所稱之紅外線。赫旭爾發現的為近紅外線,當波長增加時能量逐漸減弱,因而無法由人類的感官感知了。後來他持續量測了許多不同發熱源,逐漸解開了深藏已久的光和熱之間的關係。其後科學家持續發現不同波長的紅外線,並證明波長與溫度的關係。紅外線的發現為光感測科技上一大成就,解開了許多以往人眼無法看到的情境,各種紅外線發現的歷程概如下表。

表 7.1　數種紅外線發現時間表

時間(西元)	波長	發現人	量測方法工具
1800	NIR(至 1.2μm)	William Hurschel	thermometer
1825		Seebeck	thermocouple
1829		Nobili	thermopile
1880	7.0μm	Desains & Curie	Copper plate
1881	2.8μm	Langleg	bolometer
1897	20～150μm	Rubens et. al.	

現在人們都知道在人類所處的環境裡到處充滿紅外線輻射,其中太陽為最主要的輻射源,而物體發射的紅外線的多寡與溫度成正比,現代儀器已經可以量測到 0.01℃ 的溫差,非常適合用來觀測物體以分辨溫度差。最早的溫度感測裝置為水銀溫度計(Thermometer),僅可用於做近距離溫度接觸量測,如體溫,而在 1800 年 Hurschel 以此發現紅外線,其後科學家在 1829 年用熱電偶(Thermocouple)偵測溫度靈敏度提昇了數十倍,可以偵知 10 公尺外人的體溫,至 1880 年發明的熱輻射偵檢器(Bolometer)其靈敏度再增加約三十倍,其對紅外線熱輻射之偵測效果更佳,這些熱偵測器都是利用入射輻射的熱效應,稱為熱感型檢知器(Thermal Detector)。另有一種利用入射光子與材料上的電子間的交互作用,稱為光子或量子型檢知器(Photon/Quantum Detector),其靈敏度較熱感型為佳,反應速度亦更快。這種偵測器最早由德國在二次大戰期間開發出來,並發現冷卻可增加其敏感度,之後冷卻式紅外線產品連續被開發出來,由於器具有優越的大氣穿透效能,尤其在夜間具有優異的效果,因而成為軍用射控裝備之重要組件,現代高性能射控裝備(一般包括熱像儀、雷射測距儀與彈道計算機)中,這個可用於全天候觀瞄的紅外線熱像儀為最重要與最昂貴的部份。

7.2 黑體輻射

自然間萬物均由微小粒子組成，在絕對零度以上，微觀下所有的粒子都在擾動（移動、轉動、震動等），亦即萬物隨時均在運動而產生能階播遷，這些能階播遷過程中若有高能階移向低能階時就會發出熱輻射，亦即紅外線，因此，自然界中所有物體均為紅外線發光體，亦即熱輻射源。而所輻射出來之紅外線之能量和波長與其溫度有關。當紅外線照射到物體上時，應遵循電磁波的行為規則，有部分能量會穿透，部分會穿透被吸收，部分被反射，基於能量守恆，穿透率（τ）、吸收率（α）與反射率（ρ）之總和應等於 1，即 $\tau(\lambda)+\alpha(\lambda)+\rho(\lambda)=1$。

7.2.1 黑體輻射理論

西元 1860 年英國科學家柯希霍夫（Kirchhoff）首先提出黑體（Blackbody）的概念，他把一個物體能將照射到其表面的熱輻射全部吸收而無反射或穿透現象，稱之為黑體。但黑體是理想物體，自然界的物體絕大部份無法如黑體般 100%吸收（或釋放）熱輻射，可稱之為灰體。真實物體與理想輻射體（絕對黑體）間之輻射比例稱為放射率（Emissivity, ε），ε 恆小於 1，表 7.2 為自然界物體的輻射率，通常金屬的放射率較低，當溫度升高時放射率提高，若表面氧化時其發射率更高，非金屬則相反。

表 7.2　數種材料之紅外線放射率

材質名稱	溫度（℃）	放射率（ε）	材質名稱	溫度（℃）	放射率（ε）
水泥	20	0.92	蒸餾水	20	0.96
玻璃	20	0.94	皮膚	32	0.98
紅磚	20	0.93	光滑鋁板	100	0.05
白紙	20	0.93	光滑銅板	100	0.05
塑膠	20	0.91	光滑鐵板	40	0.21
沙子	20	0.90	光滑不鏽鋼	20	0.16

當光照射於不透明的物體上時，通常僅會有吸收與反射現象，而無穿透現象，依基氏理論，一個良好的放射體亦應為良好的吸收體，亦即不會反射，故在熱平衡時，放射率（ε）等於吸收率（α），即 $\varepsilon(\lambda)=\alpha(\lambda)$，稱為基爾霍夫定律。目前吾人已知所有物體均能輻射出紅外線，也應能吸收紅外線，亦即所有物體均有吸熱與放熱功能。高溫物體輻射出熱能後其溫度降低，低溫物體吸收熱能後溫度升高，當物體輻射與吸

收率相同時達到熱平衡,此時表面看似穩定,其實微觀下仍不停進行熱輻射與熱吸收,若以紅外線熱像儀觀測,則可發現這些熱輻射運動所留下的痕跡。

雖然自然界並不存在一個絕對黑體,但可以將絕對黑體作為與實際物體(即灰體)的比較參考體。為了做為熱像系統檢測標準,可以人工做成一個特性接近黑體的黑體模擬器,一般稱為黑體爐,可以用來模擬物體紅外線輻射狀況,如人體、汽車、飛機或火箭等不同溫度的物體。柯西霍夫指出一個等溫容器內的輻射為黑體輻射,因此若將該容器切一個小口,則由該開口所輻射出即接近黑體輻射,傳統的黑體爐為一個由不透明材質做成的高溫腔體,有一個小開口,腔內為黑體心、加熱線圈與隔熱絕緣材質,依腔體材質不同,可產生達 1,400K 或更高的溫度,並有溫度量測與控制,黑體爐如圖 7.1[29] 所示,其輻射發射率 ε 接近 1,故為一個十分接近絕對黑體的灰體。人造黑體有許多種,如依構造可分為點源黑體爐、平面黑體爐,其中點源黑體爐亦即傳統黑體爐,平面黑體爐可做大範圍較精密量測;依溫度用途可分為高溫黑體爐、差分黑體爐等等,高溫黑體爐提供不受環境影響的絕對溫度,差分黑體爐提供相對的溫差。現行較常用於熱像儀系統量測者為細微溫差的平面黑體爐。

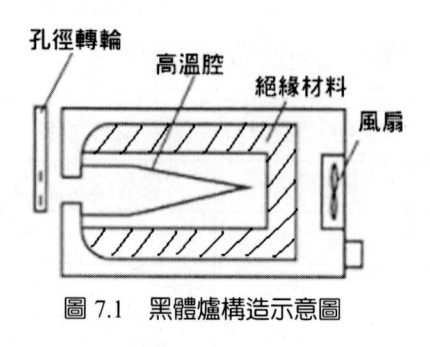

圖 7.1 黑體爐構造示意圖

依據黑體輻射理論自然界中所有物體只要溫度高於絕對溫度零度(0K, 即零下 273℃),其內部原子會因熱擾動而發出電磁輻射,此稱為熱輻射或紅外線,其輻射能量之多寡與物體的表面溫度有關,輻射出之總能量與溫度 4 次方成正比,可以斯蒂芬-波次曼(Stefan-Boltzmann)定律

$$W=\varepsilon\sigma T^4$$

表示之,其中 σ 為 Boltzmann 常數,數值為 5.67×10^{-12} W/cm²k。當溫度非常高時(如太陽表面,約為 5,800K),其發射的熱輻射含較寬的電磁波譜,且主要落在可見光和

近紅外線範圍,而當溫度漸低時,其輻射能量漸低且偏向紅外線輻射,當溫度在 900K 左右,屬於中紅外線輻射,其輻射能量之峰值落在 4μm 附近;當溫度在 300K 左右,亦即自然環境下的溫度時,屬於遠紅外線輻射,人眼無法感知,其輻射能量之峰值落在 10μm 附近。這些現象顯示物體的絕對溫度與其熱輻射峰值波長成反比,二者之乘積為一常數,約等於 2898,即 $T\cdot\lambda_p$=2898。

此關係稱為維恩位移定律(Wein displacement law),其中 T 為絕對溫度(K),λ_p 為輻射峰值所對應的波長(μm)。其結果如圖 7.2 表所示,7.2a 為依線性作標所繪,7.2b 為依指數座標所繪,更容易看出二者之關係;常見黑體溫度與輻射峰值如表 7.3 所示。

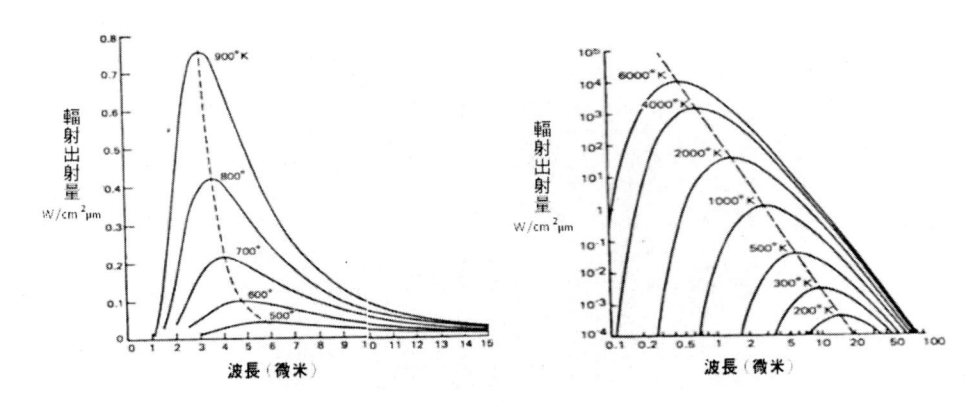

圖 7.2　黑體輻射溫度與波長關係圖,圖片來源美軍紅外線光電手冊

表 7.3　常見黑體溫度與輻射峰值

物體名稱	絕對溫度(K)	波長峰值(μm)	備考
太陽	5,800	0.5	
鎢絲燈	2856	1.04	60W 燈泡
飛機尾管	980	2.95	開後燃器時
飛機尾管	700	4.1	正常巡航中
坦克後端(引擎處)	473	6.13	
飛機蒙皮	333	8.70	
人體	310	9.66	37℃
冰塊	273	10.6	0℃

7.2.2 黑體輻射源

亦即紅外線輻射的發射源，由於一切高於絕對零度的物體均可發出熱輻射，故原則上自然界所有物體都是輻射源，而這些輻射源可概分為人造輻射源及自然輻射源二種，而對夜視產品而言，目標物輻射源及背景輻射源均為觀測情境中之輻射源，目標物是指想要偵測、辯證或識別之物體，而背景則指會影響偵測、辯證或識別效果之物體或環境。對不同觀測者而言，目標與背景輻射可相輔相成，或互為抵銷觀測效果，圖 7.3 為熱像儀觀測效果圖示，其中草叢中的鳥為目標，其餘（建築物、樹及草地等）為背景，草叢雖擋住目標物，但因溫度不同卻會使目標更加凸顯出來，以肉眼無法分辨出來。日常接觸到的各種自然或人造的黑體輻射源概述如下：

圖 7.3　以熱像儀觀測，目標（草叢中的亮點）與背景易被凸顯出來

1. 自然黑體：

泛指自然界存在的所有景物，其中自然光為微光放大夜視器材的光源，而物體本身發出的光（紅外線輻射）則為熱成像夜視器材的輻射源。

（1）太陽：太陽在通過大氣層後到達地面的輻射多為 0.3 至 3.5 微米，且大部份集中於 0.4～0.75μm 的可見光波段，其輻射峰值的色溫約為 5,800K，夜間無太陽照射處則有較多 0.7 微米以上之近紅外線輻射。

（2）地球：地球本身即是一個輻射體，其輻射為波長落於 8 至 14 微米，峰值為 10 微米的地表物體輻射，白天因受到日照的關係，在地表處也存在波長 0.55 微米的太陽輻射，天黑以後則僅有地表及其他物體本身發出的輻射熱，皆為落在第二大氣窗處（8 至 12 微米）的輻射，以及微量的夜空輻射（0.9 微米），因有良好的大氣穿透效果，此時利用熱輻射偵測的夜視器材能發揮優異的觀視效果。

（3）月球：月球的輻射包括球體自身輻射（約為 400K 的黑體，波長峰值約為 7.2 微米）與太陽光反射的輻射，同時亦受潮汐的影響有著很大的變化，

（4）大氣輝光：大氣輝光產生在 70 公里以上的大氣層中，係因被大氣層阻絕的太陽紫外線輻射激發組成粒子間互相碰撞而產生的輻射，穿透大層後到達地表，在夜間較能顯出其能量，故夜間除了星光外，主要的自然光源為大氣輝光。

（5）夜空輻射：主要為星光、月光、大氣輝光及其他人造光（害）等之總和，約落在 0.9±0.2 微米處，屬於夜視鏡的工作波段，而自然物體發出的輻射則屬於熱像儀的領域。

（6）生物體：生物體之溫度介於 300～310K 之間，其輻射波長約為 9.5～10.5 微米。人體為常見的生物體輻射源，由於輻射率高達 0.97，故目前已將熱像儀做為醫療用途，而地震等現場搜救用的生命探測器也可利用偵測紅外線輻射來尋找生物體。

2. 人造黑體：

（1）黑體爐：為典型人造黑體，用於實驗室的標準人工黑體輻射源，可依需求輻射出所需的溫度（紅外線熱輻射），包括絕對溫度與相對溫度，依其形狀常用的主要有平面黑體爐與點狀黑體爐等。

（2）陸地目標物：包括建築物（含機場、工事、軍事設施）、各型載具（車輛、戰車等）、火炮等，這些目標物溫度較低，通常為 300K 左右，故輻射出的波段多在 8 至 12 微米間。軍事目標表面塗裝的輻射率約為 0.9，動態車輛則以引擎與排氣管位置溫度較高，容易被偵測到，故現行已有朝該高溫加以偽裝之作法。

（3）海上載具：船艦艦體溫度與海水接近，但海水因波浪擾動而使其輻射率改變而容易被偵測到，另煙囪部分則為較強的輻射源，而所排出的煙易容易被熱像儀偵測到，溫度約為 450K，波長約為 8 微米。

（4）空中載具或砲（飛）彈：飛機主要輻射來自尾管及其排出的熱氣流（尾焰），其溫度約為 800K，波長約 3.5 微米，而發動機處因有蒙皮，故溫度降至 400K 以下，波長為 7 微米。炮彈為明顯熱源，溫度接近 1,000K，由於與背景溫差極大，很容易被偵知。

（5）炸點（砲口或彈著點）：溫度極高，由於與背景溫差極大，很容易被偵知。當用於砲兵計算彈著點以修正炮口仰角等資料時，使用熱像儀觀測 105 榴炮炸點時，火光與熱可維持 7 至 15 秒（不使用熱像儀僅 1,2 秒火光），可爭取足夠得時間來計算距離方位。

（6）其他：包括各種水泥結構體、電路板及高壓電線等，溫度均接近 300K，輻射之波長接近 10 微米，有些裝置工作時或一段時間後溫度升高，輻射出較短波長，無法由人眼偵知或具破壞性，故被廣泛運用於工程上之非接觸性檢測。

7.2.3 紅外線目標觀測效應

由衛星觀察地球時，其所得之信號為許多背景之總和，包括日曬對大氣層（主要為對流層）、雲層及地表所產生的反射，其次為地表及雲層本身之溫度所發出之輻射，故大氣空間中對紅外線輻射源會有許多影響目標的潛在背景雜訊。

當以紅外線系統觀測景物時，經由檢知器獲得之信號涵蓋目標物與背景，可以圖 7.4 說明之，圖中被觀測景物經光學鏡頭成像在二維檢知器上，檢知器位於鏡頭成像面（即焦平面）上，故稱為焦面陣列（Focal plane array, FPA）。FPA 上一個小方塊稱為檢知元（Detector element 或 cell），其在場景中的投影稱為腳印（Footprint）。一個檢知元所對應的視野稱為瞬時視角（Instantaneous FOV, IFOV），而整個 FPA 所對應的即為儀器的視角（FOV）。在紅外線系統觀測視角內，當無目標物時，檢知器所輸出者為背景信號，當有目標物出現時（如飛機），所見即為目標信號。信號可分為三類：

1. 頻譜性（Spectral）信號：指與波長有關之信號，亦即景物經大氣衰減後之剩餘溫度信號，可被紅外線系統接收者。
2. 時間性（Temporal）信號：指隨時間改變的輻射源，通常目標信號會隨時間改變而改變位置與信號強度，而背景信號則不會改變。
3. 空間性（Spatial）信號：與時間差信號一樣會隨時間與位置變化而緩慢改變。

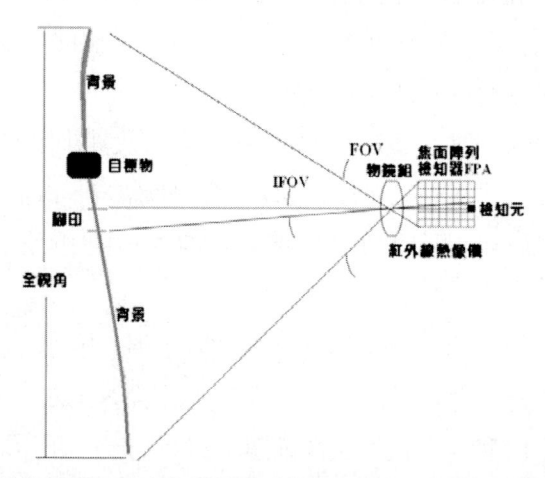

圖 7.4 以紅外線熱像儀觀測時之相關場景（儀器與目標，目標物與背景）分布示意圖

7.3 大氣穿透效應

紅外線雖可穿透煙霧或某些晶體材料而傳播到極遠距離，但其亦受到大氣中水氣、二氧化碳及其他氣體的吸收或反射，以致在光電成像的應用上深受影響，此稱為大氣衰減（Atmospheric attenuation）。對紅外線的穿透或吸收與大氣的組成有關，幸好紅外線的某些波段在大氣中不會受到干擾，這些波段稱為大氣窗，傳統上有中、遠紅外線波段的第一與第二大氣窗，近來在短波紅外線的應用已逐漸受到重視，紅外線熱像儀乃在這些窗口中充發揮其功效。

7.3.1 大氣層的構成

大氣層是指自地面至海拔 100 公里間的空間，主要係由氮（N）、氧（O）及其他包括二氧化碳（CO_2）、水氣（H_2O）、臭氧（O_3）及沼氣（CH_4）等的微量氣體所組成，其中水氣與二氧化碳對不同波長的紅外線有不同程度的吸收效應，波長 2.7μm 與 4.3μm 為二 CO_2 的吸收帶，而波長 1.4、1.9、2.7 及 6.3μm 為 H_2O 的吸收帶，幸好大氣中佔絕大部分的氮與氧兩種氣體不太會吸收紅外線，使得熱像儀有發揮效能的舞台。

大氣層結構由下而上概分為對流層、平流層、中間層、熱成層及逸散層等，不同層之間有不同的溫度、成分、電離狀態及其他物理狀態。大氣層作為各種感測儀器傳送信號（輻射）的媒介，但因其組成亦對輻射有反射、吸收或散射等光學現象，因而影響其檢知效果。夜視器材係利用空間輻射之傳播之效果，故大氣穿透效應對儀器效果有重要的關係。

對流層為對人類活動影響最多的一層，其範圍為自地表算起至約 10 公里之間，約 80% 的大氣和 90% 以上的水氣集中於此。地表 2 公尺以內之貼地層溫度變化較大，晝夜溫差可達 10℃，而溫度係隨高度遞減，平均每公里約降低 6.5℃。地表溫度最高，約為 290K，對流層頂端溫度約為 220K。地表上 10 至約 50 公里間稱為平流層，水氣較少而臭氧較多。一般軍用光電成像系統工作區域約為地表至 20 公里間的大氣範圍，主要為對流層與平流層下部。

7.3.2 大氣窗

紅外線與可見光都是電磁波，故其傳播過程相似，即會被障礙物阻絕、反射、吸收、穿透等現象，在空氣中傳播時，大氣的吸收為影響其傳播距離的主要因素，不同物質有其特有的吸收譜線，故不同波長紅外線在大氣中穿透效率不同。故雖然自然界

中充滿各種紅外線輻射,但地球的大氣層即會減弱或改變紅外線輻射的傳播效果,這些改變輻射效果的物質包括水氣、二氧化碳、一氧化氮、臭氧或其他煙霧等,圖 7.5 所示為水面上 1～15μm 波段紅外線等光輻射在大氣中穿透的情形(縱座標為穿透率),其中波長 2.7～3.1 微米之紅外線被 CO_2 及 H_2O 吸收,5～8 微米處被 H_2O 吸收,12 微米以上又逐漸被 CO_2 吸收,而僅有幾個被吸收較少的波段,包括 0.9～1.7 微米(SWIR)、3～5 微米(MWIR)及 8～12 微米(LWIR)等三處有較佳的穿透率,稱為大氣窗,尤其傳統上,中波紅外線 MWIR 及長波紅外線 LWIR 兩個波段最常被用於軍事用途,稱為第一大氣窗與第二大氣窗。其中第二大氣窗因較適合於常溫狀況及乾燥低溫之大陸型氣候地區使用,故第一代熱像產品(陸用產品)均採用之,而第二大氣窗則適合溫濕度較高之地區使用,故亦稱為熱像大氣窗,為最早熱像儀(如 70 年代以前之第 0 代產品)及空用產品使用之波段。紅外線容易被大氣吸收係因其波長較長,但散射較少(散射為反射之一種,其大小與波長四次方成反比),而在可見光部分則較少被吸收,主要影像穿透效率的因素為散射。

　　大氣穿透效果與距離有關,距離越遠穿透率越低,但並非單純的線性反比關係,即若 1 公里為 80%,則在 2 公里處不見得是 $(0.8)^2$,而是需經更精確的計算程序,因其與大氣組成、使用波長、氣候溫度及高度等均有關聯。美國軍方自 70 年代即對水平面上 0～15 公里的低空起算的大氣穿透效果進行研究,並由美國空軍地球物理實驗室發表稱為 LOWTRAN(LOW-resolution TRANsmission)的計算系統(目前最新版本為 LOWTRAN 7),另有新一代較複雜、適合更高水位(至水平面數百公里高度)的

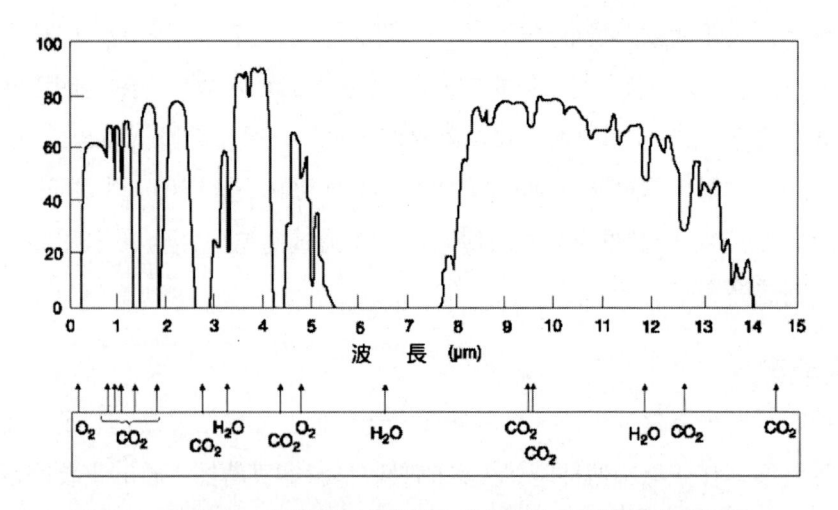

圖 7.5　光輻射(紫外線至紅外線)在大氣中穿透與吸收分布圖

PC 視窗版程式 MODTRAN（MODerate-resolution TRANsmission），該等研究係基於大氣中各組成材質的垂直分布所做的分析與描述。大氣層效應與波長、位置、時間及視線－天頂角與海拔高度有關。利用 MODTRAN 4 計算能見度 23 公里時，發現在距離 1、5、10 公里處穿透率確實隨距離下降，表示紅外線在空氣中傳播時會受其組成物影響，計算結果並顯示在夏天、熱帶地區下降較明顯，而在冬季及高緯度地區差異較小。

7.3.3 大氣穿透效果比較

大氣窗兩個常用波段各有其特性，依其使用目的可選擇適當的波段設計熱像儀，在自然環境的日常溫度下，第二大氣窗（8～12μm，LWIR）之熱輻射能量為第一大氣窗（3～5μm，MWIR）處 10 倍以上，另由於其靈敏度較佳（中波材料的束縛能約為長波的 3 倍），具有較高的熱輻射穿透效應，適合在煙霧與砂塵下操作、乾冷冬季環境（特別是在西歐美國等大陸性氣候地區）不受大氣變化影響、受太陽光及火花影響較小等。故 70 年代末期軍用產品開始正式量產時，傳統上前視紅外線（FLIR）熱影像系統多採用長波段紅外線。8～12μm（LWIR）波段因其長波較長減低了環境繞（散）射效應，由於其對煙、霧較不敏感的特性，戰場上較適用，而中波段與環境中的沙、塵、霧氣等粒子間較易產生繞（散）射效應而影像效果。

但由於水氣等粒子的吸收效應較不顯著，中波紅外線的在大氣中的穿透率較長波紅外線為佳（由上圖可見），適合在高對比、高溫高濕環境下（如亞洲與非洲）使用，故在海防或海上使用可測得較遠距離之目標物，對於粒子較大的水氣（海面）環境使用時（如基隆港或八斗子漁港區），中波產品實測效果比長波為佳。

太陽光對熱像儀觀測效果亦有影響，尤其在日間，因為太陽光輻射頻譜約介於紫外光與 SWIR 之間（峰值約在 5,800K），在 MWIR 已減少，而在 LWIR 幾乎沒有，故其熱輻射對 MWIR 的貢獻較 LWIR 為多，因此日間時使用 MWIR 有較佳的效果，但因陽光到達地面之輻射功率僅有 0.135W/cm^2，因此在地面 LWIR 比 MWIR 好用，尤以夜間更然。

新一代檢知器多採用中波段二維凝視式焦面陣列，係因其製程與現行極為成熟的半導體製程相近，製成品之良品率較高，此波段之檢知器較容易做成大陣列型式，由於無需光機掃瞄機構，故所製成之熱像系統結構亦較為簡化，成本亦較低，而目前長波段產品成本極高。白天時由太陽光所發出之光譜適合此波段之偵測。而當被測物溫度升高時，其感應能力亦隨之提昇。3～5μm（MWIR）波段傳統上多用於熱追蹤與高

速尋標上，此係由於在高溫時，此波段之熱輻射（紅外線）較容易被偵測得，尤其溫度較高的載具或飛行器。而因 MWIR 之波長較（LWIR）短（約 1/3），故其對物體的辨識能力較高，且較不會產生繞射之損失。

其實沒有一個波段完全適合所有的環境使用，任何人均無法武斷的說 MWIR 或 LWIR 是最佳的選項，因系統設計者必須同時考慮使用需求（目標特性、距離與大氣條件等）。但一般而言，MWIR 具有高對比性與高解像力之特點，較適合於高溫潮濕（如亞洲地區）環境作極遠距離觀測使用；而 LWIR 受大氣變化（煙霧或沙塵）及太陽光或火花之影響較小，較適合於大陸氣候地區（如歐美洲大陸等）使用，尤其對於陸面上多數自然或人造物體具有優異的觀測效果。但隨著檢知器讀出電路與成像電路製作技術提升，中波與長波紅外線間先天性的差異逐漸被克服，可能製作成本反而成為一個重要考量。下表為 MWIR 與 LWIR 優缺比較，何者為佳如何取捨則端視使用時應視需求而定。

最初紅外線科技主要利用偵測紅外線輻射以執行射控與夜視等用途，後來則利用溫度輻射差異來形成影像，目前大多數的應用仍與軍事有關，如監視偵查、夜間瞄準、反坦克武器與尋標導航等。近來由於科技進步，儘管紅外線產品仍然成本不斐，在軍

項目	中波紅外線（MWIR）	長波紅外線（LWIR）
波長範圍	3〜5μm	8〜12μm
輻射峰值溫度	〜800K（4μm）	〜300K（10μm）
物體之紅外線輻射能量 　常溫時（300K） 　日光（5,800K）	6W/m^2 24W/m^2	150W/m^2 1.5W/m^2
大氣穿透能力	較佳	佳
灰塵煙霧穿透能力	佳	較佳
高溫（火焰）輝散效應	高	低
繞射效應影響	較低	較高
製程難度	簡單	困難（QWIP 例外）
材料成本（檢知器、光學系統）	較低	高
目標物分辨能力	較高	佳
觀測距離	較遠	遠
感測元件量子效率	〜60%（InSb）	〜60%（MCT）
代表性材料（冷卻式產品）	PtSi, InSb, MCT	MCT, QWIP

事與民用均逐漸廣泛受到採用,但紅外線技術仍然屬於及高階科技領域,另因其重量、體積均大,故仍然限制了其部署的腳步,目前仍僅以高度開發的國家較常使用。

第 8 章 熱輻射偵測夜視器材－紅外線熱像儀

在許多動作影片中經常有一些引起觀眾注意並留下深刻印象的橋段，那就是在天空中的飛機或衛星監視下所有人的行動均無所遁形，甚至在建築物中的人仍無法逃脫，雖屬誇張的電影效果，但也多少揭露了紅外線熱像儀的功力。真實的熱像儀並無法穿透建築物，但在許多人眼無法觀視的環境中卻可以作用，如在煙霧瀰漫時、在全暗毫無光線時、或隱藏在樹叢後面等狀況，可以穿透某些晶體或金屬薄片，可作為夜視器材，也可穿透煙霧看到極遠的景物，因此使熱像儀成為軍事上極具價值的產品，尤其為軍用夜視上十分重要的裝備，在非軍事領域的科學、工業及醫學上的用途亦普受重視與採用。軍用熱像系統主要為前視紅外線系統（Forward looking infrared, FLIR）或紅外線搜索追蹤系統（Infrared search and track, IRST），前者係指一種具有電視影像格式，並以顯示器提供觀測者（人眼）的紅外線系統，後者則為對較大範圍偵蒐，通常具有 360 度視角，並將影像提供電腦處理的紅外線系統，用途可細分為監視、觀瞄、追蹤、尋標、導航等等，以作為在低光度（夜間）或其他能見度不佳時作戰所需；非軍事用途則通常多增加一些軟、硬體架構，故可能較為複雜。雖其用途（如第四章所述）、功能各異，但由於其核心部份均為偵測熱輻射的紅外線熱成像系統，為簡化名稱，將統稱為紅外線熱像儀。

8.1 紅外線熱像儀之工作原理與分類

紅外線熱像系統利用紅外線檢知器感應目標景物的紅外線輻射，轉換為電子信號（電壓或電流），該電子信號經訊號處理後成像於顯示器上，讓人眼感知景物的儀器。其中紅外線檢知器為最重要的組件，為典型（內）光電效應的產物，要求需有高靈敏度與短感應時間。由於熱像儀係感測物體輻射熱，故不論在日間或夜間均可工作，由於夜間活動的物體與背景溫度差異較日間為大，故此時更有優越的效果而可作為夜視器材使用。而因其日夜間均可使用，且對於在有煙、霧、沙、塵或偽裝時均有穿透效果，故其實此項裝備應為全天候的觀視裝備，而不僅止於夜視器材，但因其工作波段遠大於可見光或微光放大夜視器材夜視鏡，故對於物體之辨識效果亦較差。由熱像儀所獲得之影像樣為一溫度分佈圖譜（與可見光感測器（如 CCD 感測器）所見不同），故較不易識別目標物，例如高空衛星照片更需要訓練有素的專業人員方能正確判讀目

標景物。由於熱像儀屬於被動式偵測產品，故無法看穿遮蔽物後方景物，但若物體緊貼遮蔽物時（如建築物牆內的水管等），因輻射能量傳導故可偵知；另樹葉、偽裝網或煙霧等遮障物，因並非完全阻擋能量穿透，故仍可看穿其後方景物活動情形。

　　最初紅外線產品並非提供熱影像，而僅是看到一個熱點以供武器追蹤目標物，如追熱飛彈的尋標與追蹤功能，現代則進化到影像，使武器或使用者可以辨識目標。熱像儀屬於間接觀視的光電成像系統，影像係經由顯示器螢幕成像後觀看，亦即目標物經光學系統成像於檢知器上，再成像於顯示視器，再由人眼觀看或經目鏡放大後觀看。由於檢知器形式不一，因此匹配的光學系統亦有不同。早期（包括 1970 年代的第一代與 90 年代的第二代）檢知器製作技術較為落後，僅能製成線性（Line，60/120/180×1 像素）與線陣列（Linear array，美規 240/480×4, 歐規 288×4 像素），須經由光機掃描成像，其光學系統成像屬於無焦式系統，成像格式為線條狀，經由串連、並連或串並聯式掃描進入檢知器焦平面上，而獲得與電視螢幕相容的二維影像。現代檢知器多為凝視式（Staring，如美規 320×240, 歐規 384×288 像素等）焦面陣列（稱為第二代半或第三代），光學系統成像無須經過光機掃描過程，直接聚焦於二維面狀陣列檢知器上，亦即光學系統的焦平面上，所得影像即為與電視螢幕相容之影像格式（美規 RS170 或歐規 CCIR）。

　　另電子電路亦有改進，第一代熱像儀（如美軍通用組件 FLIR）由於檢知器檢知元較少，由於靈敏度較低，須經複雜的前置放大與後置放大電路，而成像仍因亮度不足而需使用光放管再次增強影像，而第二代以後因感測器檢知元（像素數）大幅增多，且因電子電路技術大幅提升，在其讀出電路（ROIC）中已先進行前置放大，使熱像儀系統之成像電路複雜度顯著減小，而成像效果與雜訊抑制等均較之前產品為佳，美軍測試資料指出第二代熱像儀觀測之辨識距離約較第一代多出 60%。使用二維面狀陣列的產品雖效果與第二代相當，但系統結構簡化。

8.2　現代紅外線熱像儀之系統架構

　　一個完整的紅外成像系統（如圖 8.1 所示）係指紅外線輻射源（目標物）經物鏡組成像並聚焦於檢知器上，由檢知器初步放大之信號經類比數位轉換成數位信號，進行信號處理，包括增益、補償、不良像素修正…等，最後再經轉換成類比信號，即可輸出至顯示器上由使用者觀看影像。

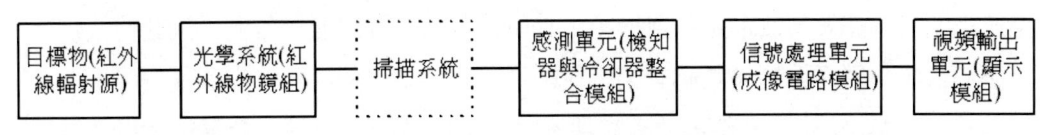

目標物(紅外線輻射源) → 光學系統(紅外線物鏡組) → 掃描系統 → 感測單元(檢知器與冷卻器整合模組) → 信號處理單元(成像電路模組) → 視頻輸出單元(顯示模組)

圖 8.1　紅外線熱像系統成像架構示意圖

8.2.1　紅外線輻射源

即所有物體，溫度高於絕對零度即會發出熱輻射，故自然界所有物體均會被熱像器材所偵知，目標物之紅外線輻射經過大氣衰減及其他背景（雜訊）後進入熱像系統，故本項包括目標與背景輻射，熱像儀系統需能抑制或消除背景雜訊，在最終的影像輸出時，使用者必須對此加以判讀以辨識出所需之景物。

8.2.2　光學系統（紅外線物鏡組）

光學（次）系統為熱像儀系統中第一個接收入射紅外線輻射（光子）的單元，紅外線光學系統工作波長較長，中波紅外線（中間值約 4 微米）約為可見光（中間波長 0.55 微米）的 7.5 倍，長波紅外線（中間值約 10 微米）接近 20 倍，故較容易受繞射效應影響。事實上連可見光系統都少有真正為繞射極限之系統，因為其波長極短且光學系統之解像力通常大於人眼與顯示器，以攝影而言，傳統底片顆粒或感測器像素大小均會左右像質（此亦即現代數位相機無止境的追求高密度感測器），但紅外線系統就會受到繞射之影響，尤其長波紅外線為然。幸好散射與波長 4 次方成反比，因此紅外線對於煙霧或灰塵之穿透效果較可見光為佳。

紅外線光學系統要求的解像力遠低於可見光（或夜視鏡），焦數 f/1 的鏡頭在可見光系統可達到每公厘 1400 條線，而對中波段熱像儀而言，僅能提供約 250 條線，且因紅外線頻寬較大，因此色差也較難消除；另因系統的信噪比與焦數（f/#）的平方的倒數成反比，故紅外線光學系統均要求較小的焦數以降低雜訊，配合光電感測模組光圈值（焦數）為 f/2 或 f/4，大多數的鏡頭焦數為 4 或 2，用於檢知器靈敏度低的室溫型產品更要求 f/1.0 或甚至焦數更小之光學鏡頭。

紅外線物鏡組常使用材料如矽、鍺等，於可見光無域法穿透。短波紅外線（SWIR）所使用的光學鏡片材料與可見光相同，故所謂紅外線通常係指中波及長波紅外線。可見光光學材料多達上千種，這些材料（主要是玻璃）僅能穿透最大至約 3 微米波長（石英可達 4 微米），而紅外線可用材料僅數十種，因此設計上的選擇較少，成本也極高。

光學系統所採用材料與可見光不同，但光件加工製作方法則類似，由於軍用紅外線熱像系統主要目的在於偵測遠距離目標物，其所接收到的輻射能量較弱，因此傳統紅外線鏡頭都很大、很貴重，多數必須架設在載具上。為減少鏡片尺寸、數量與成本，有採用非球面（Aspheric）光件或繞射光件（Diffractive optics）等，此種鏡片以傳統加工方法極為困難，現行多以鑽石成型機製作。

由於紅外線光件多以矽、鍺為材料，其中鍺之特性為高脆性、且質軟，故其環境耐受力較差，尤其防刮能力極低，可於光學系統最外側鏡面（或保護窗鏡）做硬膜處理，亦即蒸鍍類鑽石膜（Diamond-like coating）或硬膜（Hard coating），尤其軍用前視紅外線系統必須要求本項規格。類鑽石膜之 Moh 硬度可達 10 以上，對於沙塵、鹽分、潮氣等具有優異的防護效果，有實驗顯示鍍類鑽石膜的鍺鏡片置於海水中 4 個月仍不會脫膜，目前甚至有直接以合成鑽石做成的鏡片，其光學特性極佳。類鑽石膜的缺點是會稍微降低穿透率，一個蒸鍍此種薄膜的紅外線鏡頭之穿透率通常較未鍍者約低 5%。目前越來越多的中波紅外線系統則可改以矽或氟化鎂，尤其前者成本較低，適合用於較低價的產品。

除了傳統採用折射光件的光學系統外，另外一種常用的設計為折反射式望遠鏡（Catadioptric telescope）系統，適用於需要大通光孔徑的紅外線鏡頭，此種設計可簡化系統組成，使鏡頭長度較短、重量較輕，如圖 8.2 所示。折反射式系統的優點為高倍率、大視角，故常用於高倍率觀瞄系統。由於紅外線光件料成本極高，另有全部使用反射式光件的設計，稱為卡賽格連（Cassegrain）系統，此種系統採用二片反射鏡組成之反射式光學系統來降低成本，一為拋物面鏡，另一為橢球面鏡，如圖 8.3 所示。雖製作成本較低，但其缺點為製作難度較高，實用上多用於天文望遠鏡，而少用於紅外線熱像系統。

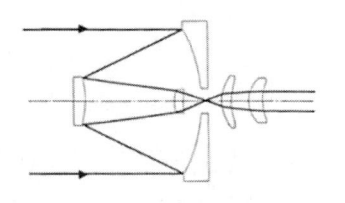

圖 8.2　折反射式學系統　　　圖 8.3　反射式學系統

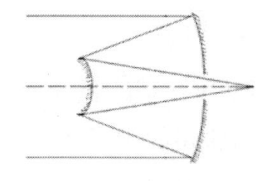

第 8 章 熱輻射偵測夜視器材－紅外線熱像儀

　　熱像系統使用之紅外線鏡頭須配合光電感測模組檢知器之型式設計，早期為點狀或線性檢知器需經掃描系統成像使用再成像鏡頭，即無焦鏡與聚焦鏡之組合，目前流行的凝視式檢知器則較簡單，直接使用一個聚焦式鏡頭即可。紅外線鏡頭通常有多個視角（即變焦鏡頭），其視角變換時間要求 1 秒以內或更快，而視角間之同軸校準與焦面位置精度必須考慮，對用於射控器材的軍用系統對此項規格要求更為嚴格，通常要求 0.1 密位，而寬、窄視角之成像聚焦面必須相同，圖 8.4 為 3 倍變焦之電控雙視角紅外線鏡頭。此外，使用紅外線鏡頭應注意下列現象：

圖 8.4　EFL 60/180mm, f/4 電控雙視角（Dual FOV）紅外線鏡頭

1. 自成像

　　設計及使用紅外線光學系統時偶會出現一些不想要的成像情形，主要為自成像（Nacissus）及掃描雜訊等問題。雖然光件均經過抗反射鍍膜，但並非 100% 無反射，亦即會有極少數殘餘光存在，另有些視角外的雜散光亦會影響成像效果，但尚不至於十分明顯而影響觀測。在可見光系統裡，此種現象多通稱為鬼影（Ghost image），但在紅外線系統中，因掃描系統而產生的可能會在清晰的影像中出現明亮或昏暗的區塊，稱為自成像，而嚴重影響觀測效果。在紅外線系統成像架構中，掃描器鏡面為熱面，而檢知器為冷面，當光線正交入射時，掃描器將檢知器的像循原路徑正確的再次於檢知器上成像，亦即檢知器看到自己的像，結果在影像中央產生一個陰影與視角內的目標影像重疊，嚴重時會導致無法觀測景物，此即是自成像，設計時須特別注意。現代許多熱像儀採用無掃描器的凝視式焦面陣列檢知器可消除自成像的現象，但某些系統在鏡頭外加保護窗鏡亦會產生自成像現像。解決方法為降低鏡片反射率或將窗鏡傾斜一個角度，使檢知器冷面不會被該鏡面反射進入系統。

2. 抗熱變化

紅外線鏡頭另一個問題為熱變化，由於紅外線材料亦受溫度變化而改變其折射率，亦即焦點移動，此時必須重新聚焦。此可由操作者為之，但某些定焦系統或要求高速對焦之高性能熱像儀之光學系統則須內建抗熱變化（Athermalization）功能。其作法為在鏡頭內加裝溫度感測器以偵測溫度變化，調整光件位置或溫度來達到自動對焦之功能。

8.2.3 感測單元

紅外線輻射最後的歸宿為感測單元，在此光子被轉換成電子。感測單元工作原理為目標物之紅外線輻射，經光學鏡組聚焦於杜瓦瓶（Dewar）內之檢知器焦平面上，杜瓦瓶最前端為窗鏡，內側尾端為冷指器（Cold finger），其末端連結到冷卻器，可提供極低的工作溫度以冷卻檢知器。由於熱像儀是以溫差成像，要求在低溫環境下工作，以提高靈敏度，因此要將檢知器封裝在一個抽真空的密閉低溫容器中，稱為杜瓦瓶模組（Dewar assembly），檢知器即位於光聚焦面上，杜瓦瓶由冷指器將檢知器維持在低溫狀態。但除了溫度因素外，而如果檢知器接收到在視角內非目標物的輻射能量，也會出現不良的影像效果，故在窗鏡後有一個冷濾光鏡（Cold filter），再在杜瓦瓶內、檢知器前方裝置了一個溫度光圈，稱為冷屏蔽（Cold shield 或 Cold stop），冷屏蔽焦數值（f/#）必須配合鏡頭之焦數值方可發揮效果，冷濾光鏡目的為確保正確波段通過，冷屏蔽則為消除視角外的迷光，一個設計良好的紅外線成像系統可達到 100%冷屏蔽效率。

因檢知器須以冷卻器降溫至極低溫下工作，現代設計將包括紅外線檢知器、杜瓦瓶與冷卻器之整合系統（冷卻式產品）做成一體之感測單元稱為杜瓦瓶、檢知器與冷卻器整合模組（Integrated Detector Dewar Cooler Assembly, IDDCA 或 IDCA），實務上稱為光電感測模組（EO module），或稱為冷卻偵檢組（RDU），此種設計可以簡化結構及節省耗能之目的（高熱動力效率），圖 8.5 為法國 Sofradir 公司之 288×4 像素光電感測模組，左側為內含檢知器之杜瓦瓶模組，右側為冷卻器。

圖 8.5 法國 Sofradir 公司之光電感測模組（IDDCA）

目前許多服役中的熱像系統為掃描式系統，為使用無焦鏡（Afocal lens）與再聚

焦鏡（Re-image lens）之二次成像系統，逐漸普及的凝視式系統則為單一鏡頭。

1. 掃描成像系統

　　早期熱像儀使用單點或線狀檢知元件，為了使人眼得以解讀目標景物所成的圖像，必需經由掃描技術以獲得可成像於電視螢幕的二維影像，以滿足軍事用途上須能辨識目標物之要求。第一代與第二代均屬線性檢知器，唯須經光機掃描成像，主要掃描方式如下：

（1）串聯掃描（Serial scanning）：指光機掃描方向與檢知器陣列排列方向一致者。當檢知元數目較少時（如單元檢知器），必須以此種掃描方式達成滿足電視掃描線所需的解析度（通常 500 條以上），當使用小型二維焦面陣列，如 4×4 像素，欲達成電視般影像時，也採用串連與並連結合的雙向掃描機構。

（2）並聯掃描（Parallel scanning）：指光機掃描方向與檢知器陣列排列方向垂直者。當檢知元數目足夠構成一條垂直方向電視線時，以此種方式單向掃描即可構成一個二維畫面，第一代通用組件前視紅外線系統即為此種掃描方式取像。方法如圖 8.6 所示。

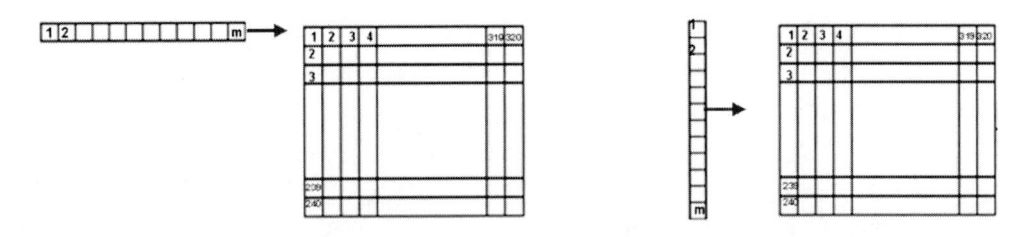

圖 8.6　串聯掃描（左）與並聯掃描（右）方式示意圖，圖中構成一個畫面需 320×240 像素，檢知器檢知元數目為 m 個，且 m 小於 240，箭頭為掃描方向

（3）時間延遲與積分（Time delay and integration, TDI）：用於第二代紅外線系統的掃描技術，第一代線陣列因靈敏度較低，且須配合複雜的光機掃描與後級多功電路處理系統，目前已不再生產，現行第二代檢知器主要為多線陣列，仍須使用單向並聯掃描，但主要改進為在檢知器上裝置了讀出電路，即內建時間延遲與積分（TDI）取像技術。所謂 TDI 方式成像是在每一個檢知元內建延遲線（Delay line），第一個檢知元獲得之信號先儲存起來等第二個檢知元獲得同一個信號，然後將兩個信號相

加,故該信號強度倍增,如果有 n 個檢知元,靈敏度亦會增加 $\sqrt{n}$ 倍。可視為所獲得之光電子先進行儲存再積分(其實為相加),最後統一傳送出檢知器,猶如線性 CCD 之工作原理,由成像電路處理已獲得最終影像。

由於第一代檢知器並無讀出電路(Readout IC)或多工器(MUX),檢知器之光電子直接連結到前置放大電路板上,經過後級放大與成像電路後點亮相對應數量的發光二極體陣列,同步掃描後再傳到顯示器成像,為了彌補不足的亮度,部分系統則配合光導攝像管或光放管使用。此時無焦性物鏡組之影像經反射鏡掃描(如二軸移動式,先由掃描獲得面狀影像,再經偏移一個角度進行第二次掃描),稱為插行(Interline)。第二代產品提高了檢知器像素數(線陣列)與信號處理能力,產品結構較為簡化。

掃描式紅外線檢知器形式繁多,包括第一代美軍通用組件紅外線系統,係依個人/陸用車載/空用等需求而設計成 60/120/180×1 檢知器等。英國亦有類似美國的設計,稱為熱成像共用模組(TICM),依不同用途需求分為一、二、三級(ClassI, II, III)等,法國 SIT 亦為類似設計。其後英國發展出較先進的檢知元內建信號處理-SPRITE(Signal process in the element) 系統,可視為美軍第二代 HTI(Horizontal technology integration/insertion)系統之前身,HTI 有 240/480×2/4 像素 FPA 檢知器,及歐規 Snergy 則為 288×4 像素 FPA 檢知器等,產品應用目的不同,其掃描成像的機構亦有所不同,多以多面鏡旋轉或以反射鏡震盪或傾斜方式達成成像目的,最簡單的掃描方法為使用震盪的面鏡,如圖 8.7 所示,左為二軸掃描,右為單軸掃描。

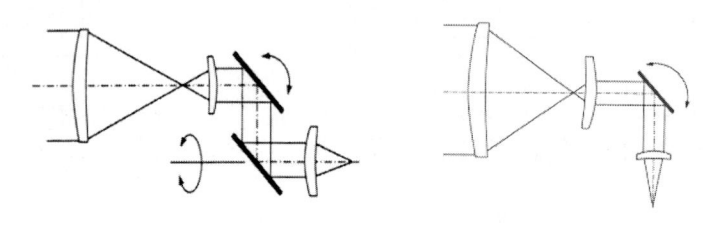

圖 8.7　面鏡掃描成像系統示意圖,左為二軸掃描,右為單軸掃描

2. 凝視式成像系統

70 年代以前的響尾蛇飛彈為單點 PbS 檢知器,之後則提升為銻化銦(InSb)檢知器(如欉樹飛彈尋標器),但由於單點檢知器之靈敏度低(雖然檢知器尺寸達數公釐),故僅可追熱點,容易被其他熱源誤導,故後來發展為陣列型檢知器,可以獲得目標物

的圖像。現行軍用高性能熱像裝備以光子型產品為主，第一代與第二代熱像系統均採用長波紅外線汞鎘碲（HgCdTe）檢知器，由於不容易製成大陣列，故均需使用光機掃描系統輔助，圖 8.8 所示為以色列 SCD 公司製造之 120×1 像素第一代產品。光機掃描機構為一高精密度之產品，其掃描頻率高達每分鐘數萬次，成為熱像系統感測元件以外之另一個技術瓶頸。解決之道，為使用無需光機掃描之二維面陣列型紅外線檢知器，猶如 CCD 影像感測器，此種產品利用新型高效率電子內部自掃描機構，稱為凝視式焦面陣列檢知器（Staring FPA，如圖 8.9）。凝視式焦面陣列檢知器多採用中波段工作之光子型材料，其特點即在於此種材料與半導體製程相近，容易製成大陣列檢知器，目前 640×512 像素之凝視式焦面陣列已量產。採用凝視式焦面陣列檢知器之紅外線系統可稱為第二代半熱像儀，部份廠商則稱之為第三代熱像儀。

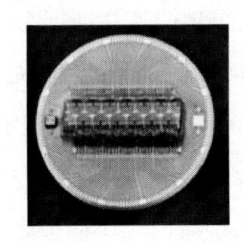

圖 8.8　以色列 SCD 公司 120×1 線性檢知器 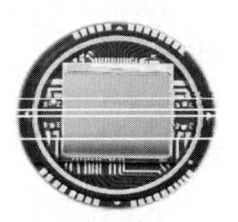　　圖 8.9　以色列 SCD 公司之 BF 320×256 凝視式 FPA 檢知器

凝視式產品省去了傳統的光機掃瞄系統，使產品結構簡化，但其多像素檢知器製作難度較高，也產生均勻性不佳的問題，因此，現行服役中的第二代熱像裝備仍採用技術已相當成熟的光機掃描裝置的結構為軍用熱像儀之標準，主要用於射控器材，部份廠商將之製成輕便型的個人可攜式熱像儀，並已廣為使用。

8.2.4　信號處理單元

即驅動控制與成像電路模組，包括前置電路、成像電路、驅動控制與其他特殊功能電路、以及顯示器相關電路板等。紅外線輻射（光子）經檢知器後所輸出的為電子信號，這些信號必須經過信號與影像處理後才是有用的資訊，典型的熱像儀系統信號處理程序包括前置放大、AD 轉換、數位信號處理、DA 轉換及影像重建等，如下圖所示。功能越多越先進的系統需要更多更複雜的電路，如尋標器或射控用的熱像系統，就比單純觀測用的系統複雜的多。由於電子技術進步，現代檢知器之 ROIC 已整合部

分電子處理功能，熱像系統之成像電路已經簡化成極少數電路板即可涵蓋早期包括前置放大、影像處理（信號整合、消除雜訊及多工器等）與後級放大等功能。這些電路板主要包括：

1. 前置電路

　　提供檢知器所需時序、偏壓，並接收自檢知器讀出電路（ROIC）輸出之類比式視頻信號（輸出緩衝），並進行第二次信號放大（現行焦面陣列檢知器已在 ROIC 進行第一次放大）。由於檢知器所輸出信號極易受到電子雜訊干擾，故前置電路越接近檢知器越佳，通常以軟板或頸圈式硬板與檢知器輸出入 pin 腳結合。

2. 成像電路

　　常分為類比與數位二種信號處理電路，類比電路將由檢知器（前置電路）輸出包含多種雜訊之原始信號實施處理後，再將該信號數位化，以便數位電路進行影像處理及實施壞像素取代（BPR）、增益（Gain）及補償（Offset）非均勻性修正（NUC）等，最後再將該信號轉換為類比式信號後輸出。本電路板須內建溫度修正表以實施單（雙）點非均勻性修正，及微處理器可設定及調整熱像儀之各項參數，如極性（反白）、亮度、對比等。另有序列數位信號輸出端子（如 RS232 等），作為系統調校與遠端控制介面。本模組為熱像儀電子影像處理與成像之所在，必須進行相關防止外部電磁干擾之措施，以獲得純淨無雜訊之信號。

3. 驅動控制電路

　　提供全系統所需各種電源及控制熱像儀全系統功能，包括電源開關、待機、鏡頭調焦及前述各項功能，另有分劃板型式選擇、冷卻器工作時間及簡易測距等功能設定。用於射控系統者，由成像電路輸出之電子影像可傳送到另一個處理電路進行一些特殊用途如目標比對與鎖定；若用於個人攜帶式產品則有電池低電量顯示功能，以利電池充電準備。由於驅動電路所產生之電磁場容易干擾檢知器與成像電路等組件，故通常加以絕緣隔離。

4. 顯示器控制驅動電路

　　連接至前項控制電路板以遂行顯示模組（CRT 或 LCD）之成像作用，可單獨存在或內建於驅動控制電路模組上。

8.2.5 視頻輸出單元

目標物的紅外線信號經檢知器轉換與信號處理單元處理後，即為最終可用資料，包括電子信號與影像，其中電子影像或經特殊功能信號處理系統運用後之信號均必須經由顯示器成為人眼可觀視的視頻影像，以便操作系統或執行武器操控（如飛彈發射）。視頻影像直接由監視器輸出，或如雙筒望鏡鏡般再經由目鏡組輸出。

對於手持式產品，顯示器為 2"或更小之 CRT 或 LCD，內建於主系統上，再經約 3-10 倍放大之目鏡組聚焦於人眼。現行為方便觀視，多採用非球面雙目單軸之共目鏡（Bi-Ocular）設計，由於約 3 倍放大倍率，故顯示器為 1.8 吋組左右之 LCD 或 OLED。

8.3 熱像儀之演進

紅外線熱像裝備之等級一般以檢知器型式區分之，配合檢知器型式開發出不同操作方式之熱像系統，第一代指以雙向線性掃描（Line scanner）取像之型式，如美軍通用組件，第二代則為簡化為單向掃描之機構，配合微型冷卻系統，檢知器之感測元件材料均以長波域之汞鎘碲（HgCdTe）為主。軍用紅外線產品將產品依其性能或結構特性區分等級，或稱第 X 代，並做分類管理。現今流行者則為無需掃描之大陣列二維凝視式（Staring）檢知器，除材料多元化外，應用波段亦擴及中波域，因其性能與第二代相近，且使用年代接近，故並未明確定為第三代。目前美軍對第三代的想法為朝超大陣列、檢知器內建影像處理及雙波段操作等方向規劃，但並無具體規格出現。

最早的紅外線檢知器為熱感型，主要為用來檢測溫度高低的溫度計，如熱電偶等，但真正用於感測紅外線應為半導體材料的光子型檢知器，約從 1940 年代末期開始，如最早的 PbS, PbSe 等。紅外線檢知器所感測的能量多在 0.1-1eV 或更低，這些效果係以熱電功率（電阻、電流或電壓）、焦電性、光子拉引效應、光發射、超晶格或各種異態轉換等形式出現，故可用材料有限。第一代 FLIR 之 PC 型檢知器轉換之電流為毫安培等級，信號十分微弱，現代 PV 型產品獲得之電壓易於進行信號處理。下表（表 8.1）為一些泛用的半導體檢知器之概略發展時間表，均作用於三個大氣穿透區域（即大氣窗），包括短波、中波及長波紅外線（SWIR、MWIR&LWIR），對於有成像要求的用途而言，因具有最佳穿透效應與物體有較高輻射率，傳統上後二波段特別重要。但 MWIR 與 LWIR 波段基本上仍與物質輻射能量、景物特性、溫對對比、不同條件下的大氣穿透及其他參數有關，故一個同時具有雙波段操作性能的紅外線系統可能才是最佳產品，以便能有效的分辨目標影像與量測物體溫度。

表 8.1　一些泛用的半導體檢知器之概略發展與應用時間簡表

年代	檢知器材料	屬性	備考
～1940	熱感型檢知器（水銀溫度計、熱電偶等）		SWIR
1940～1950	PbS, PbSe, PbTe	PC	SWIR, MWIR
1950～1955	Ge:X（鍺摻雜質），InSb	PC	MWIR
1955～1960	HgCdTe	PC	LWIR
1960～1965	PbSnTe	PC	LWIR
1965～1970	Si:X（矽摻雜質）	PC	MWIR
1970～1975	PtSi（CCD）	PV	MWIR
1975～1980	HgCdTe/InSb（CCD）	PC/PV	MWIR, LWIR
1980～1985	HgCdTe（Sprite），InSb（CMOS）	PC/PV	MWIR, LWIR
1985～1990	HgCdTe（CMOS），Pyro.（焦電室溫型）	PV	LWIR
1990～2000	HgCdTe（TDI），QWIP, MB（微檢室溫型）	PV	LWIR

8.3.1　第一代熱像系統

　　泛指使用材料為光導型汞鎘碲（HgCdTe）、檢知元 200 個像素以下之線性掃描式檢知器之長波前視紅外線系統，可獲得二維格式影像，而單檢知元掃描成像或僅獲得光點（非影像）的產品可稱之為第 0 代產品。雖然紅外線測溫產品早在十九世紀初期即已出現，但軍事用途才使始紅外線目標觀測產品真正受到重視，也因此紅外線產品一直被先進國家是為高度管制之技術與產品。第一代熱像裝備為美國德州儀器公司（Texas Instruments, TI）（註 1）於 1970 年代發展出來，80 年代開始服役，由於檢知元數目較少，靈敏度相對較低，故需使用大型無焦性（Afocal）物鏡物鏡系統，另因線性檢知器需配合使用結合複雜的光機掃瞄機構以獲電視般二維影像，又因使用較低效率的類比電路形式，故電路板數量較多，結果造成熱像儀體積龐大，製作成本極高，故均採「通用組件（Common Module, USCM）」方式，通用組件概念係將熱像儀分為數個模組，使用時依用途需求加以組配成為不同裝備，可用於空中或地面之偵蒐、射控與追蹤等，以簡化維修程序及降低生產成本。而產品亦僅限於軍用等高性能高科技之極小範圍使用。其特點主要為：

1. 產品依個人攜帶、陸地載具及空用等不同需求設計成三種等級，使用不同的檢知器，分別為 60×1、120×1 及 180×1 之長波段汞鎘碲（MCT）線性陣列。前述檢知器

分別用於個人攜帶式如拖式（TOW）飛彈熱像儀系列（AN/TAS-4, 4A 等）、陸用型如戰車熱像儀 TTS（AN/VGS-2）及對空用型如檞樹飛彈熱像儀。
2. 使用發光二極體（LED）可見光成像器，並與紅外線掃描器共用反射鏡，由於並非產生通用之電視格式視頻信號，故須以光導攝像管（Vidicon）接收 LED 之光學影像，亦即所謂的光學多工器（O-MUX），如檞樹；或使用稱為電子多工器（E-MUX）的電子成像系統，如 TTS 即是。
3. 利用反射鏡並聯掃瞄 60/120/180 檢知器所得影像，再以傾斜鏡獲得交錯視頻信號，即 120/240/360 之有效電視線。
4. 共用部分包括光電感測模組 IDDCA（檢知器與斯特林冷卻整合模組）、掃描系統、電路模組（卡片數量與檢知器格式有關）、LED 成像組、電源供應模組等。鏡頭調焦在掃描系統前完成（紅外線物鏡組須配合用途設計可為 2 倍、3 倍，或更高倍率，故並非共用組件）。

　　第一代通用組件前視紅外線熱像產品以美軍戰車熱像儀 TTS（Tank Thermal Sight，如圖 8.10）為代表，TTS 於 70 年代中期開始研發，並於 80 年代起配賦於美製 M60 系列巴頓戰車上，該產品係由美國陸軍夜視實驗室（NVL）與 TI 公司合作開發，量產時則由包括美國 TI、Hughes、Kollsman 及 LORAL 公司，及德國 AEG 與 Zeiss 等公司負責，為全世界使用量最大的軍用熱像產品，全球部署數量超過 5 萬套，我國 CM11 勇虎戰車（M48H）與 M60A3 戰車上之射控系統即是 TTS，其他如陸軍檞樹野戰防空飛彈之前視紅外線系統（亦為 TI 公司之產品，如圖 8.11）、超級眼鏡蛇攻擊直升機夜間標示系統 NTS（Night Targeting System，美國 Kollsman 公司產品，如圖 8.12）等亦屬之。

　　除了美國通用組件（USCM）外，英國與法國亦有類似系統，英國的系統稱為「熱像共用組件（TICM）」，其中 TICM II 為較 USCM 進步之產品，主要差別在於使用檢知器（10×1 MCT）上直接信號處理（SPRITE）產生的信號即為電視格式，故省略了 LED 成像組，由於檢知器較小需雙向掃描，但獲得之影像可直接以 CRT 成像。法國第一代熱像裝備共用組件則叫做「模組化熱像系統（SMT）」，其特點為使用小型二維陣列（4×12 像素）進行串並掃描，影像也是標準電視格式，也可以數位影像輸出。英法產品多為國內及國協會員國使用，故約僅有數千套生產，但以早期熱像裝備之超高價位，數千套已屬大量生產。

現代紅外線系統工程實務

圖 8.10-12　勇虎戰車（上左）、攻擊直升機（上右）及檞樹野戰防空飛彈（左）所配賦之紅外線熱影像觀瞄系統，圖摘自國防部網站

8.3.2　第二代熱像系統

　　美國陸軍夜視與電子感測器指揮部（NVESD）提出水平技術整合（HTI）的熱像研發與獲得之觀念供美國陸軍使用，其作法係將前視紅外線熱像儀視為一個整合性的儀器，其中供不同武器系統使用的熱像儀次系統稱為 A 套件，而其中共用的紅外線引擎二代標準先進杜瓦瓶總成（Standard Advanced Dewar Assembly II, SADA II）稱為 B 套件，則為通用性組件。

　　隨著焦面陣列（Focal plane array, FPA）檢知器之問世，紅外線產品之性能大幅提昇，開啟了第二代紅外線產品之世紀，所謂第二代係指使用 TDI 多排線型之焦面陣列式檢知器，美軍於 1980 年代初期開始研發，90 年代開始採用。裝備仍以汞鎘碲（MCT）為主，有光導與光伏型兩種作方式，如美規 240×4、480×4（水平技術整合 HTI 之 SADA II 檢知器感測模組）及歐規 288×4（如歐洲共用模組 Synergi 之檢知器組件）等格式，但仍需配合光機掃描裝置取像；另有 InSb、PtSi 等材料之小型二維陣列，如 32×32、128×128 像素等，約自 90 年代初期開始使用。第二代熱像儀檢知元數目大幅增加，系統靈敏度亦隨之增加，觀測距離約增加 60%，對目標物的辨識能力大幅提高。另由於檢知器效率改進與微型冷卻器之出現，產品逐漸輕量化而有真正輕便型的個人攜帶式產品出現。但因仍屬軍用管制技術，在無大量生產之情況下，製造成本仍居高不下，故各國仍採用共用組件方式。

第 8 章　熱輻射偵測夜視器材－紅外線熱像儀

　　第二代前視紅外線系統為歐美現行熱像儀主力，美軍將此稱為水平技術整合共用組件，包括 A、B 套件，其中套件 A 為專用結合模組，用於不同載具或武器平台，如 M1 亞伯罕戰車、M2/M3 布萊德雷戰車、AH64 阿帕契戰鬥直昇機及悍馬車（HMMWV）等；套件 B 為核心之共用組件，包括掃瞄器系統、光電感測模組（操作波長為 8-12um，使用 SADA II 感測模組）等。美軍 M1 戰車上的 CITV（Commander Independent Thermal Viewer,），及我國 M41D 戰車使用之 CVTTS（亦為雷神公司產品）均為第二代熱像裝備。

　　而用於個人裝備則因考慮輕便與低耗電要求，採用中波段小陣列與熱電式冷卻器，正式服役之裝備包括 AN/PAS-13 步機槍熱像儀、AN/PAS-19 肩射飛彈熱像瞄鏡，其中紅外線引擎為 64×4 MCT 共用組件。圖 8.13 為我國海軍陸戰隊使用之美製雙聯裝刺針飛彈，為一種先進之單人操作防空武器，其紅外線觀瞄系統可提供射手全天候操作功能。

　　始於 1992 年的 Synergi 計畫則為提供歐規第二代熱像系統最重要的研發計畫，系統分別由法國 Thomson-CSF、英國 Pilkington（註 2）及德國 ZEO 等三家公司共同進行核心模組研發，以為熱影像觀瞄與監偵系統用。系統使用一法國 Sofradir 公司製之 288×4 檢知器，以達體積小、價格低、耗能低、高效能之目標。法國 Thomson-CSF 公司發展出利用 Synergi 系統之 Catherine（長距離程觀測射控用）及 Sophie（步兵用手持式雙眼觀視式熱像儀，如圖 8.14 左）等熱像系統，除可提供大偵測範圍外，亦可作為裝甲、飛機武器射控及工業用表面檢測之需。

圖 8.13　海軍陸戰隊雙聯裝刺針飛彈，使用紅外線瞄準具

圖 8.14　法國 Thales 公司之 Sophie 熱像儀（左），與 Sagem 公司之 Matis 熱像儀（右），為歐系兩大系統，前者為掃描式，後者為凝視式系統

8.3.3　第二代半熱像系統

1990 年代由於焦面陣列型檢知器開發成功，開始新一代熱像裝備之紀元，因大幅簡化電路系統，亦使較輕便與低成本型熱像裝備成為市場主流。而 90 年代中期量產的凝視式則使第二代熱像系統，更去除了使用光機掃瞄機構的需求（夢魘），可稱為第二代半熱像系統，法國廠商（Sagem）則稱之為第三代系統。

第二代半特指無需使用光機掃瞄系統之凝視式焦面陣列型熱像儀產品，包括冷卻型與非冷卻室溫型兩大類，其檢知器為具有數萬個檢知元（像素）之二維陣列，如 256×256、320×256（或 384×288）、640×480（或 512）等，某些產品甚至有多達百萬像素者，自 90 年代後期起，已逐漸成為紅外線市場之主流，此種大陣列檢知器因製程良品因素，多為採用中波紅外線之冷卻式熱像儀。嚴格來說此種產品與第二代產品性能接近，但結構較為簡單、製作成本較低，係因凝視式多採用中波段材料，製程與半導體接近。除前述材料（PtSi、InSb、MCT）外，新開發者有 QWIP、室溫型檢知器等亦屬之，但多為長波段產品，因此格外受到重視。目前已廣泛運用於各種手持、車載及空用裝備，如 MATIS 熱像儀（中波紅外線冷卻式 320×256 InSb/MCT, 法國 Sagem 公司產品，如圖 8.14 右）、MILCAM（中波 256×256 InSb，美國 FLIR 公司產品）及我國 TS91 式手持熱像儀（320×256 InSb/MCT）均屬之，車載型如美軍食人魚戰車（Stryker）之射控系統之熱像儀（256×256 InSb）、空軍 F-16 戰鬥機之藍天（LANTIRN，圖 8.15 飛機下腹圓圈部分，包括導航與射控用途）夜視莢艙（開路者與神射手）熱像儀則使用 640×480 格式之熱像儀。

第 8 章　熱輻射偵測夜視器材－紅外線熱像儀

圖 8.15　空軍 F-16 戰機配備之藍天夜視莢艙

　　由於此種格式已逐漸成為主流，美國 DRS 公司為美軍第一代熱像系統性能提升計畫採用之各式熱像儀（如採用 320×256MCT 檢知器之車載拖式飛彈系統）均將採用凝視式陣列。表 8.2 為各種等級熱像系統比較表。

　　科技進步的腳步不曾中斷，隨著 90 年代第二代產品格式確定，第三代產品已在積極規劃中。儘管部份廠商稱採用凝視式焦面陣列檢知器的熱像產品為第三代熱像系統，但猶如第四代光放管一般，因該產品未有革命性的改變，故美軍並未如此定義。2000 年初期曾有學者提出超大陣列（1,000×1,000）、超小室溫型或量子井型產品，但

表 8.2　各代紅外線熱像系統特點一覽表

第一代熱像裝備	第二代熱像裝備	現代（二代半）熱像裝備
1. 於 80 年代初期開始服役	1. 於 90 年代中期開始服役	1. 於 90 年代末期開始服役
2. 使用光導型點狀或線狀檢知器，配合機械式掃描，體積大、成本高	2. 使用光導或光伏型線狀（240/288×4）或面狀（128×128）焦面陣列式檢知器（FPA）及微冷卻器，較為輕便	2. 使用光伏型 256×256 或更大型陣列之凝視式焦面陣列式檢知器，檢知器架構類似第二代，但毋須經由光機掃瞄機構成像，故較第二代更為輕便
3. 因檢知器輸出端製作工藝限制，故僅能做成 200 像素以下	3. 檢知器內建多工讀出電路，簡化讀出架構，故可做成 480*4 大陣列	3. 使用中或長波段紅外線
4. 使用 LWIR 長波段紅外線（波長 8 至 12 微米）	4. 使用 MWIR 中波段紅外線（波長 3 至 5 微米）與 LWIR 長波段紅外線（波長 8 至 12 微米）	4. 多數廠商仍採通用紅外線引擎共用組件設計系統
5. 類比式信號處理與視頻影像	5. 數位式信號便於處理，不均勻度亦較易調校	5. 數位式信號便於處理，不均云度亦較易調校
6. 採共用組件式，如美國 USCM、英國 TICM 或法國 SMT，用於戰甲車或機艦觀測與射控	6. 仍採共用組件式，如美國 HTI 或歐洲 Synergi	6. 非冷卻式（室溫型）產品開始正式使用
	7. 除載具使用外，擴大至個人手持或輕武器瞄準用	

153

美國陸軍專家認為新一代產品須能克服現行產品（掃描式 LWIR 與凝視式 MWIR）之缺點，目前傾向朝雙波段、檢知器內建信號處理功能等方向研究，但距離真正部署或實用階段則尚無時間表。

8.3.4 非冷卻式熱像儀

非冷卻式係指於常溫（296K 或 23°C）下可操作之產品，亦稱為室溫型。熱像儀的藝術在於其必須在極低溫下工作，經由感測物體發出之熱輻射來進行夜暗無光環境下之目標監視或辨視工作。由於任何物體溫度高於攝氏零下 273 度時均會發出熱輻射，即紅外線，故接收此種「不可見光」可使在全黑的狀況下或經偽裝的物體（敵人）均無所遁形。雖現行軍用產品以冷卻式為主，其實熱感式（即室溫型）早在冷卻式產品之前即已問世，但因靈敏度與反應時間不良而未受軍方重視，但在不要求高性能與較注重生產成本的民用領域上卻一直未被放棄，目前由於科技進步，非冷卻式熱像儀逐漸開發出高性能產品，使其再次被受到重視，並與冷卻式相提並論。由於其具有重量輕、體積小、耗電低、與成本低之優勢，甚至被美軍視為第三代紅外線熱像產品之選項之一。冷卻式熱像產品雖具有高靈敏度之優點，但須於極低溫下（77K 或-196°C）操作，且成本較高，起動時間長及操作時之噪音等；非冷卻式熱像產品有無需低溫冷卻、製作與維護較容易且成本低之優點，但觀測能力較差，目前多用於商業用途、小型熱像儀或近距離監視，下表為手持式產品特性比較表。

表 8.3 冷卻式與室溫型熱像儀主要特點比較表

特性	解像力	觀測距離	開機時間	操作時噪音	可靠度（小時）	價格（美金）
冷卻式熱像儀	佳	遠	約 5 分鐘	約 50 分貝	約 3,000	約 60K
室溫型熱像儀	稍差	較近	30 秒以內	幾無噪音	約 5,000	約 30K

其實目前非冷卻式產品技術已十分成熟，被廣泛的運用於夜間輔助駕車，在於有煙霧沙塵等能見度不佳的環境中駕車亦有幫助，故極適合戰車在作戰環境中使用（如美軍 AN/VAS-5 駕駛員視覺強化器（Driver's viewer enhancer, DVE，如圖 8.16）與夜間武器瞄準（如熱像瞄準距 TWS 之使用）。其中駕駛用熱像儀更已逐漸成為民用車輛所採用，包括美國凱迪拉克（Cadillac）、德國賓士（Benz）及 BMW 等高級車種均已將之列為選用配備，做為夜間輔助駕駛器材。Cadillac 公司最早於 2000 年生產的 De Ville 車型即已開始配備車用夜視系統，當時係使用焦電型檢知器，其紅外線影像投影

於前擋玻璃上。近來因平板顯示器成本下降，已成為更佳的選擇，目前的檢知器多以微檢型 160×120 像素小陣列為主，但整體產品價格仍高。目前有人研發利用短波紅外線（SWIR），因其製程成熟且可使用可見光鏡頭，亦不需冷卻系統，故有機會達成降低成本目標。

圖 8.16　戰車用駕駛員視覺強化器 DVE（AN/VAS-5）

8.4　紅外線熱像儀主要性能要求與測試

熱像產品在夜視應用上主要為軍用相關裝備，包括偵蒐、觀瞄、追蹤與射控等，於非軍事用途上，包括火場煙霧中搜救與現行日益熱門的輔助駕駛亦為夜視之應用，其他非夜視應用則不勝枚舉，如溫度量測為早已普及的應用，包括工程、工業與醫療等，但較不屬於夜視的範疇。由於使用紅外線熱像產品為溫度感應之應用，熱像儀通常考慮下列要求：

8.4.1　溫度分辨

熱像系統最重要的性能參數即為分辨溫差，一般以最小可分辨溫差（Minimum resolvable temperature deifference, MRTD）表示熱像儀可辨識物體大小及最小溫度差的參數，使用一套數組不同大小的 4 線對標靶（代表不同的空間頻率），當熱像儀恰可將黑白線對分辨出來時的標靶與背景間之溫差即為 MRTD，用以辨識目標物的輪廓或形狀。MRTD 考慮熱像儀系統所有組成元件之雜訊，特別包括顯示器所導入的雜訊。另有最小可偵測溫差（Minimun detectable temperature difference, MDTD）表示熱像儀可以發現目標物的溫差，在熱像儀系統測台上以熱像儀觀測一組方型靶，當恰可以將標把重背景中分辨出來時，標靶與背景間的溫差即為 MDTD。

MRTD 與 MDTD 測試之結果與熱像儀檢知器、電路系統、顯示器及測試人員主

155

觀之判定有關，故傳統的測試儀其屬於主觀式（Subjective）測試方法，其特點為構造較簡單與低成本，但有人質疑其客觀之正確性，目前有廠商提出客觀式（Objective）測試方法，即以 CCD 影像感測器取代人眼，間接的在顯示器上觀測溫差，此法屏棄了因人而異的主觀認定因素，依其觀測的結果並直接由計算機給出數據，測試速度較快。

8.4.2 熱敏感度分辨

當信號雜訊比（SNR）值等於 1 時，目標與背景間之溫差稱為雜訊等效溫差（Noise equivalent temperature difference, NETD），單位為度（K 或°C），該數值愈低產品對溫度的靈敏度愈佳。NETD 為在實驗室中以黑體爐為輻射源所獲得之數據，但實際環境中物體為灰體，其結果稍有差別。不像 MRTD 會受廣義系統各部份影響，NETD 主要描述檢知器的雜訊，為感測元件的本徵雜訊，其即為熱像儀之熱敏感度的表徵。熱像儀將目標物景象之溫度差轉成人眼可見之影像並顯示於顯示器上，對一個已知之景物而言，當熱敏感度增加，其信號雜訊比值改善，成像效果較佳。熱敏感度增加使較小溫差之物體、或較遠處之目標物，或於穿透較差的環境下，對目標物的觀看與分辨能力得以提高。

第一代熱像裝備之溫度靈敏度（即雜訊等效溫差 NETD）約為 0.2-0.3K，而人可分辨之雜訊溫差極限約為 0.1K，故前述溫差靈敏度值對於一般大氣環境時已足夠使用，且效果不錯，但在不良環境時觀察遠處目標物時則顯不足。第二代熱像系統可提升前一代產品之敏熱感度 3 至 5 倍，故在不良環境時觀察遠處目標物時有較佳的效果。

8.4.3 幾何解析度與視角

為獲得適合人眼所見之影像品質，通常須同時考慮解像力與視場角，解像力定義為熱像儀對目標物之空間解析度，瞬時視角則代表熱像儀辨識目標物之能力，與紅外線光學系統與檢知器像素大小與數量有關，鏡頭愈大、陣列愈大（或像素越小），系統之解像力愈高，但視角則變小。由於熱像儀係解析溫度差異，故 MTF 與 MRTD 有關，可由測試儀器以 MRTD 測試結果換算之。

熱像儀多使用可變焦距鏡頭，焦距越長視角越小，其解像力也越佳，有些軍用系統甚至使用 3 至 4 段變焦鏡頭，各種不同視角一般因其使用目的分為下列三類：

1. 大視角（30～40 度）：適用於一般載具之駕駛，由於涵蓋範圍廣，檢知器所對應的景物過多，故一些小細節可能無發發現。

2. 寬視角（10~20 度）：用於目標偵搜與觀測，屬於中等觀測範圍。
3. 窄視較（＜3 度）：用於目標辨識、識別與瞄準，由於檢知器上所有檢知元全部落在較小的視野內，故可提供資訊最多、像最清楚的觀測效果。

由於熱像儀檢知器與顯示器均為長方形，故視角亦以平與垂直方向二個參數表示之，通常為寬高比 4:3 之格式。

8.4.4　影像格式

熱影像需提供人眼可見最佳之影像品質，現行是以可提供一般電視標準之影像品質，而影像品質與其信噪比（SNR）及像素數（pixels）有關，若欲再提高影像品質，則以 HDTV 為標準，亦即再增加畫面像素數。因為電視機標準為一個大家所熟知且可接受之影像品質，故現行使用顯示器均採用電視機之標準，如監視器、錄放影機、視頻處理、視頻發射裝置等均是。

現行標準美規電視視頻格式為電子工業協會（EIA）水平 525 條電視線、掃描頻率每秒 30 個畫面之 NTSC 像影，亦即 RS170A，為彩色電視格式，熱影像主要為單色（通常為黑白或綠色），稱為 RS170；歐規電視稱為 CCIR，為 625 電視線、每秒 25 個畫面，黑白則稱為 PAL，頻率大於人眼視覺暫留時間，均為交錯式（Interlace）影像，交錯影像可減少視頻頻譜範圍，並增加觀看舒適度。循序式（或非交錯）電視影像格式則為現代高畫質數位電視產品之發展趨勢，其具有下列特點：

1. 當影像經數位元處理用於追蹤、影像增強、消雜訊、分類、自動目標辨識等用途時，使用非交錯式影像較易於處理，特別是對於移動的目標物或影像。
2. 使用掃描系統時，與掃描方向垂直之快速移動影像之取樣頻率可以減小一半，即影像密度成為二倍。為了與現行電視標準相容，仍使用交錯式技術以獲得良好影像，但亦可以循序掃描技術取得影像再以交錯式儀器顯像。但現代大陣列凝視式產品並非掃描成像，而是如循序式影像般係以電子（數位元）影像處理獲得，故循序式將更適合今後使用之場合。

8.4.5　觀測距離

作為一種光電成像儀器，許多使用者第一個問題是熱像儀可以看多遠，其實觀測距離遠近與目標物大小與溫度、背景環境雜訊多寡以及熱像儀本身性能有關。其中僅第三項為設計、製造或使用者可以決定，而此項又與熱像儀各個組成模組之性能有關。

現代紅外線系統工程實務

在所有次系統組成元件（鏡頭、檢知器、電路與視頻輸出）製作品質為一定水準時，熱像儀觀測距離與鏡頭焦距、檢知器像素大小、靈敏度以及目標物被觀測面積（熱輻射放射面積）有關，通常在固定鏡頭焦距時，檢知元較小則空間解析度較佳，但視角也會較小，反之亦成立；同理，在檢知元尺寸固定時，鏡頭焦距越大則空解析度變佳，若維持焦數不變，則觀測距離越遠。下表為熱像儀檢知器與鏡頭搭配後，系統所能觀測之距離，其為實驗室測試值或計算數據，於野外使用時會因天候狀況、能見度、目標物實際大小（如人立姿或蹲姿，車輛種類與側面或正面等等）而有折扣，但可作為系統設計時元件選擇之參考。表格中假設人員目標為立姿，輻射面面積為 1.7×0.5 平方公尺、車輛目標為由側面觀測，輻射面面積為 4.6×2.3 平方公尺，飛機之輻射面面積為 10×5 平方公尺。雖離觀測能力包含基本的偵測與辨視二項（若要求更詳細的識別，則距離更短）。

1. 檢知元 45 微米（室溫型）

	f/#	FOV（度）水平×垂直 160×120	320×240	640×512	人員（米）1.7×0.5 偵測	辨識	車輛（米）4.6×2.3 偵測	辨識
鏡頭 EFL18mm	1.0	22×17	43×33	85×65	184	61	650	218
鏡頭 EFL50mm	1.0	8×6	16×12	32×24	512	171	1807	602
鏡頭 EFL100mm	1.2	4×3	8×6	16×12	1024	352	3614	1204
鏡頭 EFL150mm	1.2	2.7×2	5.4×4	10.8×8	1536	523	5421	1806

2. 檢知元 30 微米（冷卻型）

	f/#	FOV（度）水平×垂直 320×256	640×512	人員 1.7（米）×0.5 偵測	辨識	車輛（米）4.6×2.3 偵測	辨識	飛機（米）10×5 偵測	辨識
鏡頭 EFL 50mm	4.0	12×9	24×18	768	256	2710	903	5892	1964
鏡頭 EFL100mm	4.0	6×4.5	12×9	1536	512	5420	1806	11784	3928
鏡頭 EFL150mm	4.0	4×3	8×6	2304	768	6510	2709	17676	5892
鏡頭 EFL250mm	4.0	2.5×1.8	5×4.5	3840	1280	13550	4515	29460	9820
鏡頭 EFL300mm	4.0	2×1.5	4×3	4608	1536	16260	5418	35352	11784

3. 檢知元 20 微米（冷卻型）

	f/#	FOV（度）水平×垂直 320×256	640×512	人員（米）1.7×0.5 偵測	辨識	車輛（米）4.6×2.3 偵測	辨識	飛機（米）10×5 偵測	辨識
鏡頭 EFL 50mm	4.0	8×6	16×12	1152	384	4065	1335	8838	2946
鏡頭 EFL100mm	4.0	4×3	8×6	2304	768	8130	2670	17676	5892
鏡頭 EFL150mm	4.0	2.7×2	5.4×4	3456	1152	12195	4065	26514	8838
鏡頭 EFL250mm	4.0	1.6×1.2	3.2×2.4	5760	1920	20325	6775	44190	14730

第 8 章　熱輻射偵測夜視器材－紅外線熱像儀

8.4.6　熱像儀性能測試主要檢驗參數

由於熱像儀使用範圍極為廣泛，包括軍事用途、醫療用途、工業（程）用途及科學實驗用等，其中軍用產品要求測試項目最為完整，敘述如下：

1. 光學性能：包括 MRTD、NETD、MTF 及 FOV 等，本項測試係於熱像性能測試系統上施行之，如圖 8.17 所示，於黑體前設置各種形狀之標靶，代表不同目標與空間頻率，作為 MDTD/MRTD 測試選項。
2. 控制功能：檢查熱像儀各項按鍵或調整鈕之功能，如焦距調整、視角轉換、影像亮度與對比調整及不均勻度校正（NUC）功能（使用凝視式 FPA 系統）等。
3. 機械特性：檢查表面處理及外觀、重量、尺寸等。
4. 環境性能：包括水（氣）密效果、高低溫測試、衝擊測試、（運輸）振動測試及電磁干擾防護等。
5. 野外測視：主要測試熱像儀觀測距離與煙霧穿透效果。

註：（1）20 世紀末期起，歐美公司盛行併購風，包括紅外線公司亦然，德儀公司（TI）國防部門於 1999 年為雷神公司（Raytheon）所併購，其他如著名的休斯（Hughes）、SBIR 公司等亦為雷神公司所合併；FLIR 公司則併購 Indigo、Inframetrics 公司與瑞典著名的 Agema 公司，雷神與 FLIR 公司成為全球前二大紅外線系統公司；以研發微檢器（Microbolometer）著名的美國 Honeywell 技術中心與波音公司紅外線部門則被 BAE（英國航太公司）合併。頻繁的公司或部門間之出售或併購，常導致客戶無所適從，但也可能給軍火商製造商機。
（2）英國 Pilkington optronics 則於 2003 年被法國 Thomson-CSF 公司合併，Thomson-CSF 公司已於 2004 年更名為 Thales 公司；GEC-Marconi 則被英國航太公司併購。

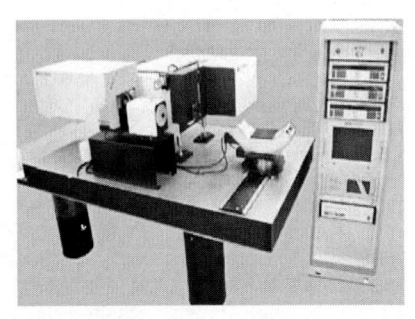

圖 8.17　熱像儀性能測試系統，左為測試台，右為 MRTD 測試標靶，為以色列 CI System 公司產品

第 9 章　紅外線檢知器

　　檢知器為構成紅外線光電成像系統的關鍵元件，光電池、光放管等工作波段自紫外光至近紅外線（約 1.1 微米）範圍，為外光電效應之應用，紅外線檢知器則是指感應波長範圍由 1 微米至 15 微米的光檢知器，其中波長 3 至 14 微米的中波與長波紅外線，為本章所討論之重點。

　　檢知器的功能為感應與轉換紅外線輻射，故要求對紅外線輻射要有高靈敏度，經半個世紀的演進，目前高性能產品多採用冷卻式，以中波紅外線域的的銻化銦（InSb）與長波的汞鎘碲（HgCdTe）為主，其他則併用成本較低的室溫型產品。除材料本徵的感應能力外，科學家亦由外在的結構來強化其對熱輻射的感應效果與解像能力，包括檢知器形式與尺寸、讀出與成像電路等。目前檢知器材料已可感應接近 0.01 度，成像效果由單純熱點進步至影像，陣列尺寸日亦擴大，而檢知元更為精細，其中中波段紅外線檢知元已小於 15 微米，可分辨比頭髮還細的標的物，且朝超大面陣列、多波段與智慧型電路發展。

9.1　紅外線檢知器分類

　　檢知器追求如人眼之觀視效果，通常檢知器以檢知元（Detector element，猶如 CCD 之像素）多寡表示其解像力高低，因此其解像力之良窳一直為科學家追求之與改善之目標。很明顯的，最早的檢知器為單一檢知元之檢知器，為求提高解像力，人們最初以掃描方式達成低像素高解析之目的，隨著製程技術進步，檢知器由單一檢知元至多檢知元，而線性陣列，而多線陣列，而小型面陣列，而至目前的凝視式陣列，完成以多像素方式無須經掃描直接觀視，現今已完成 1,024×1,024 檢知元之產品，故可將檢知器分為光機掃描式與凝視式兩大類，並以檢知元數量代表檢知器發展之歷程，概以圖 9.1[26] 說明之。紅外線檢知器將紅外線輻射轉換成電性信號，包括電流、電壓，或因吸收熱（溫度）而改變材料的電阻、導電性、極偏性等等，故材料之光（熱）電轉換為檢知器最重要特性。依轉換之工作原理檢知器主要可分為二類，即材料為半導體的光子型檢知器（Photon detector）與非半導體材料的熱感型檢知器（Thermal detector）兩種，其中光子型對紅外線輻射感應效率高、反應時間短，被廣泛用於高性能熱像系

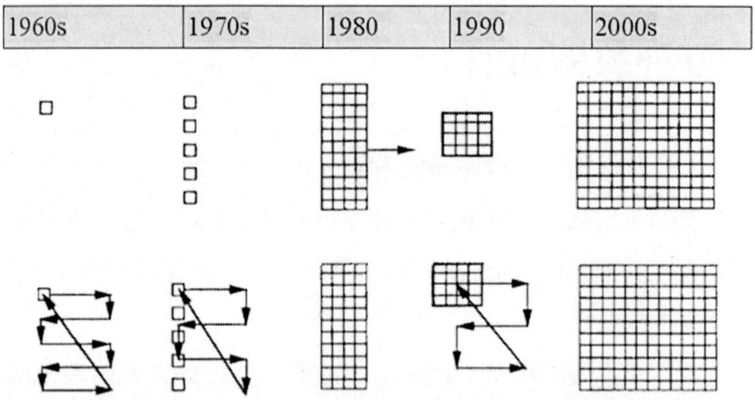

圖 9.1 檢知器發展示意圖，1960 年代使用單檢知元需配合二維光機掃描成像；70 年代研發的之第一代 FLIR 為分離式檢知元之線性檢知器，仍需配合一維光機掃描；80 年代為發展興盛時期，採用之多線焦面陣列檢知器，僅需單向掃描即可；90 年代中期之小陣列仍需配合二維光機掃描，但因陣列較小，故冷卻要求較低；90 年代末期使用之凝視式焦面陣列檢知器無須經掃光機描程序即可成像

統（如太空或軍用夜視觀瞄與射控），為本章敘述之重點。二種檢知器之工作原理敘述如下：

9.1.1 光子型檢知器

光子型檢知器也叫做光電型檢知器（Photoelectric detector），為內光電效應之應用，當入射輻射作用於光子型材料時，會在半導體材料內產生電子間的交互作用，即光電效應，這些效應對不同材料的工作機制也不盡相同。光子型檢知器係指接受紅外線輻射後，激發材料中的被束縛電子成為自由電子，使材料具有導電性，進而產生電氣信號。由於此種入射光能量必須大到足以激發出光電子，故必須有足夠的能量 Φ，該能量與與入射輻射之波長有關，即

$$\Phi = h\nu = hc/\lambda$$

其中 h 為普朗克常數，6.62×10^{-34} 焦耳/秒，c 為光速，3×10^8 米/秒，若以電子伏特（eV）表示束縛能 Φ 之單位時，

$$\Phi = 1.24/\lambda$$

因此，對於中波紅外線束縛能約為 0.25 eV，對於長波而言則為 0.09 eV，亦即長波輻射比中波輻射容易偵測得，其比例約為 3 倍。而常溫下長波紅外線輻射又比中波多，

故傳統上多使用長波紅外線。

　　光子型檢知器中最常使用者為汞鎘碲（HgCdTe）以及銻化銦（InSb）材料，自1959 年汞鎘碲被發現以來，已廣被歐美國家採用至今，該材料可用於中波與長波紅外線，而銻化銦與蕭特基壁壘矽化鉑則僅用於中波域。其中解像力可媲美可見光 CCD 或 CMOS 影像感測器的大陣列矽化鉑早已量產，雖其靈敏度較低，但因具有極高的均勻性，故仍有良好的性能表現。前述三種中波域的材料製作技術均屬成熟，相對的至今仍無一種長波域紅外線材料可於 77~80K 有足夠的性能。

　　光子型檢知器又可因材料特性分為二類，一為異質（Extrinsic）半導體型式，另一為本徵半導體型式，而依檢知器工作原理又可分為光導型與光伏型二種。異質半導體即摻雜的元素半導體，通常僅以光導型模式工作，本徵（Intrinsic）半導體則為純質半導體（可為元素半導體或化合物半導體），可以光導或光伏兩種模式工作。

　　異質半導體檢知器通常為 IV 族的矽或鍺摻入不同雜質（Dopant），加入第 III 族材料如鋁（Al）、鎵（Ga）或銦（In）即成為 n 型半導體，加入第 V 族材料如磷（P）、砷（As）或銻（Sb）即成為 p 型半導體，如如 Ge:Au、Si:Ge 等，多用於長波紅外線。本徵半導體檢知器為現代紅外線檢知器主流，其操作原理有許多種，但以光導及光伏最為常用，另有新型半導體作用之檢知器，分述如下：

1. 光導（PC）型：係基於材料受紅外線光伏射激發而產生帶電載流子（包括電子、電洞或電荷對等），這些載流子可以提高導電性，施與一個偏壓即會產生電流，此種檢知器又稱為光敏電阻，為最基本、最早使用的光導材料。早期（50 年代）使用的材料有短波（1~3μm）的硫化鉛（PbS）、短中波（1~4μm）的硒化鉛（PbSe）與銻化銦（InSb）及長波汞鎘碲（CdHgTe，簡稱 MCT，但其亦作可為 PV 型檢知器）等，其中以 MCT 特別受到重視，因其工作範圍廣，可函概 2~25μm，量子效率高達 60%。除 MCT 外，其他三合金型檢知器，如 InAsSb、HgZnTe 等亦開發成功。
2. 光伏（PV）型：係指經由內建電場產生一個內部的電位壁壘（Potential barrier）以分離受光產生的電荷對，此種電位壁壘可由 pn 結或蕭特基壁壘產生。具有 pn 結的半導體材料受紅外線輻射照射後，產生電子-電洞對在空乏區兩側堆積，形成電位差，當連接外部電路時，就會輸出電氣信號，亦即以電壓驅動之材質。其作用類似光電二極體，恰與發光二極體相反（受到外加偏壓時產生光）。常用的材料有矽化鉑（PtSi）、銻化銦及中波汞鎘碲等。

大部分光子型檢知器需要降至極低溫（液態氮 77K 或液態氦 4K）以降低暗電流，在中波操作的小陣列汞鎘碲檢知器以熱電冷卻器（TEC）降溫至約 200K 即可工作，接近非冷卻式產品，惟其性能稍差。由於截止波長越長，暗電流增大，降低溫度除了可減小暗電流外，對於相同的截止波長與溫度而言，本徵型檢知器材料之暗電流較異質型檢知器小，因此本徵檢知器所需低溫程度要求較小。

3. 除了傳統半導體作用外，另有一些新式半導體工作程序之檢知器，包括量子井與蕭特基壁障：

（1）量子井光檢知器（Quantum well infrared photodetector, QWIP）係基於電子能態播遷所產生的能隙（Band gap）之內部光發射效應，故也屬於光子型（PC 型）檢知器的一種，包括 AlGaAs/GaAs 量子井。為了消除過大的暗電流與提高性能（高檢知率與低反應時間），需要冷卻至極低溫，QWIP 檢知器工作溫度低於 50K。QWIP 量子效率較典型光伏型差，但其可於長波紅外線域工作，且製作良率高，故受到重視。

（2）蕭特基壁障（Schottky Barrier）檢知器係利用金屬與半導接合時，於結合介面產生能階，半導體的自由電子與金屬中的自由電子的軌道大小不同，亦即能階大小不同，該能階差稱為蕭特基壁障，以矽化鉑（PtSi）為代表材料。此種材料製作程序與矽基半導體相同，技術十分成熟，因此容易製成大型二維焦面陣列（Staring FPA）檢知器（目前 1,024×1,024 已可量產），且不均勻性極低，故雖靈敏度低（PtSi 僅約為 1%），但仍廣被使用於非軍事用途上。

9.1.2　熱感型檢知器

造成熱像儀使用更加普及的原因之一為室溫型產品再度受到重視，而這必須歸功於現代熱感型檢知器不斷研改使其性能提升與成本降低。熱感型即指非冷卻式（室溫型）產品，可於 296K 溫度（即室溫 23℃）中使用而完全無須使用冷卻裝置，但一般而言感應效率（指靈敏度及感應時間）較差，需配合口徑較大的鏡頭使用，但相較於致冷型長波紅外線檢知器需冷卻及使用光機掃瞄機構，中波紅外線檢知器亦須使用冷卻器，室溫型檢知器顯得構造簡單與成本相對較低廉，雖其性能較差，卻極適合中、短距離（輕兵器瞄準與輔助駕車）及民用產品使用。另因其靈敏度與波長無關，故亦可感應全波段紅外線(至25μm)，但一般均設計於截止波長 12μm 之長波紅外線(LWIR)中使用，因其該波段具有高大氣穿透及低太陽光反射之優越性。目前最常用的無需冷卻的室溫型熱像儀材料為焦電式及熱敏電阻材料。

熱感型檢知器係指接受紅外線輻射後，材料會引起溫度變化（通常是升高溫度），然後改變材料某些與溫度有關之性質（如導電性等），當施予電壓即有產生電氣信號輸出，輸出電力大小與溫度變化成正比例，但與波長無關，西元 1800 年 Herschel 發現紅外線時即採用此種形式之檢知器。熱感型元件原理有許多種，但最重要的為熱電效應（Thermoelectric）、熱輻射偵檢效應（Bolometric）及焦電效應（Pyroelectric）等三種，目前有被實用化成產品。

雖然 19 世紀以前就已使用，早期熱感型材料僅用於溫度感測，一直到 20 世紀末室溫型熱像儀重新受到重視，才被作成觀測影像的熱像儀。最重要的里程碑為 1980 年代初期美國德儀公司（TI）首先完成可觀測影像的室溫型熱像儀，該儀器係使用焦電型（膜薄鐵電材料）檢知器，這項由美軍 NVL 贊助的 SMARTII 計劃 W1000 熱像瞄準鏡，開發出鋇鍶鈦（Barium strontium titanate, BST）焦面陣列檢知器及一系列的室溫型熱像儀產品，包括武器瞄準與輔助駕駛器材，並供西歐盟國使用。除了前述 TI 的專案外，約同一時期，漢尼威爾（Honeywell）公司亦接受美軍委託研究單晶矽材料的熱敏電阻型檢知器，於 90 年代初完成微熱偵檢型檢知器（Microbolometer，可簡稱微檢器），並授權予數家公司使用，第一個正式產品為 Amber 公司的熱像瞄準鏡。目前新一代微檢器室溫型檢知器技術已更成熟，性能已不遜於某些冷卻式產品（如 PtSi），而其製造及維修成本卻遠低於冷卻型產品，故民用市場已掀起另一波使用的熱潮。

在三種室溫型感熱產品中，以焦電型元件作為紅外線感測器材是最晚發明的（約 20 世紀中），但焦電室溫型熱像儀因較早商業化應用，故早已被於各廣泛採用，包括美國陸軍及民用系統均採用之，後者主要用於夜間輔助駕車及警用巡邏等。但由於較結構較複雜，成本較高，微檢器成為現行非冷卻式熱像儀使用之主流，並受到美軍選用，包括 TI 及西歐國家一些公司亦投入開發。目前最新的微檢器除有極高溫度靈敏度外，且具高可靠度，已被用於軍品市場，故美國政府將其分割為軍品等級與商用等級，前者嚴格管制輸出。

1. **熱電偶與熱電堆**

熱電偶（Thermal couple）為熱電效應之應用，將二種不同金屬導電材料連接在一起時，如果接頭兩端溫度不同，就會產生一個電位差，該電壓大小與材料兩端溫度差成正比，這種裝置稱為熱電偶。若將其連接於外電路就會有電氣信號輸出，兩個半導

體間也會產生此種效果，而且比金屬更明顯，此種熱電原理又稱為西貝校應（seebeck effect），數個熱電偶排列在一起則稱為熱電堆（Thermal pile），可產生較大的電壓。

可將熱電偶作成感測外界紅外線輻射的儀器，當電偶之一端受到紅外線照射就會吸收紅外輻射而升高溫度，其生成之電壓大小正比於入射紅外線輻射大小，故用於量測溫度。常用的熱電偶有鐵-鎳熱電偶、鉑-銠熱電偶等，亦有以半導體材料製成者如鉍-銻或鉍-碲等，可作成熱電型熱像儀，用於簡單的工業或實驗室溫度量測裝置，如耳溫槍，但少有作成夜視影像觀測的儀器。熱電材料由於其結構相當簡單，對溫度感應度也較低，但也因而雜訊較低。

2. 輻射熱偵檢器

輻射熱偵檢器（Bolometer）為利用吸收熱輻射改變電阻的原理。將紅外線輻射照射於具有高電阻係數的材料時，材料溫度升高進而產生電阻值變化，當施以一個偏壓時，電流隨之變化，即可用來量測入射輻射的強度。當任何熱絕緣物體吸收熱輻射時必須發出輻射以保持其熱平衡，亦即使其溫度昇高，某些材料在室溫時，$1mW/cm^2$ 之輻射強度會產生溫度昇高 1 度，而微量的溫度改變即可產生明顯之電阻，故即使在室溫時熱輻射偵檢器亦可作為優良之測溫工具。其結構為一個懸浮在基板上的金屬或半導體材料之熱輻射吸收膜，當入射輻射被薄膜吸收，則被偵測到溫度升高。由於薄膜被隔離，此可將自薄膜流到四周的熱降到最低，以提高熱敏感度。若為半導體材料膜則電阻隨溫度升高而增加若為金屬膜則反之。常用的材料有矽、釩等材料的化合物或熱敏電阻，近代流行的高溫超導亦為利用此原理之材料。

最早的熱檢器為 1881 年美國科學家 Langley 所發明，發現波長近 3 微米紅外線，1982 年 Honeywell 公司利用微機械製作技術在 Si-CMOS 基板上長氧化釩（VO_x）材料作成凝視式陣列型式檢知器，稱為微熱偵檢型檢知器（Microbolometer, 簡稱微檢器 MB），用於觀察影像，操作波長為 LWIR。包括美國波音、雷神、英國航太（British Aerospace）及以色列 SCD 公司均獲授權生產，早期 NETD 約 100mK（0.1℃），目前則可達 30mK（0.03℃）；而 TI 與法國 Sofradir 公司則開發出另一種非晶矽（amorphous-Si）微檢器，具有高熱靈敏度（70mK）。由於製造商常將此種檢知器與成像與驅動控制電路做成一體，實務上稱之為微檢器紅外線引擎，主要以工業用途為主，如溫度量測、火場監視與非接觸檢驗等，目前有許多廠商提供此種模組化產品供客戶自行開發系統。目前通用的微檢器主要為像素尺寸為 45 微米的 160×120 像素、

320×240 像素及 25 微米的 640×480 像素,其中後者因具有高靈敏度與解像力,被用於軍品或高性能產品。

由於投入微熱偵檢器室溫型熱像儀產品生產之廠商日多,成本漸降,較大宗用途為火場搜救與夜間或不良天候時之輔助駕車,包括軍民用車輛均有採用。實驗顯示,在夜間使用熱影像駕駛輔助系統可看到較現行遠光燈一倍以上之距離,但不會影響對向人車視線,此對於幅員廣闊的大國家夜間駕車時可大幅提高安全性,除了某些高價車種以配備此種夜視系統外,美國部份州政府曾考慮立法規定所有跨州行駛之定期車輛均須裝置此種系統,故室溫型產品預期遠景看好。

3. 焦電檢測器

因吸收熱輻射而改變材料的極性,進而產生電流的現象稱為焦電性,亦即將熱能轉換為電能,利用此特性可製成焦電檢知器。當受到紅外線輻射後,某些材料,特別是鐵電材料,如鋇鍶鈦($BaSrTiO_3$, BST)、鉭酸鋰($LiTaO_3$)及鈦酸鉛($PbTiO_3$)等,吸熱後會因材料溫度起變化而造成其內部離子相對位置改變,亦即產生材料內部自發性電偏極化,而表現在材料表面為可量測到的電荷,結果會產生電氣信號(電流),經由內部電荷流動,晶體會自動電荷中性化,以達成電性平衡。如果材料表面溫度持續快速變化,則那些表面電荷會再出現,並再次進行電荷中性化。此種特性可用來量測入射輻射的強度,如果所吸收的熱輻射依時間調變(如使用斬光器),無須外加電壓即可在外部電路上量到交流電,該電流大小與輻射強度及其改變率有關。

當溫度高於居禮溫度(材料因受熱輻射而改變原子排列方向之溫度)時,其焦電性會消失,複合式鐵電材料,如 BST,可經由改變鋇(Ba)與鍶(Sr)之間的比例來改變其居禮溫度。與前述微檢器一樣作為 LWIR 熱像儀的感測元件。TI 公司於 90 年代完成一系列焦電型檢知器材料,包括 BST、LNT、PZT 等多種,其中 BST 薄膜鐵電陶瓷為現行熱感型檢知器材料之選項,因材料偏極化特性會隨時間變化,有時會使用熱電冷卻器來穩定操作溫度。

焦電型檢知器除 TI 公司外,英國 GEC Marconi 公司亦有生產,並均有作成 320×240 凝視式焦面陣列及相關熱像儀,此種材料為最早成品化的室溫型熱像儀材料,惟目前熱敏型微檢器為室溫型市場主角,但對於靈敏度與解像力(陣列尺寸)要求不太高的用途,如工業用溫度紀錄或近距離偵測等仍有用途。

9.2 光子型檢知器

高性能熱像儀均採用光子型檢知器,第二代(含)以後的檢知器包括線陣列與面陣列均屬於焦面陣列型,但有越來越多的紅外線檢知器以凝視式焦面陣列的方式製作,且陣列組成檢知元數目越來越多,目前主流為 320×256/240 (或歐規 384×288)像素,有些產品則採用較大的 640×512 像素,而百萬像素的檢知器也已量產。雖然美軍第二代熱像系統仍採用 480×4 多線陣列,但規劃中的第三代產品則擬改採凝視式焦面陣列,故預料未來在不均勻度、製作成本等持續下降後,可望全面取代掃描式產品。

9.2.1 焦面陣列檢知器

焦面陣列(IRFPA)檢知器包括線陣列與凝視式陣列熱像系統,凝視式檢知器無須使用外加的光機掃描系統,改為內部電子掃描,使熱像系統結構大幅簡化。IRFPA 主要係由光敏材料的檢知器陣列(detector array,即接收與感應紅外線輻射部份),與讀出電路(Read Out IC,簡稱 ROIC,即將由前材料輸出之光電子收集及登錄整理後再輸出的多工讀出元件)所構成。檢知器陣列與讀出元件做在同一片基板材料上者稱為單體型(Monolithic),如 PtSi 檢知器;如果檢知器陣列與讀出元件分別做在二層,如圖 9.2 所示,再以特殊接點連接者稱為混合型(Hybrid),其中檢知器陣列長波多為 MCT,中波則為 MCT 或 InSb,初期 ROIC 為 CCD,目前 CMOS 電路已擁有 CCD 之優點,檢知器之 ROIC 多改為 CMOS。

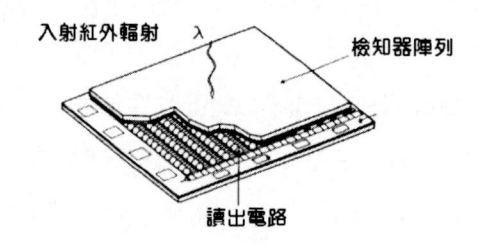

圖 9.2 混合型檢知器,上層為檢知器陣列,下層為讀出電路

單體型檢知器因共用基板,故製程看似複雜,但其實與 CCD 感測器之救火時水桶傳水滅火的概念相同,惟其充填因子(Fill Factor,指陣列上可感光部份占全陣列總面積之比例)較低,目前較少採用。混合型檢知器充填因子極高(理論上可達 100%),故靈敏度亦高。其中檢知器陣列與 ROIC 為分開製作,再長一層銦棒(Indium bump)

第 9 章　紅外線檢知器

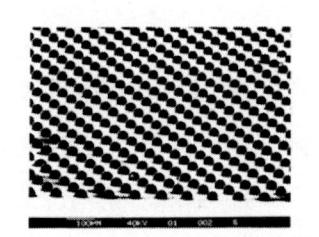

圖 9.3　Sofradir 公司銦棒長成圖示

作為接點,將檢知器陣列上每一個檢知元分別與 ROIC 上每一個位址聯結,圖 9.3 為法國 Sofradir 公司銦棒製程圖片。二者之結合為一個極精密的冷焊工作,極易產生壞點而損毀檢知器陣列或 ROIC。

對紅外線輻射敏感之材料而言,由於成像品質要求高,現行多做成陣列形狀,置於物鏡組成像處,目前最流行者為 320×256 格式之陣列,如圖 8.10 所示即為 320×256 凝視型焦面陣列檢知器。採用混合型雙層結構,使用雙層的架構使充分利用陣列感光層,使其充填因子達 80%以上,較大的 640×512 則多受到輸出國政府管制發展,而 InSb 材料甚至可製成 2,000×2,000 之超大型陣列,因繞射效應,僅使用於近紅外線域。大陣列檢知器以 MWIR 較容易製作,但中波材料易產生高溫時輝散現象,故抗輝散為高性能檢知器讀出電路極重要之要求,現行要求為當檢知器曝光準位高於飽和準位 200 倍以上時,應仍然保持不飽和的情況。

採用焦面陣列檢知器的紅外線成像系統為新一代熱像系統之趨勢,相較於掃瞄成像系統具有需多優點,但亦有一些問題待克服。最早的單元檢知器需利用雙向串聯掃描(Serial scan)成像,亦即水平與垂直掃描交互進行,以達成二維電視影像格式,檢知器在同一個位置駐留時間極短,因此靈敏度較低,但因無檢知元之間的差異,故無不均勻度問題。第一代並聯掃描(Parallel scan)系統,對景物進行 2 整列(掃描 2:1 交錯式雙向掃描),由於採用多個檢知元,故必須做非均勻性校正。第二代因檢知元數夠多,故僅進行單向掃描,但仍需校正不均勻度,檢知器駐留時間為 20-30 微秒,靈敏度大幅提高。而使用凝視式檢知器可直接對景物成像,因檢知器不需運動,理論上積分時間最長可達 30 毫秒(大於人眼視覺暫留即可),故有極高的靈敏度,且因直接獲得二維電視格式影像,故不像掃描系統需做影像重建或格式化,但對於移動目標可能會產生拖尾現象,而最大的問題為檢知器製作良率與檢知元間的不均勻度校正。

9.2.2 冷卻系統

光子型檢知器須於極低溫下方可作用,此係因為該等半導體材料在室溫下其價電子無法自行跳過禁止能階進入導電帶,而入射光子能量即可使之激發,藉由冷卻可減低禁止能階,並減低工作雜訊。冷卻的方法可使用冷卻劑,如液態氮(77K)或液態氫(20K),目前多用於實驗室等大型裝備設施,而新開發的微型冷卻器(如圖 9.4 為以色列 SCD 公司之 Ricor K560 冷卻器模組,下方為壓縮機,上方為冷指器)則成為現代手持式熱像儀之另一重要零件。成熟的微型冷卻器(Micro-cooler)已可提供相當液態氮甚至更冷的工作環境,並可適用於中波段($3 \sim 5 \mu m$)與長波段($8 \sim 12 \mu m$)之檢波器使用。冷卻器所需功率與檢知器之材質種類與型式(PC 或 PV)、工作波段有關,一般而言,PC 型檢知器在 MWIR 波段(如 PbSe, MCT)僅須冷卻至 200K,而 LWIR 波段(MCT)則須降溫至 77K;PV 型則較複雜,通常須冷卻至 80K 或更低,但 MWIR 波段的 MCT 可於 110K 工作;另量子井型(Quantum well)的 GaAs 則須降溫至 55K。常用的低溫致冷方式有四種,即液態氮冷卻、焦-湯高壓氮氣冷卻、斯特林閉路循環冷卻及熱電冷卻法等,分述如下:

圖 9.4　Ricor K560 冷卻器模組

1. 液態氮冷卻法:直接將液態氮到入容器(模擬杜瓦瓶)即可獲得 77K 之溫度,此可維持 30 分鐘之冷度,且無電子雜訊。使用液氮直接冷卻,最為簡單省錢之方法,唯其冷卻架構較大不適合攜行,且須經常充灌液態氮,故使用上較麻煩,適用於實驗室或工廠生產線。

2. 焦-湯冷卻器(Joule Thomson Cooler)高壓氮氣冷卻法:JT Cooler 使用高壓氮氣瓶為氣源,或經細管噴出高壓氮氣,與大氣接觸液化時產生極低溫,其使用時間短須經常更換,一般而言,0.2 公升氣瓶可在 10 秒內降至檢知器操作溫度,並維持數十

分鐘，而 0.6 公升氣瓶可在 60 秒內達到低溫，並維持數小時工作時間，多用於傳統熱導飛彈或車（船或飛行器）載熱像裝備。JT 冷卻法須使用極高純度之空氣以免噴嘴阻塞，或定期更換噴嘴與濾網，此會增加成本。

3. 斯特林閉路循環（Stirling close cycle）冷卻法：體積小的斯特林微型冷卻器之開發係為取代大型且後勤補保成本高的 JT 高壓氣體冷卻方式，故許多文獻均有詳述。由一組馬達壓縮機不斷的壓縮與膨脹，使循環系統內保持低溫（由如冰箱壓縮機），一經密封後可使用約 4,000 小時或更久，為目前使用最多的冷卻方法。其特點為需要 5-10 分鐘降溫至檢知器工作溫度（77K），再利用冷指器將低溫導至杜瓦瓶內的檢知器端，常用的有線性分離式（Linear/Split）引擎與迴轉式（Rotary）引擎兩種，用以配合熱像儀系統配置需求使用，其缺點為需冷卻時間及操作時之噪音。其中迴轉引擎方式可作成體積較小的微型冷卻器，並與 FPA 檢知器作成單一組件，即為 IDCA，多用於現行可攜帶式手持熱像儀。

4. 熱電式冷卻器（Thermoelectric Cooler）冷卻法：TECooler 為一半導體材料之固態冷凍裝置，為提高冷卻效率可作成如三明治般多層結構，體積小重量輕（約低於 50 公克），適合個人攜帶式裝置使用，其低成本更適用於一般電子產品之散熱。係以電子運動釋出熱而降低溫度，因無任何活動零件，故具有無噪音及高可靠度之優點。但 TE 冷卻器耗電較高（約 30W，斯特林冷卻器穩定態時僅須約 10W）而冷卻效率低，且效率隨溫度升高而降低，最多有需要用到 6 層結構。由於 TEC 效率較低，故通常只冷卻到 200K 左右，冷卻可於數十秒內達成。美軍已改進此種冷卻系統，應用於其先進的熱像瞄準鏡（AN/PAS-13）上，部分室溫型熱像儀亦採用 TEC 來維持固定的工作溫度。

9.2.3 光電感測模組（檢知器與冷卻器整合模組）之作業特性與要求

光電感測模組為一極精密且極貴重之物品（新台幣百萬元等級），極易受到靜電影響性能或損壞，故儲存與作業環境要求極為嚴謹，而操作人員之工作態度更為重要，作業時應特別注意防護因作業不慎造成損壞，另因光電模組之可靠度知與冷卻器壽命有關，故冷卻器之維護十分重要。

1. 作業環境：主要為抗靜電與環境溼度等，光電感測模組為電子元件，其輸出介面接點尤為敏感，進行光電感測模組與各電路板間之連結作業時均須注意靜電問題，工作桌接地、作業人員去靜電處理（如著防靜電衣、配戴消靜電手環等）等均須特別

要求,可要求製造商提供其產品使用之技術文件。通常作業環境要求相對濕度應高於40%的無塵工作場所,並應嚴格要求相對濕度低於30%的情況下不可作業,因此種環境極易產生靜電而壞光電感測模組。產品庫存時間過久或在高溫之環境操作,也會加速檢知器的性能衰減,故除非在野外使用,應注意工作溫度。

2. 儲存作法:由於光電感測模組為一接點外露之料件,接觸(提放)時須特別小心,而產品之儲存環境亦十分重要,通常存放於電子乾燥櫃或密閉容器中,相對溼度應低於40%(30%以下及充乾氮氣更佳)。新購的光電感測模組通常置於抽真空容器中,一旦取出後,所有作業均須依規定。長期存放(放置2年以上)時,必須定期檢查其效能,至少要檢查真空度,真空度不足會導致冷卻時間加長,甚至檢知器無法工作。至少每4年一次對光電感測模組抽真空,產品至少可保存10年不致損壞。隨意放置雖不至於立即損壞,但可能會降低產品效能與壽限。

3. 杜瓦瓶與冷卻器操作:整個光電感測模組除了冷卻器外,其餘部分則為可靠度極高的固態元件,在正確使用下僅需定時檢查、維護或更換冷卻器,即可維持產品極長壽限(通常軍用熱像產品使用壽限為 15 至 30 年),此為光電感測模組使用單位之責任。檢知器光敏元件通常在溫度 77-110K 間工作,為確保該低溫,檢知器感測元件係封裝於抽真空的杜瓦瓶內,以降低熱負荷(傳導),並避免空氣或水氣分子聚集於焦面陣列或冷濾光鏡上,因其會影響檢知器性能,甚至使檢知器無法工作。

杜瓦瓶為一超高真空容器(其構造如圖 9.5 所示),長期使用或存放均可能造成真空度降低,杜瓦瓶內的真空度會因材料本身的放氣而降低,為確保產品長期使用,製造商均依杜瓦瓶之體積設計一個除氣機構,稱為集氣端子(getter),並有接腳(通常2 個)連結到杜瓦瓶外側,來維持其真空度,使用者可經由多次活化集氣子以確保檢知器的壽限。集氣子功能為一個自動工作的吸氣棉,會持續吸收杜瓦瓶內的濕空氣分子,直到其表面飽和無法再吸收氣體分子為止,時間長短依環境溫度而定。

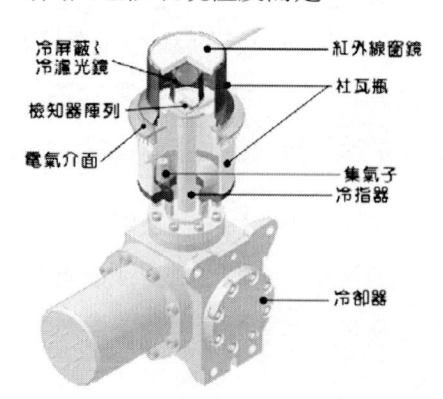

圖 9.5　光電感測模組總成暨杜瓦瓶內部構造,
　　　　圖片為 Sofradir 公司提供

當集氣子飽和時真空度會降低，集氣子必須被活化，以恢復其吸氣功能，此可經由外加一個高電流來達成，高電流可加熱除氣子，使其表面再恢復吸氣能力。杜瓦瓶內所有零件之材料所釋放出的氣體均會造成杜瓦瓶真空度降低，因而降低冷卻器與檢知器之性能。當杜瓦瓶真空度降低時，必須執行活化集氣端子的動作，注意必須將光電感測模組自產品中拆下。除氣動作可執行次數與集氣子吸氣能力有關，通常要求至少 5 次以上，在標準環境下應可執行 8-10 次。杜瓦瓶真度不足時可能會下列狀況：

（1）冷卻器效率變差導致耗電量增加，係因為杜瓦瓶冷熱部件之熱阻降低。
（2）冷卻時間增長，因須提供較多電能工作。
（3）檢知器性能變差，係由於水氣分子等粒子附著在 FPA、冷濾鏡及窗鏡內側，降低了光學性能結果造成靈敏度降低。

集氣子活化動作應視為定期保養的一環，若長時間未做集氣子活化，除杜瓦瓶真空度會降低，更嚴重的是水氣分子會聚集在光敏元件感測面或冷濾光鏡上，最後可能導致性能下降，甚至檢知器損壞。使用者可依照使用文件進行維護冷卻器系統，由於冷卻器可視為光電感測模組中之消耗性零件，必要時可加以更換，以延長模組之使用時間。

冷卻器工作時會散熱導致外部溫度升高，故設計熱像儀時應將光電感測模組之冷卻器部分以實體接觸方式固定在金屬機殼上，以機殼散熱方式降低冷卻之熱負荷，使用金屬機殼同時也可以降低受到電磁干擾的問題；而減少不必要的冷卻器開關機，可增加光電感測模組之使用時間。由於光電感測模組為一高價零件，應（如使用汽車般）設計一份與預防性保養程序設計一個身分證明與使用護照，紀錄產品獲得、操作時間與保養（如充填氦氣、集氣端子啟動或冷卻器更換等），以利保養作法並預防失效。

9.3 常用光子型紅外線檢知器材料

檢知器之光敏材料為決定為檢知器性能績效之關鍵所在，光子型檢知器使用半導體材質之感測元件，早期（1940 至 50 年代）多為鉛鹽材料，如 PbS 或 PbSe 等，後來則為製作良率高的 PtSi，目前高性能熱像儀則多使用量子效率較高的 InSb 及 HgCdTe 等。

9.3.1 碲化汞鎘或汞鎘碲（HgCdTe）

自 50 年代末期發明以來，汞鎘碲（HgCdTe，通常取字首簡稱為 MCT）因靈敏度

高於當時流行的 PbS、PbSe 等材料,成為紅外線檢知器光敏材料之首選,因其量子效率高達 60%以上,室溫時(約 300K)之物體輻射峰值波長接近 10μm,故近半世紀以來 MCT 一直是軍用紅外線檢知器材料之重要選項,除美國(Hughes SBRC, Loral, Raytheon, DRS,...)以外,包括英國(BAE-Selex, GEC Marconi)、法國 Sofradir、德國 AIM 及以色列 SCD 等,甚至我國中科院及中共北方光電等亦生產此種材料。

除具高靈敏度外,MCT 採料另有高操作溫度與感應波長可變等優點。典型的光子型檢知器須冷卻至 77K 方可工作,MCT 材料作為冷卻式熱像儀檢知器時可於 100K 時工作(法國 Sofradir 公司宣稱該公司生產之中波 MCT 可於 130K 溫度工作),作成中波小陣列檢知器甚至可以熱電式冷卻器冷卻於 196K 之溫度作業;另其截止波長(Cutoff wavelength,指能感應入射輻射之最大波長)可於製程中調整材料比例來改變,故具有極寬廣的工作波長,其感應範圍自近紅外線至遠紅外線(波長大於 20μm),但波長越長,其製作難度較高,產品缺點也較多,如雜訊大、動態範圍小等,故大陣列只做到約 12μm 處。令汞元素濃度為 x,鎘元素為 1-x,則汞鎘碲表示成 $Hg_xCd_{1-x}Te$,改變汞(Hg)與鎘(Cd)濃度的比例即可製成不同波域使用之檢知器,使 MCT 成為唯一可作為全波域之光子型材料。當 x 值變大時,截止波長減小,MCT 較容易做成尺寸與靈敏度較大的陣列型檢知器,早期僅做成小數目檢知元(少於 200)的 LWIR 檢知器,現行則做成大陣列(320×256 像素或更多)的 MWIR 與 SWIR。目前長波段使用之 MCT 已有製成大陣列(320×240 像素或更大如 640×512),但價格昂貴,且輸出受到嚴格管制。

MCT 可為 PC 型或 PV 型檢知器,PC 型檢知器需有較多的入射熱能,結果 PV 型檢知器之靈敏度約為 PC 型之√2 倍,故 PC 型僅做成大面積檢知元之小陣列檢知器。MCT 最大點應為其製作困難,環境要求亦極高,如無塵室等級達 100。因成本高故早期僅作為軍事用途,美軍通用組件系列產品為此種材料的鼻祖,使用量亦最大,自第一代產品起至目前通用之紅外線系統均採用之,包括長波段之單點檢知器、單線條之線性檢知器、多排 TDI 線性陣列與(英國的)線性 SPRITE 等,均為需光機掃瞄機構之線性陣列(Linear array)掃瞄系統,及中波段使用、無需掃瞄(實為電子掃瞄)之面狀凝視式陣列(Staring array)。MCT 材料長成檢知器陣列,再以銦棒結合於矽讀出電路(CCD 或 CMOS)上。

9.3.2 矽化鉑（PtSi）

紅外線產品受到工商業界重視的主要原因之一為矽化鉑（PtSi）材料出現，大幅降低了熱像儀製作成本。PtSi 為蕭特基壁障之產物，材料之截止波長約為 5.0 微米，屬中波紅外線材料，雖然其量子效率偏低（約 1%），但因其與現行矽半導體之製程相近，故最早被製成二維紅外線 CCD 陣列，為凝視式焦面陣列之先驅，且可製成大陣列（如 1,040×1,040 像素），又因其製作成本低且均勻性高，在民用紅外線熱像產品佔有重要地位，尤其在預知性（Predictive，指以儀器進行之檢測，以先期發現可能發生之故障）及預防性（Preventive，指定期維修）維修及檢測市場中。

蕭特基壁障檢知器的原理係基於蕭特基效應（Schottky effect），為二次大戰前德國物理學家蕭特基（Walter Schottky）所發現的一種經由外加電場降低材質功函數的方法，該外加電場可降低材料外在電子位能，從而改變其位能壁障並產生場發射效應。此種材料係由矽基材與金屬（或矽酸鹽）結合而成，特點為低靈敏度、高均勻度與可製成大型檢知器陣列。常用的有 SWIR 的矽化鈀（PdSi）、SWIR 與 MWIR 的矽化鉑（PtSi）及 LWIR 矽化銥（IrSi）等，因其量子效率隨波長增加而降低，結果 PtSi 因同時具有工作波段與靈敏度的優勢而成為現行採用的材料。

PtSi 另一個優點為高均勻性，未經不均勻度修的材料可達 99.5%，通常只需做單點校正，修正後可達 99.95%高均勻性，對於製作大陣列檢知器良品率高且容易。且一旦冷卻到工作溫度（約 77K）後穩定性佳，故雖靈敏度低但在民用市場上具有極大吸引力。基於製程上之便利性，PtSi 檢知器多為單體型架構，目前為了獲得較高靈敏度，也作成混合型以提高充填因子（約 80%，較單體型高約一倍）。

PtSi 紅外線熱像系統早期由 Agema 公司獨佔市場，1994 年美國 FSI（Flir System Inc.）公司生產此種材料並加入競爭，並於 1997 年合併 Agema，FSI 公司另於 1999 年併購 Inframetrics 公司，成為全球最大工業用紅外線產品生產廠，由於其擁有原屬 Inframetrics 公司生產軍規產品（如 MilCAM-XP 系列，但使用 InSb 材料）之能量，故亦提供軍用產品。

除 FSI 外，柯達為美國另一個重要生產廠商，美國紅外線元件公司（ICC）則包辦大部份美製杜瓦瓶模組（Dewar）之包裝市場；日本的三菱、Nikon 等公司生產 PtSi 檢知器亦頗負盛名，其中三菱公司將 PtSi 與 Si 晶片在同一條生產線上生產，更凸顯此種材料之容易製作的特性；我國中科院亦具成熟的產製技術，並有完整的光電感測模組封裝技術。近年來由於室溫型產品出現，低階的 PtSi 產品市場已逐漸萎縮，但高性

能（軍用）產品則仍是 InSb 與 MCT 的天下。

9.3.3 銻化銦（InSb）

銻化銦之截止波長約 5.5μm，感應範圍涵蓋近紅外至中波紅外線，是在 MWIR 中唯一量子效率與 MCT 接近的材料，但製作較容易成本較低，可製成凝視式陣列，目前已可量產高品質的 640×480 像素之成品，但製作困難度仍比 PtSi 高因。InSb 材料必須冷卻至 80K 以下（單檢知元可於 100K 左右工作），其高量子效率故可使用較大焦數（f/#）、低成本之鏡頭，且對熱源輝散效應低，不太會造成影像擴散影響觀測。

雖然幾乎與 MCT 同時出現，但再 1970 年代因軍用第一代熱像系統採用 LWIR 的 MCT 材料，而商用產品採用 PtSi 材料，故曾經被冷落，90 年代後因高性能產品與 MWIR 波段產品興起，而再度使其受到重視。目前 InSb 已在許多用途上取代 PtSi，並與 MCT 同樣成為軍事系統之主要材料。而百萬像素之超高解像力檢知器已開發完成，工作波段為 1-5 微米，目前為已量產之紅外線產品中最高像素檢知器陣列。主要製造商包括德州雷神（Raytheon）、洛克希德馬丁（Lockheed Martin）及辛辛那提電子（Cincinnati Electronics）公司，以色列 SCD 公司為美國境外唯一有能力製造此種檢知器之廠商。

InSb 若冷卻至液態氦之溫度（4K）可再提高靈敏度，適用於極遠距之航空、太空探測。

9.3.4 量子井型

量子井型檢知器簡稱為 QWIP（Quantum well infrared photodector），為利用鎵、砷半導體（GaAs/AlGaAs）量子井特性開發出的檢知器，其在長波段處具有高熱敏感度（達 0.015℃）及快速反應之優點，為一種在長波紅外線具有潛力新型紅外線材料。QWIP 為現代 GaAs 半導體長晶技術成熟後之產物，為新一代 PC 型致冷型檢知器，其結構為數層 GaAs 與 AlGaAs 交替疊加，再以銦棒與讀出電路結合而成。現今成熟且穩定的半導體製程使 QWIP 之製作良品率提高，而不均勻性可低至 1%（相當於 PtSi 之水準），可作成超大陣列，故解像力高，但其缺點為暗電流較高，故須冷卻至約 50K，目前已量產者為 640×512 像素。如同 MCT 般，$GaAs/Al_xGa_{1-x}As$ 量子井紅外檢知器可經由改變組成材料之濃度以及各層厚度來調整其工作波長範圍，目前主要用於 LWIR，由於成本低，目前仍以對性能要求較低的民用產品為主要客戶，瑞典 CTE 公司已成功利用該檢知器開發出新一代手持式軍用熱像儀，打算取代 MCT 以降低成本。

早期 QWIP 的光譜響應帶寬較窄，用於熱成像時有些波長的光輻射將被截止掉，

會降低靈敏度，進而影響影像品質，因此，增加其光譜感應帶寬是一個重要課題。目前這個問題已解決，美國太空總署（NASA）噴射推進實驗室（JPL）的量子井紅外線檢知器專案，更使單波段檢知器升級到多光譜成像。噴射推進實驗室的研發工作推動了大陣列的單波段探測器的製作，這包括 GaAs/AlGaAs 基材 1,024×1,024 像素的 LWIR 陣列，以及採用 GaAs/InGaAs/AlGaAs 結構，用於 MWIR 陣列等，像素尺寸為 17.5×17.5μm。

2003 年 3 月 NASA 即規劃研製百萬畫素級的 QWIP，與當時量產型最大的 30 萬像素已大幅超前，也成為美國陸軍第三代檢知器之選項之一。由於可以標準矽晶片之半導體製程生產，QWIP 成本降低，因此成為紅外線應用產品的一項選擇。當時僅能感應較窄頻寬，約 8.4 至 9 微米，猶如單色底片的照相機，目前則可於 8 至 12 微米波段中操作。

9.3.5 其　他

砷化銦鎵（InGaAs，或簡為銦鎵砷）家族涵蓋之感應範圍為 1.0～2.6μm 之間，其中波長 1.1μm 以上即屬於 CCD 或 CMOS 無法感應的範圍，調整銦（In）濃度可改變能隙及感應波段，通常作成短波紅外線 SWIR（1.1～1.7 微米）檢知器。此波段最大優點除標準半導體相容製程外，包括極高的量子效率（約達 80%）、極低的暗電流（pA 級）、高空間解析度（接近可見光波段的單色影像，並可製成超大型陣列）、光學系統可採用與可見光波段相同之光學玻璃材質，以及可於室溫下工作，故製作成本在紅外線領域中最低。

銦鎵砷之標準結構為 $In_{0.53}Ga_{0.47}As/InAsP$，適用截止波長 1.7μm 之成像產品，以漸層技術（Gradient layer technology）調整 In 成份濃度可將截止波長提高至 2.6μm。事實上包括 MCT、PtSi、InSb、QWIP 及 InGaAs 均可製成 SWIR 檢知器，但以 InGaAs 最具成本上之優勢，故多用於成本較低之民用室溫型線性檢知器，目前已開發出標準的 320×256 像素之焦面陣列，歐美國家多數半導體感測器生產公司具此種技術，我國中華電信公司亦具有此種產品生產能量。圖 9.6 為幾種常用的光子型檢知器材料之量子效率

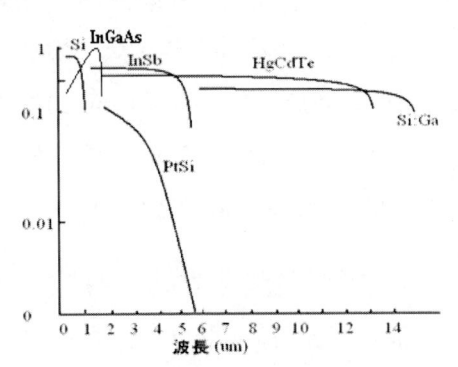

圖 9.6　幾種常用的光子型檢知器材料之量子效率曲線

曲線。

另有包括 PbS、PbSe 等之鉛鹽（Lead Salt）家族檢知器，亦屬 SWIR 波段使用之材料，為早期 PC 型紅外線產品，目前仍有做成線狀掃描式產品，美國 Litton 公司為此種產品之廠商，提供軍事用途。

9.4 光電感測模組性能參數

光電感測模組為冷卻式熱像系統之心臟與關鍵組件，其重要性猶如光放管之於夜視鏡，價格更占整具熱像儀成本一半以上，故嚴選光電感測模組對於熱像儀系統之性能與品質關係至鉅。選擇光電感測模組應考慮以下主要參數：

9.4.1 檢知器操作波段（Spectral band）與檢知器材質

目前主要紅外線熱像系統多在兩個大氣窗，即 3～5 微米中波紅外線與與 8～12 微米長波紅外線波段工作，更嚴謹的說應在 3.7～4.8 微米（MWIR）與 8.0～9.8 微米（LWIR）或 10～12 微米的波長中。使用波長 1.1～1.7 微米的短波紅外線因具有高解析度及材料與可見光相容，用途逐漸被開發出來。MWIR 材質有 InSb、MCT 等；LWIR 材質有 MCT、QWIP；SWIR 材質主要為 InGaAs 與 MCT。

9.4.2 檢知器陣列格式

現行最普遍的焦面陣列檢知器型式為 240/288×4 線陣列 FPA 與 320×256 凝視式陣列 FPA，較高級的為 480×4 FPA 與 640×512 FPA，其中線陣列為 LWIR 凝視式陣列則 MWIR 與 LWIR 兼而有之。

9.4.3 檢知元間距（Detector pitch）

本項參數與檢知器靈敏度、檢知元大小及充填因子有關，320×256 等級多為 30～20μm，640×512 等級則必須做成 20 微米以下，否則檢知器尺寸可能太大。操作在 LWIR 波段的檢知器若做成 15μm 或更小，會有繞射問題，故超大型檢知器（1,000×1,000 以上）僅能為 MWIR 或更短波段，否則會成為龐然大物。

9.4.4 讀出電路（ROIC）種類

讀出電路有矽基的 CCD 與 CMOS，CMOS 較省電且成本較低，故目前多為此種型式。

9.4.5 充填因子

充填因子影響靈敏度，故一般均要求85%以上，此僅混合型檢知器之架構能達到，若為單體型其上限約為50%。

9.4.6 操作溫度

操作溫度與材質與波段有關，一般而言波長越長、陣列越大則工作溫度越低，而MCT又比InSb適合於較高溫工作。正常的檢知器工作溫度為77K，但操作在MWIR的MCT於105K即可工作。

9.4.7 操作時噪音（Acoustic Noise）

致冷式熱像儀缺點之一就是冷卻器工作噪音，此對於要求全被動操作的軍用規格較有影響，幸好其高性能可觀測數公里外的目標景物，但一般規格要求2在公尺處須低於40dB。

9.4.8 冷卻時間（Cooldown time）

致冷式熱像儀另一個缺點就是開機冷卻時間，尤其使用四分之一瓦的微冷卻器從常溫（296K）冷卻到工作溫度（77K）約需5～8分鐘，而高壓氣體冷卻器可在數十秒內達成，此為其至今仍存在之原因。

9.4.9 檢知器可用度（Array operability）

指檢器陣列上可用的檢知元比率，亦即檢知器之表面品質。可用係指活的檢知元，包括正常與不良或有缺陷（Defective）者，不良或有缺陷檢知元指檢知度不佳或死（Dead）的檢知元，可以電子電路修正或補償之，但數量太多或面積太大則不易修補。通常要求可用度99.5%以上，即320×256像素之檢知器允許409個不良檢知元。而不良檢知元之分布亦須加以律定，如表9.1與圖9.7所示：

表9.1 檢知器陣列（320×256像素）不良檢知元位置與允許數量

不良檢知元位置	不良檢知元允許數量	允許之最大串狀不良檢知元
中央部份（160×128）	102	3×3 or 2×4 or 1×6
外緣	307	4×3 or 10×1

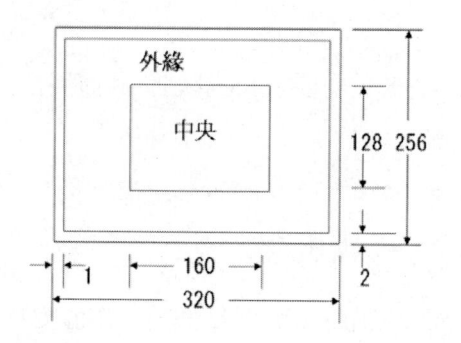

圖 9.7　檢知器陣列（320×256 像素）不良檢知元分布區定義圖

9.4.10　冷屏蔽焦數（Cold shield f/number）

冷屏蔽係為遮擋迷散光（熱能）進入檢知器，需配合光學系統，通常為 f/2 或 f/4。冷屏蔽內側須鍍紅外線吸收膜，以降低反射，當光學系統檢知器冷屏蔽焦數完全匹配時，系統可達到最佳熱傳導效率，此時稱為 100%冷屏蔽效率。

9.4.11　陣列不均勻度（Non-uniformity）

指未經校正之檢知元間的差異，通常定在 5%以內。

9.4.12　雜訊等效溫差（NETD）

特指檢知器之本徵靈敏度，測試條件通常為利用低雜訊電路板，在室溫時以 f/2.0，EFL50mm 鏡頭量測。目前性能較佳的檢知器聲稱 NETD 達 20mK 以下，但價格極高，通常定為＜50mK@293K

9.4.13　串音（Crosstalk）

串音指相鄰檢知元間之干擾，由於每一個檢知元均為一個能量位井，當一個能量井過飽和時，光電子會溢出而影響相鄰之檢知元，串音僅指上下左右相鄰檢知元之情況，斜角處不會發生，串音要求低於 6db。

9.4.14　標準檢知度（Average D*）

D*為考慮檢知器面積的靈敏度參數，現代凝視式檢知器面積遠大於線性掃瞄器，故檢知度較大。320×256 檢知器要求至少 6.0×10^{11} Jones@293K

9.4.15　視頻輸出數目（Number of video output）

視使用產品特性而定，輸出數目多者可減少積分時間，利於觀測高速移動之目

標，如對空（飛行目標物）觀測之產品要求 4 個輸出，陸地或海面目標則要求 1 或 2 個輸出，輸出數多者成像電路較難製作。

9.4.16　電源電壓或消耗電力（Power Supply and dissipation）

消耗電力可分為三項，即開機時瞬間耗電量（通常較大），冷卻期間之耗電量，以及在穩定態（即冷卻器暫停運作）時之耗電量。通常冷卻器驅動電路與壓縮機為分離的，故系統驅動電路須分開供電。另對於冷卻器之截止電壓（通常使用 12VDC 充電電池時，可設定在 10.5VDC）亦須律定，此對於使用充電電池之手攜式產品格外重要。由於手持熱像儀系統耗電約為 12 瓦（穩定態），通常要求使連續使用 2-4 小時，故充電電池應可提供 4000mAh 之電量。

9.4.17　溫度感測器（temperature diodes）

通常光電感測模組至少有 2 個溫度感測器，一為偵測檢知器陣列之溫度，另一為控制冷卻器動作。早期某些廠商將溫度感測器設置於杜瓦瓶內，如此造成溫度感測元件操作溫度不夠正確亦不易維修，目前均改為設置於 FPA 端。

9.4.18　可靠度（Reliability）

包括真空度與冷卻器使用壽限，通常前者要求可維持 4 年無需啟動集氣端子，且集氣端子可重複使用數次；後者則為實際使用時間，現行通常為 4,000 小時以上，有些宣稱可達 8,000 小時。要注意這些數據通常為製造商提供之名義上（nominal）的美化數據，必須在管控良好又穩定的環境下方可達成，但實際使用上，多在戶外或各種不同環境，通常無法達到該等品質水準。

9.5　現代紅外線檢知器比較與討論

雖然有些廠商（如法國 Sagem 與 Sofradir 公司）將 320×240（含）以上像素之焦面陣列檢知器熱像儀稱為第三代，但使用量最大的美軍至今尚未對所謂第三代熱像系統做出明確定義。如同可見光的 CCD 感測元件等追求極多像素般，目前檢知器研發方向係朝超大型焦面陣列研發，故將來第三代檢知器的要求應包括如同人眼視網膜般的效能、內建影像處理及 A/D 轉換等功能等的智慧型焦面陣列，或為可感應多波段的陣列，包括冷卻式 1,200×1,200 超大檢知器陣列產品、熔合室溫型超小產品，以及超大量子井型產品等，但這些下一代的產品仍僅屬概念或展示階段。

9.5.1 材料特性比較

光子型材料用於冷卻式紅外線熱成像系統,現行以中波段的 InSb、MCT 及 PtSi,與長波段的 MCT 與 QWIP 為主,適合用於要求高性能的產品,如軍事用途、太空探測等長距離觀測或嚴謹的科學研究上;非冷卻熱像技術由於具有重量輕、體積小、壽期成本低及可影像融合之優點,多用於民用相關領域,在軍事夜視用途上,目前以微熱檢知器為主流,除用於近距離觀瞄裝備外,未來將被用於頭戴式裝備上面,這些小型、低價、輕便及省電的光電夜視感測器將使士兵擁有前所未有的戰場狀況偵知與狀況掌握之能力,可建構一個大面積的感測與偵搜範圍,共同點為焦平面陣列型的架構。由於產品性能日益強化,大陣列非冷卻室溫型產品則可提供空中與地面感測器整合途徑,使美軍第二代熱像系統 HTI 中 B 套件使用的冷卻式 SADA II 模組亦計畫採用非冷卻式產品,提供不同需求單位更廣泛、更具成本效率的選擇。現行數種主要紅外線檢知器,包括矽化鉑(PtSi)銻化銦(InSb)、汞鎘碲(MCT)、量子井型(QWIP)與微熱檢型(Microbolometer)檢知器等五種之效率評比如下表。

表 9.2 現行常用數種檢知器材料性能比較表,表中以 Δ 代表效率分數,總分越高表示越具前瞻性

	PtSi	InSb	MCT(LWIR)	QWIP	Microbolometer
檢出率	Δ	ΔΔΔ	ΔΔΔ	ΔΔ	
操作溫度		Δ	ΔΔ		ΔΔΔ
陣列尺寸	ΔΔ	ΔΔ	Δ	ΔΔ	Δ
多色性	Δ		Δ	ΔΔ	
靈敏度	Δ	ΔΔ	ΔΔ	Δ	
整合性				ΔΔ	ΔΔΔ
量產性	ΔΔ	Δ		ΔΔ	ΔΔΔ
總分	7	9	9	10	10

9.5.2 成像方式比較

目前主流產品仍包括光機掃描成像與凝視式直接成像二種型式,經改進第一代串聯掃描後的第二代掃瞄式產品已更加成熟,並加入數位影像處理技術,可獲得與通用的電視影像相容之格式,已使產品具有極佳的性能與功能,滿足嚴苛的軍用要求。在提高響應能力、降低製作與維護成本考量下,取消光機掃描機構改用二維焦面陣列則

為廣被接受的的作法，此種型式之檢知器產品可稱為第二代半，尤其中波紅外線能量較弱，更需要使用這種大陣列檢知器，可得較長的積分時間。

雖然第二代系統仍使用光機掃描成像，但目前有越來越多產品朝大陣列、凝視式直接成像。採用大陣列凝視式產品雖無需掃描系統，具有較長積分時間，故有較高靈敏度，但陣列檢知元不均勻性則為最需必須克服的問題。在 LWIR 先天的優勢下，且長波 MCT 檢知器製作良率仍低，室溫型產品持續被研改，但性能仍無法與冷卻式產品並駕齊驅之狀況下，新出現的 QWIP 材料成為新寵，QWIP 用於 LWIR 雖靈敏度較 MCT 為低，但具有高均勻性且製作容易之特點，九〇年底發展出來時，產品就以凝視式焦面陣列型式出現，可見凝視式產品應為下一代之標準格式了。

9.5.3 讀出電路型式比較

雖然最早的熱輻射偵測器材屬民用產品，主要用於科學研究與溫度偵測，但紅外線技術真正被重視卻為軍事用途，主要因其具有極高響應度與被動式操作之特性。由於此項技術在工商業上需求殷切，且技術開發亦大有進展，例如全球性環境汙染與氣候變化檢測、長時間農作物成長徵候、化學物質處理監控、紅外線光譜學太空（天文學）及汽車輔助駕駛等，近年來則逐漸轉向軍民兩用方向研發。為滿足前述用途，軍事用途仍為首要考量，檢知器逐漸朝多光譜與大陣列方向研發，配合相關的讀出電路可達成電荷/電壓轉換、整合、放大及多工等。

現代檢知器讀出電路（ROIC）多為 CCD 與 CMOS 兩種，凝視式焦面陣列即為結合該二種讀出電路取像工作成混合型檢知器，現行則幾均已採用 CMOS 結構，係因 CMOS 成本較低且具有低較輝散之效果。ROIC 係基於能量井充填（Well fill）原理，CCD 工作原理為將整排電子收集後再統一由一個通道傳送到一個 MOS 電容處理，如此容易造成過滿（飽和）現象；而 CMOS 則是每一個電容收集一個電子，同步進行登錄與轉換，避免了單一電容過滿溢出之情形。此即早期 PtSi 檢知器產品容易輝散之原因。

高溫燃燒之物體會輻射出較多能量，影響其附近各種粒子之溫度，造成其周邊溫度亦隨之升高（如美國陸軍曾進行的測試，將整桶汽油桶燃燒達數小時後，再以熱像儀觀看之），此時使用中波產品（如 InSb 檢知器產品）因其高靈敏度，易產生類似輝散之結果。若使用長波熱像儀產品（如戰車熱像儀 TTS 之 MCT 檢知器），則不易看到類似輝散現象。而 TTS 並無使用 CMOS 之 ROIC，故不僅材料波段，讀出電路（ROIC）

亦為影響輝散現象之重要因素,現代光電感測模組之 ROIC 均有抗輝散功能,圖 9.8 為以色列 SCD 公司使用藍仙子(BF)ROIC 檢知器之成像效果。此外,成像電路也可以做低輝散處理,但其成效不如 ROIC 顯著。

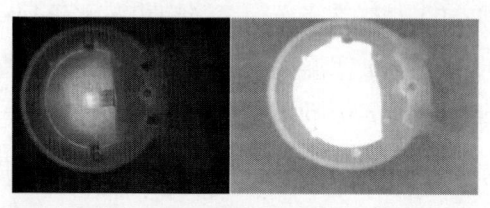

圖 9.8 經抗輝散處理之電路,左圖可明確分辨燈泡及內部燈絲,顯示動態範圍較高,右圖則已飽和而無法分辨細節,圖片來源以色列 SCD 公司

第 10 章　紅外線夜視器材性能評量

　　夜視技術的出現使人們達到全光度、全時間的觀測效果，但夜視技術亦有等級之分，如所謂第一代、第二代與第三代等等，而同樣的第三代夜視鏡亦有標準型、增強型或高性能等區分，需求者都希望以最低成本獲得最佳等級產品，由於夜視產品具高科技與機敏性，製造商則會因該國政府輸出考量或買方出價而輸出，但基本上是賣方主導的市場，尤其因夜視技術與產品大多與軍事用途有關，而美國是最注重軍品輸出管制的國家，故有如績效值之層層限制。兩種夜視產品（即夜視鏡與熱像儀）因其所適用的波段不同，故所使用的量的單位不同，但其對目標獲得之計算與原理卻是一致的。對一般人而言，波長增加則光學解像力變低，對圖像的分辨能力較差，亦即熱影像較夜視鏡影像難以判讀。生產者係在實驗室中評量產品性能，而使用者則要求其戶外使用時之性能表現，因此生產者必須使用一套符合戶外實地使用狀況的數學模式與模型來模擬產品性能。由於夜視器材係在特定環境下觀測目標、獲得目標及分析目標並加以應用，故距離觀測能力為使用夜視器材最主要的訴求。但距離觀測能力並不只與儀器性能有關而已，必須將所有的參數，包括儀器本身、外在環境與觀測者的各項性能與限制的等與予加乘，才是一個最客觀的性能評估結果。

10.1　目標觀測與獲得

　　以夜視系統觀測目標時，目標影像係經過光學與電子二種影像處理機制而獲得，因而所獲得之結果必然混合光學與電子缺陷，即光學上的影像模糊與電子的雜訊，復因最終均經由螢光幕顯示，故螢幕之亮度對比亦成為另一個影響影像品質的因素。使用夜視產品觀測一個目標時，夜視鏡受環境光度影響極為明顯，當光度足夠時，光學系統解像能力直接影響影像品質，但當光度減小（或距離較遠）時，因電路系統必須提供較大的亮度增益，此時雜訊成為支配影像良窳的因素；對熱像儀而言，同樣的當目標物溫差夠大時，光學系統主宰成像品質，但當溫度差異極小（或距離較遠）時，影像品質即受到因提高電子增益伴隨而來的雜訊所影響。

　　除了儀器的誤差外，另一個因素為人眼的視力，亦即視覺靈敏度（Visual acuity）。所謂視覺靈敏度簡言之就是能夠看到多小或看到多遠的物體，因此儀器的靈敏度亦可

解釋為能夠分辨多小或看到多遠的物體，而使用夜視儀器目的就是要協助人眼在於低光度或低能見度之環境下看到更遠更小的目標物體。但觀測目標時儀器本身並未提供影像品質，而是影像進入眼睛後與人類視覺神經交互作用後而產生的效果。當這些主觀與客觀因素均調整至最佳狀況時，所獲得的結果才是最忠實、最正確的，但是，通常這些結果只有在實驗室假設條件中，甚至在理論上方可達成。但現實環境中，極不容易同時滿足前述各項條件，故人們使用光學儀器時，往往發現產品性能與廠商宣稱的有所不同，這是使用者須有的認知。

基本上，可將目標獲得概分為偵測與辨識二個階段，獲得目標後再進行所謂影像處理，以作為目標識別、追蹤、鎖定或影像、溫度分析等等，其中偵測為最初級的需求，通常偵測到目標後光學系統變換成較高倍率（小視角）以行目標辨識工作。只要分辨程度超過50%即表示可確認為有用的目標，故前提是觀測者必須先了解目標可能出現的時間、地點或目標的形狀等，漫無目的的觀測不容易獲得有用的資訊，而且通常會經過數次誤警（False alarm）之後，故觀測目標為專業的任務。當觀測者以儀器搜索到潛在的目標後，轉換成大倍率鏡頭再做進一步確認，亦即進行目標辨識，經辨識程序後，已可確認目標特性，足可提供大部分用途，如分辨出戰車與卡車，一般而言偵測與辨識之光學系統倍率差約為 3 至 5 倍，有時卻可能需要重複變換鏡頭視角（倍率）才能確認目標，例如在儀器視野內混亂的場景、天候不佳或儀器性能較差等。

夜視系統用於某些火砲射控時須執行更進一步、更詳細的目標識別工作，識別意謂觀測者必須對目標物做正確的選擇，例如同樣種類的車輛（如戰車）進行敵我、型式等分辨工作，以國造戰車為例，必須分辨 M48H、M41D 或 M60A3 之間的差異。

10.2　目標獲得能力評量模型

使用光電觀測儀器的目的為目標獲得，亦即具有可分辨目標與背景之特性，夜視器材亦不例外，尤其若用於軍事目的時，更須在遠視距處辨識敵我之能力。一個完整的觀測距離能力計算模型應考慮三項參數，即儀器的解像力、人眼的視覺靈敏度及外界環境條件，對於光電成像系統而言，儀器的解像能力又受到空間頻率、雜訊及螢幕對比度影響，但早期的評估模型所指的解像力幾乎都只針對空間頻率一項參數，隨著光電成像技術的導入，更多樣化的參數也成為影響儀器型能評價的項目。

10.2.1 夜視鏡模型

最初對夜視系統性能評估均為書面的論述，二次大戰後，美軍 NVL 的科學家約翰詹森（John Johnson）認為儀器的距離觀測能力與系統解像力成正比，他以人員實地觀測線對（Line Pairs）的方式來進行夜視系統性能評估模式的研究，分析受測者使用微光放大夜視器材（星光夜視鏡）在不同條件下，對不同比例模型目標物（標靶）的識別能力，並將人眼視覺對目標物的分辨能力分成 4 個等級，偵測（Detection）、定位（Orientation）、辨識（Recognition）與識別（Identification）等四個參數，來判斷夜視系統的效能，這是第一個以線對的方式進行實際試驗人眼視覺靈敏度的人。為了量化前述參數，詹森將物體成像結果以一組黑白相間的線對方式表示之，在 50%的概率時，各階觀測能力所需的線對數。所謂一個線對是指一組平行的黑白線對所對應的弦的寬度，相當於 2 個像素的解像力。如一條線（黑或白）寬度為 1 公尺，在 1 公里處該範圍所夾的角解像力空間頻率為 1 Lp/mrad，則一線對為 0.5 Lp/mrad，一個 3 線對標靶（其實只有 5 條線）之空間頻率為 0.2 Lp/mrad。

詹森的作法係以 8 種不同車輛與 1 個士兵當作目標進行實驗，觀測人員以夜視鏡觀測目標，將數個觀測者分成數組對目標進行觀測，由於每個人的視覺靈敏度差異，故所獲得結果不盡相同，以所有正確判讀數總和與觀測人數的比值等於 50%時為標準。並以空軍 1951 號 3 線對標靶（圖 10.1）為對照，不同目標照度（或距離）對應於不同大小的標靶，以訂定相對的目標分辨能力所需的線對數。由於標靶容易製作與量測，而以空間頻率定義的結果也可以以數學演算來分析其結果，其最重要的成就為以實驗證明儀器對目標物的辨識能力與解像力標靶間的相關連性，據此給出夜視器材觀測距離的定量描述，而不只是籠統的「可以看多遠？」。

在 1958 年 10 月的第一屆夜視光放管學術研討會（Night Vision Image Intensifier Symosium），詹森就其實驗結果發表了一篇名為「成像系統分析」（Analysis of Image Forming System）之論文，描述以目標影像與空間頻率（線對數）的關係來分析觀測者利用光放管夜視技術執行距離觀測的能力。這個結論後來被稱為詹森法則（Johnson

圖 10.1　夜視鏡測試標靶

Criteria），使人們對夜視器材性能的瞭解上有重要突破，並做為研發各種夜視系統研時之基礎。利用詹森法則已發展出許多不同形式的感測器技術的預測模型，來預測夜視器材等光電感測系統在不同環境與操作環境下的性能表現。詹森法則為目前最重要，且廣泛使用的以解像力來評光電感測成像系統的估距離觀測能力的模型，詹森將其分為四個等級：

1. 偵測：看到（發現）有物體存在。偵測是依目標與背景經之差異，研判可能有軍事目標存在，如觀測夜空時發現有模糊的亮點，但無法判別是何種飛行器，或在空曠的地面上發現會動的物體，但無法分辨是人或是狗。偵測需要 2 +1/-0.5 個像素（1 個線對）。
2. 定位：可以概略分辨物體的前後方向，如正反、左右等。定位需要 2.8 +0.8/-0.4 個像素（1.4 個線對）。
3. 辨識：可以辨識物體的形狀與種類。根據目標物的輪廓，可以確定是何種目標物，如是坦克而非一般汽車，是人不是狗等。辨識需要 8 +1.6/-0.4 個像素（4 個線對）。
4. 識別：可以識別物體的特徵。目標物形狀已經十分明顯，且可看出其特徵與細節，足以識別敵我，或坦克車的國籍、型號等。識別需要 12.8 +3.2/-2.8 個像素（6.4 個線對）。

依據前述觀測能力的定義，不同程度的目標分辨所需線對比約為 1：2：4：6，換算成觀測距離，則約略可為 6：4：2：1，亦即若某一個夜視器材之偵測距離為 600 公尺，則定位距離為 300 公尺，辨視距離為 150 公尺，而識別距離僅達 100 公尺。該模型係以星光夜視鏡做為觀測的儀器，後來實驗發現不同感測器所獲得的數據稍有差異，例如對於熱成像系統而言，則僅參考該結果獲得另一組數據，但每個使用者可能會因主觀認知與客觀條件不同而各有不同的結果。

10.2.2 熱像儀模型

詹森法則係針對夜視鏡而訂之規範，對於熱成像系統的規範則始見於 1975 年美軍 NVL 的科學家瑞奇斯（Ratches）等人所提出的對前視紅外系統的熱像模型，該模型主要是針對第一代掃描型熱成像系統。由於熱影像係經雙向掃描成像，故此模型計算水平與垂直方向的解像力。距離觀測能力主要係計算熱像儀的解像力，解像力則與目標物的尺寸、溫度、目標物與背景間之溫度對比有關，並依大氣對該對比的衰減情

形而定,這個計算結果為最小可分辨溫差(MRTD)模型,圖 10.2 為 MRTD 標靶。其後由於各種熱像系統使用頻率日增,至 1990 年代初期史考特(Luke Scott)提出一個比熱像模型更具量化能力的模型,稱為 FLIR90,兩年後升級版的 FLIR92 模型則可用於第一代與第二代長波前視紅外線系統,而最新的 NVTherm 模型為一個泛用型性能評量系統,係針對中波與長波紅外線域之掃描式與凝視式焦面陣列熱像系統所開發,可計算出偵測、辨識與識別等目標獲得所需之最小可分辨溫差。

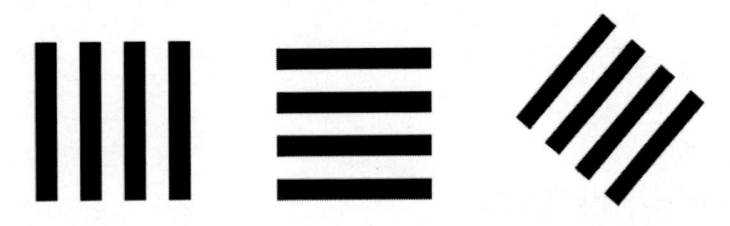

圖 10.2 熱像儀測試標靶,主要為水平與垂直方向靶。45°方向靶為更精確量測時使用。

　　最早的 NVL1975 性能模型包含感測器 MRTD 預測與利用詹森法則預測目標獲得能力;FLIR90/92 僅預測 MRTD,並將 MRTD 輸入 Acquire 電腦模型(也是應用詹森法則)來預測目標獲得;NVTherm 則是回到最早的架構,並使用相同的電腦程式來預測距離觀測能力與 MRTD。對於掃描式長波熱成像系統而言,NVL1975 與 FLIR92 模型的 MRTD 曲線相似,前者的 MRTD 模型是一維的,且未包括採樣效應,對隨機雜訊不能充分預測,因此對於利用 MRTD 做距離觀測估算的結果相對誤差較大,已不適合用來預測現代熱成像系統的性能。而在 FLIR92 模型中,MRTD 是二維的,同時考慮了取樣(時間差)因素,提出了三維雜訊模型,克服了 NVL1975 模型的缺點。NVTherm 利用詹森法則來預測目標偵測辨識與識別對應於距離的概率而產生一個二維 MRTD(2DMRT),此為 NVTherm 與之前各種模型唯一差別,但他們均仍基於 MRTD 使用詹森法則來預測任務執行能力的概率。所謂二維 MRTD 係指同時計算水平與垂直 MRTD 二項,因為通常系統的水平與垂直方向的解像能力不同,更精確的量測則加做 45°量測。對於凝視式系統而言,因無須經由掃描成像,故水平與垂直方向之 MTRD 相同,但由於其靈敏度較高,因此眼睛的對比限制因素必須加以考量,此外,由於凝視式檢知器之檢知元大小、間距與充填因子等因素會造成影像取樣不足,進而影響成像效果,因此凝視式系統必須以 NVTherm 來評量性能。系統量測 4 線對靶的 MRTD,任務執行程度仍分為以達成偵測、辨識與識別等三階距離分辨能力為 50%時之要求,

其結果包含較大範圍之容差,數據如下:

1. 偵測:目標出現(如在混亂中發現目標與背景溫差極高),0.75 至 3.0 線對。
2. 辨識:目標分類(如人員、戰車或拖車等),需 2.0 至 5.0 線對。
3. 識別:目標分辨(如美軍 M1 與俄羅斯 T72 型戰車),6.0 至 9.0 線對。

依此模型所得之結果,三階段目標分辨能力比約為 1:3:8,亦即觀測距離比約為 8:3:1。由該結果可發現熱像儀因係感測溫度差,故偵測與辨識目標外型所需資訊量較少,而識別則須比夜視鏡更多的資訊,此亦顯示夜視鏡比熱像儀更具有識別目標的本領。

10.3 目獲作業性能評表

在詹森法則流行了將近半個世紀後,於西元 2004 年美國陸軍 NVESD(其前身即為夜視實驗室 NVL)科學家佛麻豪森(Richard H. Vollmerhausen)與傑科布(Eddie Jacobs)提出一個新的目標獲得能力模型,此係利用目獲作業性能量表(Targeting task prformance metric, TTP)的夜視系統觀測距離評估方法。一如詹森法則,這個新的模型假設觀測距離性能與影像品質良窳成正比,因此保持了執行上之簡單性,但 TTP 模型評估影像品質的方法不同。除了整體的精度較佳外,TTP 對於以取樣而獲得影像等,詹森法則的時代未律定的現代視頻影像儀器均可適用。

當測試人員使用夜視器材觀測目標時(標靶圖),儀器的誤差會使影像模糊並導入雜訊,若使用直接觀視系統(夜視鏡),人眼的視力成為支配的項目,若為間接觀視系統(熱像儀),則包括顯示器亦會同時產生模糊和雜訊。因此本模型首先對眼睛之觀測能力進行評量,人眼在明視覺與暗視覺時之觀測機制不同,在明視覺時使用椎狀體(Cone),暗視覺則使用柱狀體(Rod)神經,因柱狀體神經對藍色光較敏感,對波長大於 640 微米的紅色光則不太感應。眼睛的視覺靈敏度一般以對比入口函數(Contrast threshold function, CTF)來衡量,亦即以肉眼直接觀視多線對靶圖,相當於以儀器觀看靶圖,CTF 標靶測試時是在固定光照明改變標靶大小(空間頻率),將 CTF 定義為亮線與暗線的亮度差,與在 2 倍平均亮度的比值。評價夜視器材性能時應先量測儀器操作者的視覺靈敏度,再以經校正的人(眼睛)執行測試工作,視覺靈敏度量測方法很多,可以肉眼直接觀看靶圖,或以驗光儀器量測之。因此光電觀測儀器(含夜視器

第 10 章　紅外線夜視器材性能評量

材）均有視度調整裝置或利用屈光儀，以補償不標準的眼睛視力。當以肉眼直接觀看目標物（或螢幕）時，觀視結果受環境亮度影響，若外界環境亮度降低，則辨識能力隨之下降，直到完全看不到為止，可視為亮帶變暗，暗帶變亮，使二者間之亮度對比消失，則該對比稱為該標靶在某一亮度時之臨界對比。在不同亮度時重複執行對不同空間頻率標靶觀測，則可獲得眼睛對不同環境之臨界對比值，佛麻豪森實驗給出了眼睛對不同的照度下所能分辨的空間頻率如圖 10.3 所示。

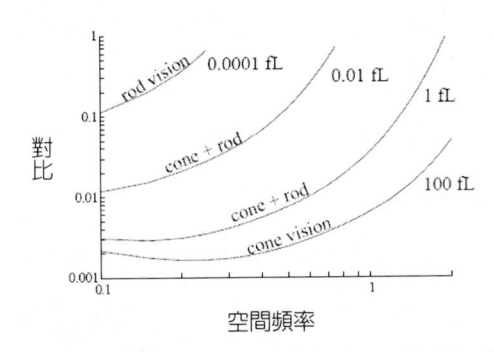

圖 10.3　人眼柱狀與椎狀神經在不同照度時所能分辨的空間頻率分布圖

　　模型涵蓋兩種主要夜視系統，即偵測反射光的夜視鏡（包括 ICCD）與偵測自發輻射的熱像儀，前者以量測最低可分辨對比（Mininum resolveable contrast, MRC）為依據，後者則為 MRTD。量測時以夜視器材取代肉眼觀看靶圖，後面才是肉眼或顯示螢幕。執行 MRC 測試時以適當的亮度照明標靶，眼睛處的照明則經由夜視鏡亮度輸出來估算，通常光放管輸出面（螢光幕）亮度為 1.0-3.0 fL。MRTD 量測則是經顯示螢幕再進入眼睛，自然界物體的溫度約在 300K 附近，其黑體輻射率通常大於 70%（拋光表面除外），不論 MWIR 或 LWIR 波段均有接受到物體的熱輻射，但亮度對比並不高，表示因溫度差引起的輻射能（輻射亮度）改變很小，但夜間則變得十分明顯，因即使 2-3 度的溫差已足以使熱像儀產生足夠的影像灰階差異與顯著的分辨效果。但太大的溫差卻會導致輝散（Blooming），因此戰場上常以燃燒坦克車來使熱像儀過飽和而失去效能。故高性能熱像儀強調高動態範圍與低輝散效果。

　　現行對光電觀視系統的觀測距離評估一般多以偵測、辨識與識別等三項較為常用。TTP 對於不同種類夜視系統此三項參數之比值不同，對微光放大夜視鏡而言，依詹森測定結果約為偵測 1 線對，辨識 4 線對，識別 6 線對，對於熱成像系統，偵測 1

191

線對，辨識 3 至 4 線對，識別則需多達 8 線對（亦即熱像儀需要更多的資訊方足以識別目標物），滿足前述標準時，即代表有 50%的測試者可正確執行分辨出目標物的任務。轉換成距離觀測能力時，夜視鏡約為 6:4:1，熱像儀約為 8:3/4:1。

10.4 現代夜視器材主要性能評量要求

夜視鏡係將夜間微光放大，故其亮度大小，亦即光放管之亮度增益（Brightness/luminance gain）代表光放管之性能好壞。由於光放管性能幾乎左右了夜視鏡的性能，故對光放管的性能評量即代表了對夜視鏡的性能評量。對於熱成像產品而言，雖然其性能主要與紅外線檢知器有關，但成像電路系統與紅外線鏡頭亦佔很高比重，故對熱像產品之性能評量通常以系統為對象。

10.4.1 星光夜視鏡性能評量

夜視鏡價格昂貴，而光放管為關鍵組件，須以提昇光放管可靠度及更換光放管來確保其生命週期（軍規產品一般約十至十二年）內之妥善，故第二代管（含）以後均具有相同尺寸規格。為獲得較高亮度增益，早期光放管使用階段放大式真空管，其體積十分龐大，且十分耗電，如第一代三階放大的 25 公厘光放管需高達 30KV，第二代管以後改用 MCP，不但使體積變小，耗電量也大幅降至 6-8KV，使頭戴式夜視鏡成為可能，而早期階段放大式光放管則已鮮有使用。目前仍在使用或生產中之現代光放管，多為第二代（含）以後之產品，新一代光放管之定義係指其在結構或材料上有革命性改變而言，如第二代管與第一代管之主要差別為真空管型改良為採用 MCP 電子放大器，第三代管與第二代管與差別則為其光陰極由多鹼材料改為半導體，第四代管則希望改變 MCP 之結構或其他革命性的變化，而二代半、超二代等因僅增強其性能，並無結構上之改進，故仍屬第二代產品。現行超二代或第三代管幾乎均為採用近接聚焦的薄片型光放管，25mm 光放管則有使用靜電聚焦機構，其尺寸相對較大。

起初對夜視鏡的要求是在足夠的亮度下有好的畫質，亦即解像力，這其實是較定性的認定，到二次大戰後詹森的實驗以觀測線對的方法標準化了檢驗程序，開啟了定量的作法。現代檢測夜視鏡時主要是使用空軍 3 線對標靶，執行與詹森相同的實驗，其作法係將標靶置於色溫 2,856K 的暗室中,利用標靶對模擬夜間環境光源之反射進入夜視系統，實驗架構則將鎢絲燈至於可透光標靶後方，以夜視鏡觀測不同空間頻率之標靶，以計算出夜視鏡之解像力。2,856K 即鎢絲燈之色溫，為國際照明協會之 A 發光

體（CIE Illuminant A），其光波長峰值約為 1 微米，為較接近夜視鏡工作波段之光源。夜視鏡具可識別目標物的能力，而其效能通常與光放管之性能有關，故現代夜視鏡解像能力可以由檢測光放管的重要參數來評量系統性能（系統也會另測試相關性能參數，但其結果對光放管之依存性極高，故系統測是重點反而落在其他物理或機械特性，以及人因適用性），主要項目如下：

1. 光陰極響應度與頻譜

　　光陰極為光子轉換成電子之媒介，因此其量子效率影響光放管亮度增益至鉅。量子效率即指材料之靈敏度，通常該數據越高越好，因夜間具有較多近紅外線輻射，因此材料響應頻譜應以能涵蓋該波段最佳，典型的夜視鏡工作波段為 400 至 900nm，其中 S-25 光陰極之靈敏度遠較砷化鎵（GaAs）為低，但在藍光區有反應，而 GaAs 在近紅外區較佳，多鹼（S-20、S-25）與半導體（砷化鎵）光陰極之頻譜響應度比較可參閱圖 6.11。靈敏度為影響光放管亮度增益之關鍵因素，但並非唯一決定因素。

2. 亮度增益

　　夜視鏡最基本的要求為在低光度時工作，即光放管須有足夠的亮度增益，故早期追逐高亮度增益為光放管要目標。但並非增益越高越好，太高亮度增益表示光放管被操的太兇，反而會減低其使用壽限，也比較耗電，同時雜訊也會被帶出（降低）。在實驗室中以色溫為 2,856K 的光照射光放管輸入端，輸出端則以光譜儀來量測亮度，增益值與光陰極靈敏度、所施加之電壓及螢光幕轉換效率有關。夜視鏡主要使用環境為星光之照度，即環境照度介於 10^{-4} 至 10^{-5} fc 間，故美軍要求夜視鏡系統亮度增益為 2,000 至 3,000 倍，配合該環境與產品特性之光學設計，通常將光放管亮度增益調整介於 2,500 至 45,000 之間即可。

　　量測亮度增益通常須先量測等效背景輸入（EBI）後再計算增益值，等效背景輸入為光陰極本徵的熱發射，即暗電流。在無外界光照射時，通電後光放管也會產生亮度增益，故對光放管亮度增益而言，EBI 即為無光電轉換時的入射照度，但此照度為雜訊電流，故亮度增益（信號電流）必須克服 EBI 才有意義。通常要求 EBI 需低於 2.5×10^{-11} lm/cm^2（實際數值更低），相當於 2.45×10^{-8} fc，約為一般低光度照度（10^{-4} fc）之四千分之一，故可忽略。但由於 EBI 與環境溫度有關，約溫度升高 3 至 4℃ 增加一倍，故在高溫地區對 EBI 要求較高。增益值為螢光幕上亮度與光陰極上照度之比值，以國際單位（SI）表示時為 nit/lx（cd/m^2/lm/m^2），英制單位則為 fL/fc（cd/π(ft)^2/lm/ft^2），

因此以英制單位表示時約小 3 倍。與亮度增益有關的要求功能基本的為 ABC 與 BSP，目前最新的自動光閘調光機構已逐漸納入標準配備。

3. 信號雜訊比（信噪比）

信噪比為在較低光度時最重要的性能指數。光放管中電子放大基本上為一統計的程序，經校正後 DC 部份成為信號，AC 部分則為雜訊，AC 部分輸出的亮度主要為光陰極光電轉換（電子發射）與 MCP 電子放大之結果的統計程序之總和，最終每一個電子應在螢光幕上產生相同亮度的雪花（Scintillation）般雜訊（光影）。現代光放管因亮度增益較大，故在低光度照明（10^{-4}fc）時會在螢光幕上看到雪花雜訊而降低信噪比，這些雜訊主要由 MCP 二次電子所產生，稱為雜訊值 N_f（Noise figure），N_f 約介於 1-2 之間。信噪比約等於光陰極的靈敏度的平方根除以雜訊值，以我國目前可獲得之產品等級而言，如 Omnibus III 第三代管之光陰極（GsAs）靈敏度為 1,200μA/lm，N_f 約為 1.8，故約等於 19；歐規超二代 XD-4/HyperGen.光陰極（S-25）靈敏度為 700μA/lm，N_f 約為 1.3（使用 M25 無離子屏蔽膜 MCP，雜訊較低），故約為 20。

實際的信噪比並非單純如上式計算即可，應同時考慮環境照度反射率 f/#EBI…等的繁雜數學算式而得，數值會因計算方式不同而異，美軍計算時同時考慮光陰極靈敏度、MCP 雜訊及螢光幕之轉換效率，因此與法製產品計算結果稍有出入。由於信噪比左右夜視鏡在較低光度時之解像力，故值越高越好，其為一個絕對的指標，也因而成為美國政府計算光放管績效值參數之一，作為輸出限制之項目。圖 10.4 為不同信噪比之影像品質比較示意圖，左側為低，右側為高，由圖可見因不同信噪比影響解像能力至鉅。

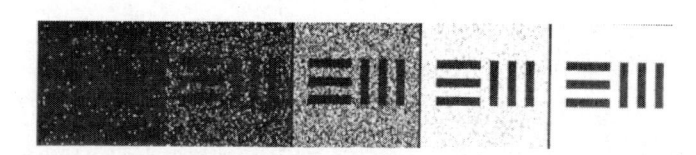

圖 10.4　不同信噪比示意圖，左側為低，右側為高（Photonis 公司圖片）

4. 解像力與調變轉換函數（MTF）

光放管解像力主要由微通道板 MCP 決定，解像力的理論上限為 2 倍通道間距（Channel pitch）之倒數，最早（1970 年代第二代管）之通道間距約為 15 微米，其相對的截止解像力為 33Lp/mm，80 年代（第三代及二代半等）之通道間距約 12 微米，

解像力最高為 42Lp/mm，而 90 年代末期至今光放管之通道間距已縮小至 6 微米或更小，其相對的解像力高達 83Lp/mm，實際產品之解像力約為前述數值之 80%，即 Omnibus IV 第三代管約為 64Lp/mm。當亮度增益足夠時（照度 10^{-4}fc 以上），解像力成為決定產品性能關鍵的因素，其為越高越好的絕對指標項目，也是為美國政府計算光放管績效值參數。除光放管本身外，解像力通常與光學鏡組性能有關，故評量性能時應同時納入考慮。光放管解像力應涵蓋中間與外緣部份（現代光放管幾乎全面一致），夜視鏡系統則要求遠焦與近焦處之解像力，並在較高光度（10^{-2}fc）與低光度（10^{-4}fc）分別量測之。

由於解像力為描述某一點（通常為高頻處）之目標分辨能力，亦即極限解像力（Limiting resolution），不能代表系統對所有頻率的分辨能力，而調變轉換函數（MTF）為完整（低頻至高頻）的系統性能指標，如圖 10.5 所示，故 MTF 較能描述完整的解像能力，尤其某些系統特性為要求低頻高對比、高頻處低對比，但有些系統則相反，此時更需同時使用解像力與 MTF 兩種工具才能忠實的顯示其性能，但其量測比較複雜難行。另解像力屬於較主觀的判定，且存在誤差（標靶越細，線對越小時，誤差越大，60Lp/mm 以上時約有 10%的誤差），MTF 成為較客觀之標準。MTF 說明對比強弱經光放管傳遞（成像）後之結果，高頻部位（30Lp/mm 以上）代表較小物體，中低頻部位則指較大物體，高頻部位相當於（極限）解像力，對比落在 3～5%，而人眼能感應之對比小於 5%，可將解像力定義為對比為 3%時之空間頻率（高頻部位）。由於自然界景物之對比最高約在 20～30%，故光放管通常將 MTF 定義在極限對比值為 30%中等空間頻率之水準，即可滿足眼睛使用需求。圖 10.6 為解像力與 MTF 比較說明，左上為高 MTF，但眼睛無法分辨，右下方為低 MTF，但解像力高。

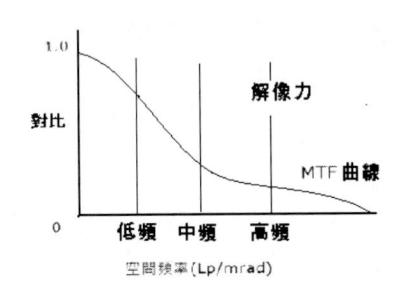

圖 10.5　MTF 與解像力關係示意圖　　圖 10.6　MTF 比較圖（Photonis 公司圖片）

5. 光暈

光暈係指亮點經光放管後放大的現象，更精確的說則指由於目標區特別明亮的光點在光放管出光面上所呈現的圓形亮帶。早期美軍軍規規定光暈直徑需小於 1.47mm，照度不得大於 5.3×10^{-3} lx。光放管之光暈包括電子光暈與光學光暈，前者為光電子經 MCP 管壁反射後進入其他通到所產生，後者為入射光經光陰極多次反射在撞擊後而產生多餘光電子，而這些雜訊能量並無法以 ABC 等電路消除之，現行技術係以調整真空管內各個組件之距離來減小。目前由於夜視鏡使用場合中有越來越多的光害現象，促使光放管更要求抗輝散及抑制光暈產生，於 2001 年以後被美國列為輸出管制項目之一。

6. 績效值

夜視鏡係供低光度之環境使用，此時解像力高低最為重要，但在更暗之環境下需要有較高之亮度增益，此時信雜比將影響產品性能，故目前美國政府對光放管訂定一個績效值（Figure of merit, FOM），作為產品實際使用性能評定與輸出標準。其實性能終極檢驗項目為觀測距離，觀測距離主要係基於解像力、信噪比及靈敏度三項參數而定，其中靈敏度為光陰極材質本徵特性，解像力與信噪比則有製程與技術有關，美國光放管輸出管制即是以該二項數值相乘而得之績效值為依據，目前我國可獲得之光放管等級為績效值≦1,250，約介於 Omnibus III 與 IV 之間，高於該數值之光放管則為友好之盟國使用，如英國、日本等國則可獲得績效值 1,600 水準之產品，而目前績效值高於 1,600 之光放管則僅供美軍本身使用。表 10.1 為 20 世紀 90 年代以後始用的光放管性能與績效值比較表。

雖然光放管性能占夜視鏡性能權重極高，但組裝成系統後，則要求其人因適用性，這包括產品的大小、重量與操作容易性等，現代產品多朝精緻與輕量化方向設計，操作容易則指在低光度環境時而非在正常亮度下，尤其手持式或頭戴式產品更要注意長時間使用時之負擔，因為通常短時間使用並不會出現疲勞或不適。

第 10 章　紅外線夜視器材性能評量

表 10.1　現行各種高性能 18mm 光放管績效值一覽表

光放管等級	信噪比（SNR）	解像力	績效值（FOM）	備考
Omnibus II	14.5	36	522	美規標準型第三代
Omnibus III	18	45	810	美規增強型第三代
HP SuperGen	20	57	1,140	歐規（法製）
Omnibus IV/V/VI	21	64	1,334	美規高性能第三代
HyperGen/XD-4	21	64	1,334	歐規
Unfilmed/Gen.4（？）	24	64	1,536	美規（未正式量產）
ITT Pinnacle	26	64	1,664	美規頂級（不輸出）
XR-5	24	72	1,728	歐規頂級

10.4.2　熱像儀性能評量

　　熱影像為溫度高低分布之圖譜，一個景物有許多亮度階層，亦即灰階或色階，由於檢知器送出來的信號必須經過成像電路處理後人眼才可閱讀，故電路系統在熱像儀扮演著極重要的腳色，應該說光電引擎總成（即檢知器與成像電路整合模組，相當於夜視鏡之光放管總成）為影響影像品質關鍵的組件。但因紅外線信號極為微弱，最前端的光學系統品質良窳將直接影響後段影像好壞。因此總的來說，熱像儀得影像品質非常受到光學系統與光電引擎之影響，該二項組件直接支配了系統之性能。

　　如同測試夜視鏡（光放管），基本上熱像儀性能檢驗也是以線對標靶為準，但標準光源則改為黑體輻射源，即黑體爐，其輸出之能量遵循普朗克輻射定律，在實驗室裡是以℃為單位，以便量測 MRTD 及 NETD 等參數。用於熱像儀測試時多使用相對溫差的黑體爐，可提供環境溫度（即標靶板之溫度）與背景溫度間之微小溫差。而測試用的準直儀（平行光管）之選擇與被測物（Unit under test, UUT）之焦距（或視角）有關，通常準直儀焦距至少需 5 倍大於 UUT 焦距。大部分用於軍事偵蒐目獲之高性能熱像儀其焦距較長（視角較小），應使用反射式準直儀，駕駛或測溫等用途之產品因視角較大（達 40 度），較適合使用折射式光學系統的準直儀。折射式系統因與熱像儀操作波段有關，需配合熱像儀特性選用光學材料來製作，故成本較高。但由於此種產品觀測距離較近（通常數十公分至一百公尺以內），故實用上可直接做戶外或實地測試，其結果將較實驗室模擬更正確。由於現行熱像儀影像輸出多為類比視頻信號，必須經影像擷取、類比數位轉換後再分析像質，應將各個程序的特性調整至最佳狀況，

才能獲得 UUT 的真正性能,而執行各項參數檢測最終目的是要預測 UUT 的距離觀測能力。性能評量參數主要為:

1. 雜訊等效溫差

如前所述,雜訊等效溫差(NETD)為檢知器本徵特性之量測,故早期被視為影響感測器的唯一參數。NETD 指能產生與雜訊相同大小的信號時的溫度差,亦即當信號雜訊比等於 1 時之溫差,更精確的說,NETD 代表標靶信號與均方根雜訊比等於 1 時之溫差。依 NETD 之定義可知其與有關,但實際上物體的輻射率(ε)與溫度影響 NETD 甚大,尤其在夜間戶外物體溫差不大時。在實驗室裡使用標準黑體包括目標與背景均為理想值,其輻射率等於 1,但在實際使用環境裡,因物體均為灰體,ε 小於 1,而不同物體間的吸收(ρ)也不同,故存在著 $\Delta\varepsilon$ 與 $\Delta\rho$,因其輻射功率不同,故 NETD 不容易正確量測,亦即廠商所提供的規格或測試數據多為最佳數據,通常低於 20mK,應僅視為參考數字。

量測 NETD 即是量測產品的靈敏度,通常直接量測類比視頻信號(RS170 或 CCIR)輸出,此量測可同時涵蓋後端電子電路的各種雜訊,如時間性雜訊、1/f 雜訊等,目前 NETD 則常與 MRTD 及 SiTF 一起量測。在理想的環境狀況下,所有低於截止波長的輻射能均被檢知器吸收,並轉換成信號,則稱此檢知器為背景極限性能(Background limited in performance, BLIP)檢知器。目前光子型檢知器性能極佳,對於儀器視角內的目標與背景輻射幾可完全感應,本身亦幾乎無熱雜訊(電子由共價帶被熱激發到受激帶時所產生的雜訊),僅因接收背景光輻射而產生雜訊,且該雜訊超過詹森雜訊與 1/f 雜訊,則檢知器可視為背景雜訊極限狀態。

2. 最小可分辨溫差與最小可偵測溫差

對使用者而言,最普遍的需求是在一個特定的視角時能夠偵測或辨識,目標物的最大距離的能力,雖然沒有任何一個單獨的參數可以完全描述熱像儀的特性,但一直以來最小可分辨溫差(MRTD)應可作為一個較可行的預測方法。檢測熱像儀時使用 4 線對 MRTD 標靶,參考詹森的實驗,其作法係將可改變溫差的標靶置於室溫(23℃ 或 296K)實驗室中,測標靶發射出之熱能進入熱像系統,實驗架構則將黑體爐置於可透空標靶後方,以熱像儀觀測不同空間頻率與溫度之標靶,以計算出其解像力。

最小可分辨溫差(MRTD)指系統所能分辨的目標物的空間頻率(標靶的線對數)的最小溫度差,本項為評價紅外線系統性能最重要的參數,因其幾乎涵概了 UUT 全

系統的性能與特性，也是觀測距離遠近的指標。其工作原理為計算空間頻率與 UUT 溫度差間之關係來訂定其解像力，作法係以 UUT 觀測標靶時間最低溫差來分辨長寬比為 7:1 之 4 線對標靶。執行測試時通常對標靶之水平與垂直方向做溫差量測，有些更精密的測試也做 45 度角量測。作業時應先設定起始與截止空間頻率，由低頻（起始頻率）標靶量起，逐次更換高頻標靶至無法分辨線條形狀為止（截止頻率）。標靶選定的原則為低頻標靶之大小不小於 UUT 視角之四分之一，而高頻部份對掃描式熱像系統應在瞬時視角倒數（1/IFOV）的附近，凝視式熱像系統則約為 2 倍取樣率之倒數（1/2×Detector pitch），高低頻間至少須分 4 段量測，但須更多（通常 8）次才能描繪出 MRTD 對空間頻率的曲線圖。由於 MRTD 為主觀的判定，故理論上由多人獨立執行量測，再取其平均值，結果應較為客觀（正確）。

MRTD 觀測 4 組黑白線對標靶，用於辨識目標，用於偵測目標的目的時則以方型標靶量測最小可偵測溫差（MDTD），不像 MRTD 有高低頻之限制，因 MDTD 係偵測點源目標，故理論上只要目標熱輻射源與背景有溫差即可偵測到，亦即只與標靶（孔徑）大小有關，但與目標物之大小（或空間頻率）無關。

3. 影像分辨能力或解像力

熱像儀以檢知器來觀測（決定）目標物，故檢知元（像素）大小（間距）影響觀測效果，當檢知元大小與標靶線對大小一樣時，每一個檢知元總是獲得（看到）相同的冷熱靶線輻射量，故無論溫差多麼大，儀器無法分辨出二者之差異，此即為其截止頻率。如果檢知元很小或目標（靶）空間頻率較低時，儀器可忠實的呈現標靶的影像，亦即分辨標靶的冷熱線條，或溫差；如果標靶為中等頻率時，目標靶與背景間的對比下降，人眼無法分辨標靶，則以 MTF 來表示儀器對標靶的解像能力。由於 MTF 為對比成像比例，故定義當對比或空間頻率為 0 時，其 MTF 值等於 1，而對比或空間頻率增大時，MTF 下降。

由於熱影像系因感應溫度所產生，標靶之溫度差經鏡頭進入檢知器，再經電子處理顯示於螢幕上使人眼可見，故與鏡頭焦數（f/#）、檢知器檢知度（D）與顯示器性能等項有關，故 MTF 受到系統各組成所影響，系統的 MTF 則為各次系統 MTF 相乘的結果，其中光學系統對 MTF 影響最大，而光學系統之 MTF 又受到視角、倍率及穿透率等之影響，故熱像儀之系統 MTF 不易正確量測。由於 MTF 與 MRTD 有關，現代測台多由 MRTD 反推獲得，其方法則依測台製造商設計而定。圖 10.7 顯示 MRTD 與

MTF 之關係，圖中橫坐標左側為低空間頻率，右側為高頻，當 MTF 為 0 時，MRTD 最大，反之亦成立。

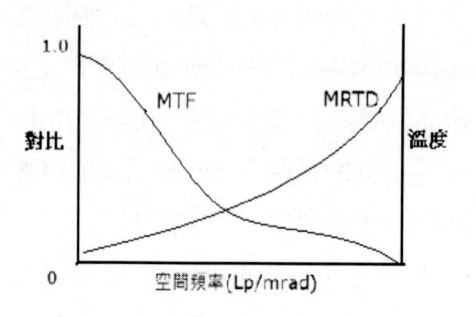

圖 10.7　MRTD 與 MTF 之關係

參考文獻

1. Hecht and Zejac, *Optics*, Addison Wesley, 1974
2. *Electro-optics Handbook*, RCA corporation, 1974
3. Arthur Beiser, Concept of Modern Physics, 3rd Edition, Mc Graw-Hill 1981.
4. Warren J. Smith, *Modern Optical Engineering,* McGraw-Hill, 1981
5. G. Wlerick, *Le cinquantenaire de la camera electronique de lallemand*, J. Optoics （Paris）, 1987
6. *Oxford Dictionay of Physics*, 3rd edition, Oxford University Press, 1996
7. *Principles for using MCPs for efficient detection, Expanded photodector choices pose challenges for design,* the Photonics handbook, Laurin Publicing company inc., 1996
8. *Geometrical optics & aberration theory, Physiological optics &visual science, Detectors,* Applied optics summer school short courses, Imperial College London, 1998
9. Alexander D. Ryer, *Handbook of light*, International light inc., 1997
10. *The Photonics dictionary*, Laurin Publicing company inc., 1999
11. Jeffery L.Creg and Eric E. Ceiselman, *Future development of panoramic night vision goggle*, Air force research laboratory, September 8, 1999
12. Grant R. Fowles, *Introduction to Modern Optics*, Dover Publications, 1989
13. Fisher et al, *Optical system design*, McGraw-Hill, 2000
14. U.S. Army Research, Development and Engineering Command （RDECOM） Communications and Electronics Research, Development and Engineering Center （CERDEC） Night Vision and Electronic Sensors Directorate （NVESD） website homepage, 2003
15. Marshall J. Cohen, *InGaAs SWIR detector technology for low light level and eye-safe range-gated imaging*, Sensor unlimited inc.
16. Don Reago, *Night Vision Sensors for the Future Force*, Shepard night vision conference, Oct. 2003
17. I. Warren Blaker et al, *Optics, an Introduction for Technicians and Technologists*, 2004
18. Jason Kreisel , Nahun Gat, *Performance test of true color night vision camera,* Opto-knowledge systems inc.（OKSI）, 14 Februray 2006

19. 張弘，*幾何光學*，台灣東華書局，1986
20. 許招傭編譯，*照明設計*，全華科技圖書股份有限公司，1999 年 11 月
21. 米本合也，*CCD/CMOS 影像感測器之基礎與應用*，全華科技圖書股份有限公司，2001
22. Edited by Bibberman,*EO Imaging system performance and modeling*, SPIE press 2001
23. Richard D.Hudson, *Infrared system engineering*, Wiley, 1968
24. Eustace L. Dereniak and Devon G. Crowe, *Optical Radiation Detectors*, Wiley, 1984
25. Irving J. Spiro and Monroe Schlessinger, *Infrared Technology Fundamentals*, Marcel Dekker Inc., 1989
26. John L. Miller, *Principle of infrared technology*, Van Nostrand Reinhold, ITP, 1994
27. Edited by Stephen B. Campana, *Passive electro-optical systems,* the IR and EO systems handbook, Volume 5, SPIE press 1993
28. Edited by Kinslake and Thompson, *Applied Optics and Optical Engineering*, Volume VI, 1995
29. Gerald C. Holst, *Testing and evaluation of infrared imaging systems*, SPIE press 1998
30. Jim Smittle, *Thermal imaging technology*, Raytheon thermal imaging technology seminar, August 1998
31. *Infrared Thermal Camera*, Thomson-CSF optronique, 1999
32. *Cooling for IR detectors, Optical materials, windows and coating, Optics for thermal imaging, Theoreticl considerations in the design of thermal imaging systems*, Introduction to Military Thermal imaging, SIRA Technology Center course notes, 1999
33. Paul W. Kruse, *Uncooled Thermal Iamging Arrays*, SPIE tutorial texts, 2000
34. *Night vision thermal imaging systems performance model*, user's manual and reference guide, rev. 5, NVESD, March 12, 2001
35. Richard H. Vollmerhausen, Eddie Jacobs, *The targeting task prformance metrics-a new model for predicting target acquisition performance*, 2004
36. 張敬賢等編著，*微光與紅外成像技術*，北京理工大學出版社，1994 年 12 月
37. 譚吉春，*夜視技術*，國防工業出版社（北京），1999 年 1 月
38. 梅遂生，*光電子技術*，國防工業出版社（北京），2000 年 10 月

附錄一　詞彙索引與縮簡寫

Aberrations	像差
Absorption	吸收
Achromatic doublet	消色差雙鏡組
Aether, luminiferous ether	乙太
Afocal system	無焦性系統，共焦系統
Airglow	大氣輝光
Airy disc	艾瑞光環
Ambient Temperature	環境溫度
Amorphous Silicon, α-Si	非晶矽
Analog digital conversion, ADC	類比數位轉換
Anode	陽極
Anti-blooming	低輝散/炫光
Anti-reflection coating	抗反射鍍膜
Aperture	孔徑
Aspheric lens	非球面鏡
Astigmatism	像散
Athermalization	抗熱變化
Atmosphere Window	大氣窗
Atmospheric attenuation	大氣衰減
Auto-gating	自動光閘
Automatic brightness control, ABC	自動亮度控制
Avalanche photodiode	雪崩二極體
Aviator night vision imaging system, ANVIS	飛行員夜視鏡（系統）
Background	背景
Background limited in performance, BLIP	背景限制影像性能
Bad pixel replacement, BPR	不良像素取代
Bandgap	能隙

Bandwidth	頻寬
Bar chart	靶圖
Barium strontium titanate, BST	鋇鍶鈦
Beam, pencil	光束
Beamsplitter	分光鏡
Binary optics	二次光件
Binding energy	束縛能
Bi-ocular	共目鏡
Bioluminescence	生物自發光
Blackbody	黑體
Blackbody radiation	黑體輻射
Bolometer	輻射熱偵檢器
Bright source protection, BSP	強光保護裝置
Brightness/luminance gain	亮度增益
Braun tube	布朗管
Candela（cd）	燭光
Casseigrain telescope	卡賽格連望遠鏡
Cathode	陰極
Cathode ray tube, CRT	陰極射線管
Catodioptric telescope	折反射式望遠鏡
Charge couple device, CCD	電荷耦合元件
Chemiluminescence	化學激發發光
Chromatic aberration	色差
Cold cathode fluorescence lamp, CCFL	冷陰極螢光燈管
Cold finger	冷指器
Cold shield/cold stop	冷屏蔽
Collimation	準直度
Coma	彗差
Common module	通用組件
Complementary metal oxide semiconductor, CMOS	互補金氧半導體

Continuous zoom	無段變焦，連續變焦
Contrast threshold function, CTF	對比入口函數
Corpuscle	粒子，微粒
Cross talk	串音
Crown	冕玻璃
Cut-off wavelength	截止波長
Dark current	暗電流
Depletion area	空乏區
Detection	偵測
Detectivity（D）, specific detectivity（D*）	檢知度，標準檢知度
Detector array	檢知器陣列
Detector element, cell, pixel	檢知元
Detector operability	檢知器可用度
Detector, photodetector, IR detector	檢知器、光檢知器、紅外線檢知器
Dewar	杜瓦瓶
Diamond pellet	鑽石粒
Diamond-like coating, hard coating	類鑽石膜，硬膜
Diffraction	繞射
Diffraction limited	繞射極限
Diffractive optics	繞射光件
Diode	二極體
Diopter	屈光度
Distortion	畸變差，失真
Dopant	雜質，摻入物
Driver's viewer enhancer, DVE	駕駛員視覺強化器，駕駛用熱像儀
Electroluminescence, EL	電激（致）發光
Electro-magnetic focus	磁電聚焦
Electromagnetic radiation	電磁輻射
Electromagnetic radiation	電磁輻射
Electron bombard CCD, EBCCD	電子轟擊 CCD

Electro-static focus	靜電聚焦
Emissivity	放射率
Enhanced NVG, ENVG	強化型夜視鏡
EO module, RDU	光電感測模組，偵檢冷卻組
EO/IR engine	光電引擎
Equivalent background input, EBI	等校背景輸入
Excited state	受激態
Exit pupil	出光瞳
Exitance	出光量
Extended	展體，平面
External photoelectric effect	外光電效應
Extrinsic semiconductor	不純半導體
Eye relief	眼襯距
Eyepiece	目鏡組
f/number（f/#）	焦數，光圈值
False alarm	誤警
Far field	遠場
Ferroelectrics	鐵電材料
Field curvature	場曲
Field of regard, FOR	視野
Field of view, FOV	視角
Figure of merit, FOM	績效值
Fill factor	充填因子
Filter	濾光鏡
Fix pattern noise, FPN	定型雜訊
Flat panel display, FPD	平板/面顯示器
Flint	火石玻璃
FLIR90/92	90/92 前視紅外模型
Fluorescence	螢光
Focal plane array, FPA	焦（平）面陣列

Focus	聚焦,調焦
Foot lambert(fL)	呎藍伯特
Footcandle(fc)	呎燭光
Forward looking infrared, FLIR	前視紅外線系統
Fusion, image fusion, sensor fusion	融合,影像融合,感測器融合
Gain	增益
Gallium Arsenide(GaAs)	砷化鎵
Gaussian optics	高斯光學
Generations, Gen,0, Gen.1, Gen.2, Gen.2 plus, Gen.3, Super Gen.2	代,第 0 代(管),第一代(管),第二代(管),二代半,第三代(管),超二代
Getter	集氣子
Ghost image	鬼影
Glass molding	玻璃模造
Ground state	基態
Halo	光暈
Horizontal technology insertion/integration, HTI	水平技術整合
IDCA/IDDCA(integrated dewar/detector and cooler assembly)	杜瓦瓶、檢知器與冷卻器整合模組
Identify	識別,看清
Illuminance	光照度,照度
Image converter	影像轉換器
Image intensification	影像增強,微光放大
Image intensified CCD, ICCD	CCD 耦合光放管
Image intensified CMOS, ICMOS	CMOS 耦合光放管
Image intensifier tube, IIT	光放管
Image/screen quality	螢幕品質
Imaging detector	成像型檢知器
Imaging/image formation	成像
Indium antimonide(InSb)	銻化銦
Indium gallium arsenide(InGaAs)	銦鎵砷,砷化銦鎵
Indium bump	銦棒

Infrared（IR）, NIR, MIR, FIR, XIR	紅外光/線，近紅外線，中紅外線，遠紅外線，極遠紅外線
Infrared focal plane array, IRFPA	紅外線焦面陣列
Infrared search and track, IRST	紅外線搜索追蹤系統
Input faceplate	入光面板
Instantaneous FOV, IFOV	瞬時視角
Integration time	積分時間
Interference	干涉
Interframe	幀（幅）間
Interlace	交錯掃描
Interline	插行，線間
Internal photoelectric effect	內光電效應
Interpupilliary	瞳距
Intrinsic semiconductor	本徵半導體
Ion barrier film	離子屏蔽膜
Irradiance	輻射亮度
Johnson criteria	詹森法則
Joule-thomson cooler, JTCooler	焦湯冷卻器
Kirchoff law	柯西霍夫定律
Lambertian radiator	藍伯遜輻射體
Laser diode	雷射二極體
Lateral color	側向色差
Lens	透鏡，鏡頭
Light	光
Light emitting diode, LED	發光二極體
Line pairs	線對
Line scanner	線性掃描式
Linear array	線陣列
Liquid crystal display, LCD	液晶，液晶顯示器
Long wave infrared, LWIR	長波紅外線
Low light level, LLL	低光度

Low profile NVG, LPNVG	短軸夜視鏡
Low temperature poly-silicon	低溫多晶矽
Lumen（lm）	流明
Luminance	光亮度，亮度，輝度
Luminescence	自發光
Luminous efficacy	光效能
Luminous efficiency	發光效率
Luminous energy	光能
Luminous flux/power	光通量，光功率
Luminous intensity	發光強度，光強度，光度
Lux（lx）	勒克斯
Magnification	放大倍率
Matter wave	物質波
Mean time between failure, MTBF	平均故障間隔
Mean time to failure, MTTF	平均失效間隔
Medium wave infrared, MWIR	中波紅外線
Mercury cadmium telluride, MCT, CMT	汞鎘碲，碲化汞鎘
Micro channel plate, MCP	微通道板
Microbolometric detector, microbolometer	微（熱）檢型檢知器、微檢器
Micro-cooler	微冷卻器，致冷器
Minimum resolvable contrast, MRC	最小可分辨對比
Mimnimu resolvable temperature difference, MRTD	最小可解析溫差
Modulation transfer function, MTF	調變轉換函數
Multi-alkalide	多鹼
Multi-layer coating	多層膜蒸鍍
Multiplexer（MUX）	多工器
Narcissus	自成像
Near field	近場
Night vision devices, NVD, active, passive	夜視裝備，主動式，被動式
Night vision goggle, NVG	（星光）夜視鏡

Night vision technology, NVT	夜視技術
nit（nt=cd/m2）	臬
Noise equivalent power, NEP	雜訊等效功率
Noise equivalent temperature difference, NETD	雜訊等效溫差
Noise figure	雜訊值
Non-uniformity correction, NUC	不均勻度校正
Objective	物鏡組
Observation	觀測
Offset	補償
Optical efficacy	光效能
Optical fiber	光纖
Optical glass	光學玻璃
Optical system design	光學設計
Optical thin film	光學薄膜
Optics	光學，光件
Orientation	定位，定向
Organic LED, OLED	有機發光顯示器
Orthicon	正析攝像管
Pananomic NVG, PNVG	全景夜視鏡，寬視角夜視鏡
Parallel scan	並連掃描
Paraxial optics	近軸光學
Particle	粒子
Particle-wave duality	波粒二重性
Phosphor screen	螢光幕，磷光幕
Phosphorscence	磷光
Photo electrons	光電子
Photo multiplier tube, PMT	光電倍增管
Photocathode	光陰極
Photoconductive effect	光導作用
Photoconductive（PC）detectors	光導型檢知器

Photodiode	光電二極體
Photoelectric effect	光電效應
Photoluminescence	光致發光
Photometry	光度學
Photon	光子
Photon detector	光子型檢知器
Photopic	明視覺
Photosensor	光感測器
Phototube	光電管
Photovoltaic effect	光伏作用
Photovoltaic（PV）detectors	光伏型檢知器
Picture element, pixel	像素，畫素
Plank's constant	普朗克常數
Plasma display, PD	電漿顯示器
Platinum silicide（PtSi）	矽化鉑
PMMA	壓克力
p-n juction	p-n 接合
Point detector	單元檢知器，點檢知器
Prism	稜鏡
Progressive scanning	循序掃描
Proximity focus	近接聚焦
Pyroelectric effect	焦電效應
Quantity of light	光量
Quantum	量子
Quantum efficiency	量子效率
Quantum mechanics	量子力學
Quantum well infrared photodetector, QWIP	量子井紅外線檢知器
Radiance	輻射亮度
Radiant energy	輻射能
Radiant exitance	輻射出量

Radiant flux/power	輻射通量/功率
Radiant flux/power	輻射通量，輻射功率
Radiant intensity	輻射強度
Radiation	輻射
Radiometry	輻射度學
Ray	光線
Ray tracing	光線追跡
Rayleigh criterion	瑞雷準則
Readout IC, ROIC	讀出電路
Recognize	辨識，辯證
Reflection	反射
Refraction	折射
Reliability	可靠度
Resolution, resolving power, limiting resolution,	解像力
Responsivity	響應度
S1	S1 光陰極
S20	S20 光陰極
S25	S25 光陰極
Scanning	掃描（式）
Scattering	散射
Schottky barrier	蕭特基蔽障
Scintillation	雪花雜訊
Scotopic	暗視覺
Secondary electrons	二次電子
Secondary emission	二次發射
Seebeck effect	西貝效應
Seeker	尋標頭
Semiconductor	半導體
Sensitivity	靈敏度
Serial scan	串連掃描

Short wave infrared, SWIR	短波紅外線
Signal to noise ratio, SNR	信號雜訊比，信噪比，信雜比
Silicon	矽，硅
Silicon intensified target tube	矽增強靶攝像管
Single point diamond turning machine	單點鑽石成型機
Solid angle（Ω）	立體角
Spatial	空間性的
Spatial frequency	空間頻率
Specific detectivity, D*	標準檢知度
Spectral	頻譜性的
Spherical aberration	球面像差
Spot diagram	點圖
Standard advanced dewar assembly, SADA	標準先進杜瓦瓶總成
Staring	凝視式
Starlight scope	星光夜視鏡
Step zoom	階段變焦
Steradian（sr）	立弳
Stirling closed-cycle cooler	斯特林閉路冷卻器
Super twisted nemetic, STN	超扭曲向列
Tank thermal sight, TTS	戰車熱像儀
Target	目標
Target acquisition	目標獲得，目獲
Target task performance	目標標訂作業性能
Temporal	時間性的
Thermal couple/pile	熱電耦/堆
Thermal detector	熱（感）型檢知器
Thermal weapon sight, TWS	熱像瞄準鏡
Thermoelectric cooler, TECooler	熱電冷卻器
Thermoelectric effect	熱電效應
Thin film transistor, TFT	薄膜電晶體

Thresthold/cut-off frequency	臨界頻率，截止頻率
Time delay and integration, TDI	時間延遲與積分
Total reflection	全反射
Transmission	穿透
Twisted nemetic, TN	扭曲向列
Ultra-violet（UV）, UVA, UVB, UVC	紫外光/線，紫外線 A，紫外線 B，紫外線 C
Unleaded glass	無鉛玻璃
Vidicon	光導攝像管
Visible light	可見光
Visual acuity	視覺靈敏度
Wafer type	薄片型
Wave	波
Wavefront	波前
Wein displacement law	維恩位移定律
Window	濾光鏡
Work function	功函數
Zoom, zooming	變焦

附錄二　單位一覽表，基本量與導出量

一、SI 基本單位

量之名稱	單位名稱	代號	定義
長度	公尺	m	一公尺等於光在真空中於 299,792,458 分之 1 秒時間間隔內所行經之距離。
質量	公斤	kg	一公斤等於國際公斤原器之重量。
時間	秒	s	一秒等於銫 133 原子於激態之兩個超精細能階間躍遷時，所放出輻射的週期之 9,192,631,770 倍之持續時間。
電流	安培	A	一安培等於二條圓形且無限長截面積可忽略之極細導線，相距一公尺平行放置於真空中，通以同值恆定電流時，使每公尺長之導線間產生 2×10^{-7} 牛頓作用力之電荷。
熱力學溫度	克耳文	K	一克耳文等於水在三相點之熱力學溫度之 273.16 分之 1。
物量	莫耳	mol	一莫耳等於物質系統中所含之基本顆粒數，與碳 12 之質量為 0.012 公斤時所含原子顆粒數相等時之物量。
光強度	燭光	cd	一燭光等於頻率 540×10^{12} 赫之光源發出之單色輻射，在一定方向每立弳之輻射通量為 683 分之 1 瓦特之發光強度。

二、相關導出單位

量之名稱	單位名稱	代號	備考
面積	平方公尺	m^2	
體積	立方公尺	m^3	
速度	公尺每秒	m/s	
加速度	公尺每平方秒	m/s^2	
密度	公斤每立方公尺	kg/m^3	
電流密度	安培每平方公尺	A/m^2	
磁場強度	安培每公尺	A/m	
亮度	燭光每平方公尺	cd/m^2	常用之英制單位為 fL
折射率	n	n	真空中之折射率為 1
平面角	弳	rad	毫弳 mrad
立體角	立弳	sr	
頻率	赫	Hz	
力	牛頓	N	
壓力	帕斯卡	Pa	
功	焦耳	J	
功率	瓦特	W	
電荷量	庫倫	C	
電位差	伏特	V	
電容	法拉	F	
電阻	歐姆	Ω	
攝氏溫度	攝度	℃	
光通量	流明	lm	
光照度	勒克斯	lx	常用之英制單位為 fc
輻射強度	瓦特每立弳	W/sr	
輻射亮度	瓦特每平方公尺立弳	$W/(m^2 \cdot sr)$	
功	電子伏特	eV	
資訊量	位元	bit	

附錄三　公制單位十進位縮寫與符號

量	拼法	代號	讀法
10^{18}	exa	E	艾
10^{15}	peta	P	拍
10^{12}	tera	T	兆
10^{9}	giga	G	吉
10^{6}	mega	M	百萬
10^{3}	kilo	K	千
10^{2}	hecto	h	百
10^{1}	deca	da	十
10^{-1}	deci	d	分
10^{-2}	centi	c	厘
10^{-3}	mini	m	毫
10^{-6}	micro	μ	微
10^{-9}	nano	n	奈
10^{-12}	pico	P	皮
10^{-15}	femto	f	飛
10^{-18}	atto	a	阿

附錄四　角度轉換表

度（°）	分（'）	秒（"）	密位（mil）	弳度（rad）	毫弳度（mrad）
360	21600	1296000	6400	6.2832（2π）	6283.2
1	60	3600	17.778	0.0174	17.444
0.017	1	60	0.296	0.0003	0.291
0.00028	0.017	1	0.005	0.000005	0.0048
0.056	3.375	202.5	1	0.001	0.992
57	3420	205200	1017.857	1	1000
0.057	3.4	204	1.018	0.001	1